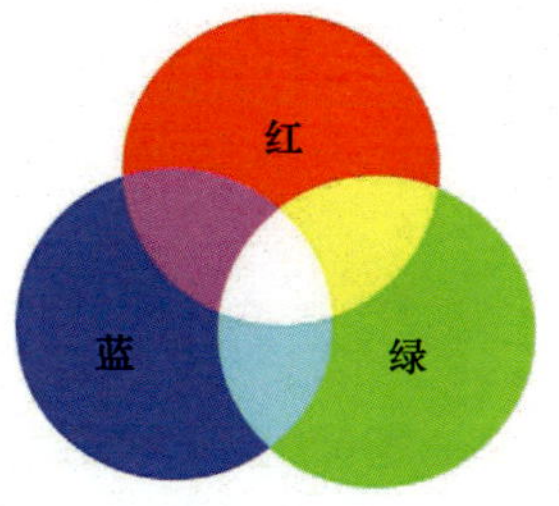

色光三原色（加法混色）

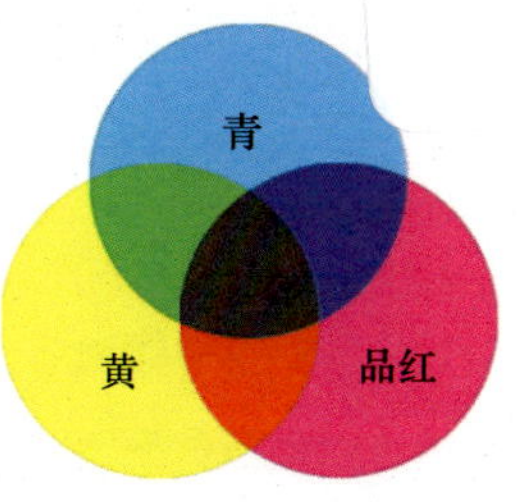

色料三原色（减法混色）

图 1-1

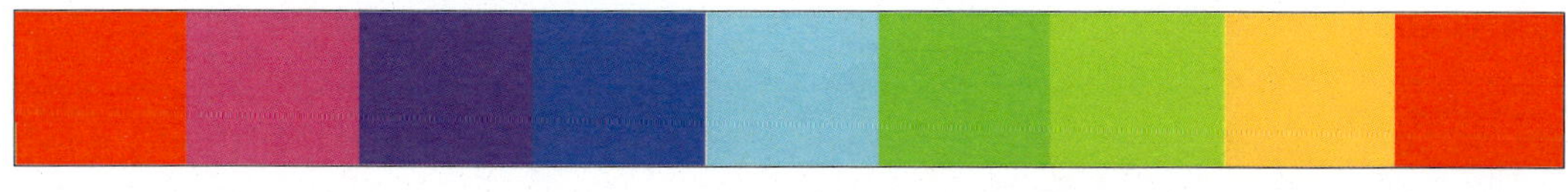

图 1-2

图 1-3

图 1-4

图 1-5

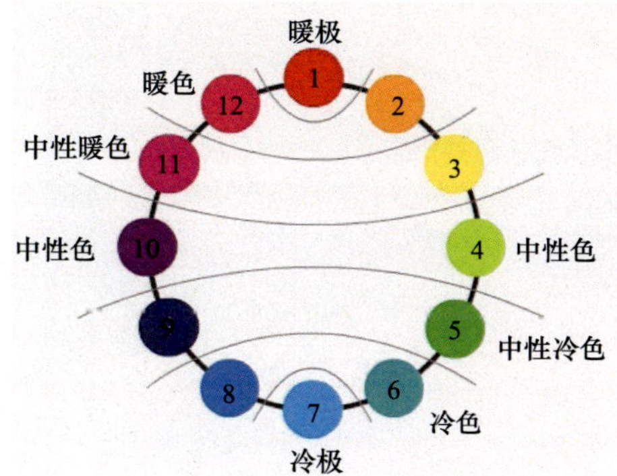

图 1-6

白
明度轴
各色彩的
同色相面
彩度
色名
黑

明度
白
9
8
7
6
5
4
紫
红
色相
橙黄
紫→蓝
黄
黄→绿
色相
蓝
绿
饱和度

图 1-7

RGB
蓝
青色
品红
绿
黄色
红
CMYK
青色
蓝
绿
品红
红
黄色

图 1-8

SOUR BITES
TOSS IT. TWIST IT.
HAVE FUN WITH IT.
SOUR BELT

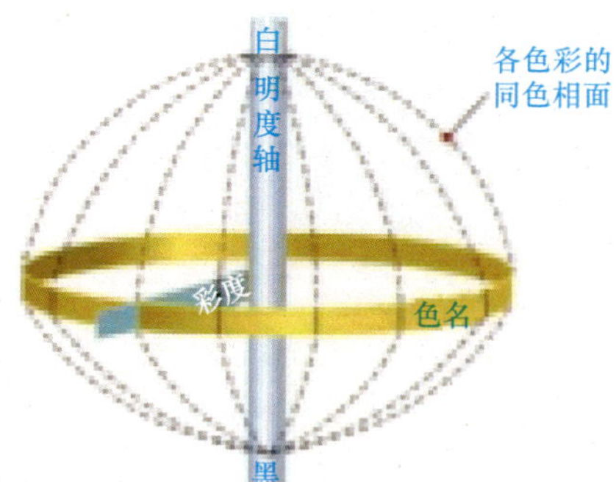

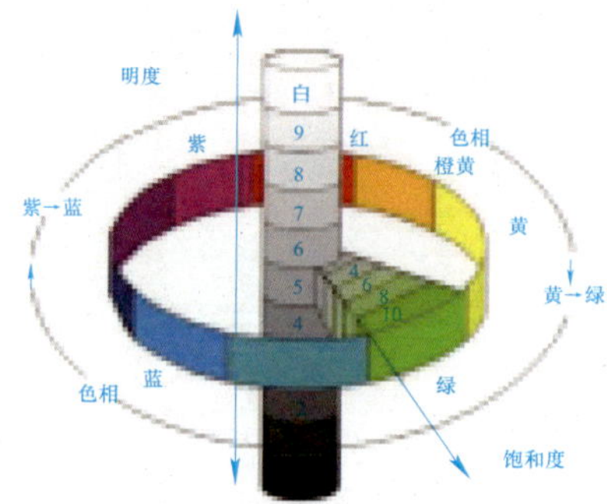

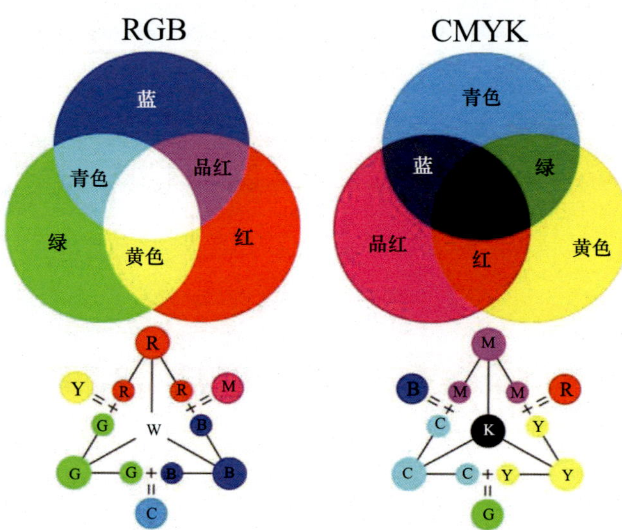

图 1-9

图 1-10

图 1-11

图 1-12

图 1-21

图 1-30

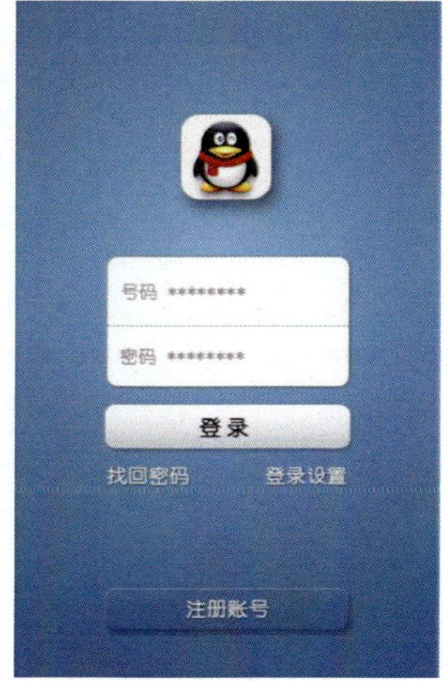

图 1-37

图 3-26

图 3-27

图 3-30

图 3-31

图 3-32

图 3-33

图 3-34

图 3-35

图 3-36

图 3-37

图 3-52

图 3-53

图 3-54

图 3-55

图 3-56

图 3-57

图 3-58

职业教育数字媒体技术应用专业系列教材

走进数字媒体

主　编　林彩霞
副主编　陈素晴　林健华　何林灵
参　编　杨璐路　张　生　林　丹　郭旭辉

机 械 工 业 出 版 社

本书对摄像与画面编辑进行了全面的阐述，系统地讲述了摄像从入门到提高以及电视艺术创作需要掌握的技巧和方法。

本书内容包括岗前培训、视觉美感设计、分镜头脚本创作、摄影技术、素材处理、后期制作和定格动画。主要讲解了画面造型、拍摄的方法与技巧、画面编辑的基础知识、画面编辑的艺术手法以及作品整体艺术创作所需的知识、方法与技巧，从拍摄和编辑两个角度系统地阐述了艺术创作的理论知识和创作技巧。

本书汇集了一线教师的教学经验，通过递进式的教学实践来设计案例，以通用、流行的环境为支撑，直接面向学生未来的实践应用。每个项目都由教学内容和活动实践组成，以任务为引领，鼓励学生体验应用、动手实践。

本书可作为各类职业院校广播电视编导、数字媒体艺术、多媒体影音制作等相关专业的教材，也可作为自学人员的参考用书。

本书配有电子课件等教学资源，教师可登录机械工业出版社教育服务网（www.cmpedu.com）免费注册并下载，或联系编辑（010-88379194）咨询。

图书在版编目（CIP）数据

走进数字媒体/林彩霞主编．—北京：机械工业出版社，2020.7

职业教育数字媒体技术应用专业系列教材

ISBN 978-7-111-65542-8

Ⅰ．①走…　Ⅱ．①林…　Ⅲ．①数字技术—多媒体技术—职业教育—教材
Ⅳ．①TP37

中国版本图书馆CIP数据核字（2020）第075423号

机械工业出版社（北京市百万庄大街22号　邮政编码100037）

策划编辑：梁　伟　　　　责任编辑：梁　伟　张星瑶

责任校对：张　薇　王　延　　封面设计：鞠　杨

责任印制：常天培

北京虎彩文化传播有限公司印刷

2020年6月第1版第1次印刷

184mm×260mm・13.75印张・4插页・339千字

0 001—1 500册

标准书号：ISBN 978-7-111-65542-8

定价：45.00元

电话服务　　　　　　　　　　网络服务

客服电话：010-88361066　　机　工　官　网：www.cmpbook.com

010-88379833　　机　工　官　博：weibo.com/cmp1952

010-68326294　　金　书　网：www.golden-book.com

　机工教育服务网：www.cmpedu.com

前　言

随着计算机与信息技术、视觉媒体技术的迅猛发展，以计算机为依托，以艺术设计为基础的数字文化创意产业已成为国家大力发展的产业。数字媒体技术应用越来越符合市场的需求，市场对掌握数字媒体技术并具有独特创意的复合型设计人才的需求旺盛。

本书根据当前的职业教育发展要求，以技能培养为主线来设计项目训练内容，按照项目教学法的工作过程形式来组织编写，符合当前职业教育发展的需要。整个教材的实训项目内容按照基础知识、专项训练、综合训练的顺序排列，在培养基本能力的基础上，重点培养学生分析问题、解决问题的能力。全书包括岗前培训和6个训练项目，分别是视觉美感设计、分镜头脚本创作、摄影技术、素材处理、后期制作和定格动画。每个项目包含了若干个任务，以任务为载体，鼓励学生多体验、多实践，体现了工学结合，逐步实现教学过程的实践性、开放性、职业性，实现课堂学习与实际工作的一致性。

适合人群：

本书可作为各类职业院校广播电视编导、数字媒体艺术、多媒体影音制作等相关专业的教材，也可作为自学人员的参考用书。

本书特点：

1．理论与实践相结合

本书的编写是基于工作过程的课程教学改革，提出“以学生为主体、以能力为本位、自我知识重构”的教学理念。本书从理论到实例都进行了较详尽的叙述，内容由浅入深，全面覆盖了影视作品“影视编导→素材采集→前期拍摄→后期处理→后期包装”的制作流程，详细阐述了数字媒体的基础知识及在相关领域中的应用与实践，多个精彩设计案例融入了编者丰富的设计经验。编者将教材内容进行整合，实现了艺术与技术的结合，使之适合工作过程的系统化教学，能支撑“理实一体化”的课程体系建设。

2．职业引领，岗位明确

本书内容针对实际岗位需求，根据对应的知识来确定教学内容，以校企合作项目、地域产业特色项目为引领，以典型工作任务为基础，按照“项目对应任务，教学过程对应工作过程”的原则引进真实的项目，具有代表性和可操作性，与行业技术发展相一致，能够满足职业发展的要求。

3．任务清晰，目标准确

本书每个项目都以任务为驱动，让学生在完成任务的过程中产生学习兴趣，轻松掌握相关技能。每个任务围绕任务情境、任务分析、任务实施、任务评价4个环节展开，根据实际工作环境构建合理的任务情境；根据任务要求，对完成本任务所需的知识点和技能技巧进行详细分析，以便任务顺利开展；通过实际操作，完成工作任务，整个任务的完成过程，都围绕着解决问题进行；最终根据任务完成的情况评价所学知识。

走进数字媒体

教学建议：

项 目	操作学时	理论学时	总 学 时
岗前培训	2	2	4
项目一 视觉美感设计	8	6	14
项目二 分镜头脚本创作	6	8	14
项目三 摄影技术	8	8	16
项目四 素材处理	8	2	10
项目五 后期制作	4	10	14
项目六 定格动画	2	6	8
学时总计	38	42	80

编写队伍：

本书由林彩霞任主编，陈素晴、林健华、何林灵任副主编，参加编写的还有杨璐路、张生、林丹、郭旭辉。其中，林彩霞负责编写项目二并统稿，林丹负责编写岗前培训，林健华负责编写项目三，陈素晴负责编写项目四，杨璐路负责编写项目一，张生负责编写项目五，何林灵负责编写项目六，郭旭辉负责编写内容指导和配套教案制作。

本书的编写从构思、开发到实施，每一阶段所取得的成果都是校企双主体共同努力的结果。笔者依托中山市捌零后影视传媒文化有限公司、中山市思捷设计公司、中山市嘉诚文化设计公司的企业案例，就编写形式和内容多次开展调研和访谈，使本书的内容、项目、情境的设计与影视媒体行业的先进标准对接。同时，也得到了中山市建斌中等职业技术学校、珠海市职工学校等参编单位的大力支持。

由于编者水平有限，本书内容难免有疏漏和不当之处，恳请各位读者批评指正。

编 者

目　　录

岗前培训

一、数字媒体简介

1. 媒体的种类

感觉媒体（Perception）指的是能直接作用于人们的感觉器官，使人产生直接感觉的媒体，如文字、数据、声音、图形、图像等。在多媒体计算机技术中，通常人们所说的媒体指的就是感觉媒体。表示媒体（Presentation）指的是为了传输感觉媒体而人为研究出来的媒体，借助于此种媒体，能有效地存储感觉媒体或将感觉媒体从一个地方传送到另一个地方，如语言编码、电报码、条形码等。显现媒体（Display）指的是通信中使电信号和感觉媒体之间产生转换的媒体，如输入、输出设备，包括键盘、鼠标、显示器、打印机等。存储媒体（Storage）指的是用于存放表示媒体的媒体，如纸张、磁带、磁盘、光盘等。传输媒体（Transmission）指的是用于传输某种媒体的物理媒体，如双绞线、电缆、光纤等。

2. 数字媒体

数字媒体是指以二进制数的形式记录、处理、传播、获取过程的信息载体。信息载体包括数字化的文字、图形、图像、声音、视频影像和动画等感觉媒体和表示这些感觉媒体的表示媒体（编码）等（感觉媒体和表示媒体统称为逻辑媒体），以及存储、传输、显示逻辑媒体的实物媒体。数字媒体属于表示媒体（Presentation），是融合两种或两种以上表示媒体的一种人机交互式信息交流和传播媒体。

数字媒体技术是将多种媒体信息通过计算机进行数字化采集、编码、存储、传输、处理和再现等，是数字媒体信息建立逻辑连接并集成一个具有交互性的系统来综合处理图、文、声、像。数字媒体技术的特点如下：

1）多样性：综合处理多种媒体信息，将计算机处理的信息空间扩展并放大。

2）集成性：多种媒体信息的集成以及与这些媒体相关的设备集成。

3）交互性：能为用户提供有效的控制和实用信息的手段，它增加用户对信息的注意和理解，延长信息的保留时间。

4）实时性：如视频会议系统。

5）数字化及艺术性：数字化技术处理的媒体内容具有技术与艺术融合的特点，以利于传播。

二、数字媒体的发展

1. 世界数字媒体概况

各国统计数据显示，国际数字媒体发展呈现出新趋势，内容销售由传统渠道移至数字化传播渠道，传统销售比例下降，网络等新媒体创造出许多新商机。成长最快的市场是网络广告服务，宽带网络和移动通信成为消费者获取娱乐与数字媒体的主要方式。

2. 未来的数字媒体内容形态

新的媒体技术将会如何影响媒体产业的发展，或许可以从媒体内容的形态发展上得出结论。现今的媒体内容主要以音频或视频为主，网络内容则再加入文字。目前媒体存储的方式并不利于媒体的搜寻及再利用，因为缺乏一致的结构化界面。将高新技术应用到整个媒体产业链，统一不同的媒体形态，同时也可解决知识产权等的付费问题。

3．未来数字媒体发展

数字媒体的个性化传播特性决定其传播对象的细分化，甚至开始出现以家庭和个人为基本单位的量身定制和传播的方式，这就使得受众这一传统概念得到越来越细的划分，传播内容也在大众传播的基础上进行了更分众化、精确化的划分。内容生产环节逐渐从产业链上剥离出来而形成了内容产业。同时，分工和协同交融而成的融合生产方式所具有的效率优势能够满足内容生产规模的最大化，内容生产的独立打破了“竖条式”的媒介产业链结构，形成了新的“伞式”媒介产业链结构。由于数字媒体技术研究的根本目的在于提高人的生活品质，未来的数字媒体技术将不再就技术论技术，而是直接和人的日常生活息息相关。数字媒体技术的发展将使媒体内容形式发生巨变、媒体分工更加细致明确，和个人生活更加紧密。

IT和IPIV产业的深化整合方便了政令下达、信息告知、自我学习等，同时也大大方便了网上事务的处理并增强了网上交易的安全，为科技发展、国家经济建设和人民生活水平的提高做出重大贡献。

数字媒体技术发展的新趋势是增强现实技术。增强现实技术（Augmented Reality，AR），是一种把原本在现实世界的一定时间、空间范围内很难体验到的实体信息（视觉信息、声音、味道、触觉等），通过科学技术模拟仿真后，再叠加到现实世界被人类感官所感知，从而达到超越现实的感官体验的技术。它的出现与计算机图像技术、空间定位技术和人文智能科技的发展密切相关，是未来数字媒体技术发展的新趋势。

三、数字媒体系统的组成

1．数字媒体硬件

计算机（Computer）是一种用于高速计算的电子计算机器，可以进行数值计算，又可以进行逻辑计算，还具有存储功能，是能够按照程序运行，自动、高速处理海量数据的现代化智能电子设备。计算机系统由硬件系统和软件系统所组成，没有安装任何软件的计算机称为裸机。目前常见的计算机有超级计算机、工业控制计算机、网络计算机、个人计算机、嵌入式计算机等，较先进的计算机有生物计算机、光子计算机、量子计算机等。

显示器是把计算机处理完的结果显示出来的一个输出设备，是计算机必不可缺少的部件之一。显示器可分为CRT、LCD、LED三类，接口有VGA、DVI、HDMI三类。显卡在工作时与显示器配合输出图形、文字，显卡的作用是将计算机系统所需要的显示信息进行转换驱动，并向显示器提供行扫描信号，控制显示器的正确显示，是连接显示器和个人计算机主板的重要元件，是“人机对话”的重要设备之一。

声卡（Sound Card）也叫音频卡，是组成多媒体计算机必不可少的一个硬件设备，其作用是当发出播放命令后，声卡将计算机中的声音数字信号转换成模拟信号送到音箱上发出声音。

网卡是工作在数据链路层的网络组件，是局域网中连接计算机和传输介质的接口，不仅能实现与局域网传输介质之间的物理连接和电信号匹配，还涉及帧的发送与接收、帧的封装与拆封、介质访问控制、数据的编码与解码以及数据缓存的功能等。网卡的作用是充当计算机与网线之间的桥梁，它是用来建立局域网并连接到网络的重要设备之一。

视频采集卡（Video Capture Card）也叫视频卡，是将模拟摄像机、录像机、LD视盘机、电视机等输出的视频数据或者视频、音频的混合数据输入计算机，并转换成计算机可辨别的数字数据，存储为可编辑处理的视频数据文件。按照其用途可以分为广播级视频采集卡、专业级视频采集卡和民用级视频采集卡。

2. 数字媒体外部设备

光驱是计算机用来读写光盘内容的机器，也是在台式计算机和笔记本计算机里比较常见的部件。随着多媒体的应用越来越广泛，光驱在计算机的诸多配件中已经成为标准配置。目前，光驱可分为CD-ROM驱动器、DVD光驱（DVD-ROM）、康宝（COMBO）和刻录机等，读写的能力和速度也日益提升。

扫描仪（Scanner）是利用光电技术和数字处理技术，以扫描的方式将图形或图像信息转换为数字信号的装置。扫描仪通常被用于计算机外部仪器设备，通过捕获图像并将之转换成计算机可以显示、编辑、存储和输出的数字化输入设备。照片、文本页面、图纸、美术图画、照相底片、菲林软片，甚至纺织品、标牌面板、印刷电路板样品等三维对象都可作为扫描对象。扫描仪属于计算机辅助设计（CAD）中的输入系统，通过计算机软件和计算机输出设备（激光打印机、激光绘图机）接口，组成印前计算机处理系统，适用于办公自动化（OA），广泛应用在标牌面板、印刷电路板、印刷行业等。

数字照相机（Digital Still Camera，DSC或Digital Camera，DC）是一种利用电子传感器把光学影像转换成电子数据的照相机。按用途分为单反相机、微单相机、卡片相机、长焦相机和家用相机等。与普通照相机在胶卷上靠溴化银的化学变化来记录图像的原理不同，数字照相机的传感器是一种光感应式的电荷耦合器件（CCD）或互补金属氧化物半导体（CMOS）。

数字摄像机（Digital Video，DV）是一种从现场环境中捕获运动图像信息，将其编码为可以解码或转码成电子视觉媒体数据的设备。DV是多家著名家电巨擘联合制定的一种数字视频格式，现在多代表数字摄像机。

摄像头（Camera或Webcam）又称为计算机相机、电子眼等，是一种视频输入设备，被广泛运用于视频会议、远程医疗及实时监控等方面。人们也可以彼此通过摄像头在网络进行有影像、有声音的交谈和沟通。另外，人们还可以将其用于当前各种流行的数字影像、影音处理。

传声器（又称麦克风、微音器或话筒，Microphone）是一种将声音转换成电信号的换能器件。

扬声器是一种把电信号转变为声信号的换能器件，扬声器的性能优劣对音质的影响很大。扬声器在音响设备中是一个最薄弱的器件，而对于音响效果而言，它又是一个最重要的器件。扬声器的种类繁多，而且价格相差很大。音频电能通过电磁、压电或静电效应，使其纸盆或膜片振动并与周围的空气产生共振（共鸣）而发出声音。

投影仪是一种利用光学元件将工件的轮廓放大，并将其投影到影屏上的光学仪器。它可用透射光作轮廓测量，也可用反射光测量不通孔的表面形状及观察零件表面。投影仪特别适宜测量复杂轮廓和细小工件，如钟表零件、冲压零件、电子元件、样板、模具、螺纹、齿轮和成型刀具等，它的检验效率高、使用方便、广泛应用于计量室、生产车间，仪器仪表和钟表行业尤为适用。

3. 数字媒体软件

数字媒体技术的计算机软件主要包括图像处理软件Photoshop、Flash、Illustrator等；视频剪辑软件Premiere等，ACID后制特效软件After Effects、The Foundry Nuke X等。

四、数字媒体的应用

数字化、信息化时代的不断发展也促进了媒体传播方式的改革，诞生了包括数字图像、数字音频、数字影像、网络媒体和移动媒体等在内的多种数字传播媒介形式。这种变革促进了现代社会经济、文化、生活的发展，使之成为科学与艺术、媒体与设计、各媒体形式学科间交叉与综合的新的艺术形式，数字媒体艺术的出现打破了传统学科专业的划分，使得如动画、DV、电影、电视、因特网和流媒体等"技术的艺术"首次有了统一的技术形态和视觉艺术语言。

1. 数字图像处理

数字图像处理就是将图像转化为数字矩阵存放在计算机存储设备中，并采用一定的算法对其加工处理。数字图像处理技术的根本是数学，其核心为各种算法的设计和实现。数字图像处理技术涉及众多领域，如计算机科学、医疗、教育、科技等。根据各领域对数字图像处理的应用方向大致可分为：图像数字化，通过计算机采样和量化将图像变成能够为计算机处理的数字形式；图像的增强和复原，是指放大图像中需要的信息，剔除图像中不需要的部分，让图像更接近所需；图像编码，在满足一定的保真条件下，对图像进行编码处理，达到压缩图像信息量，简化图像的目的，以便于存储和传输；图像重建，实现重新采样来构建图像，图像重建的方法有代数法、傅立叶反投影法和使用广泛的卷积反投影法等算法；模式识别，用于图像的识别，例如，人脸鉴别、指纹识别等，目前主流的模式识别方法有统计识别法、句法结构模式识别法和模糊识别法。

2. 数字音频处理

数字音频处理技术是指通过计算机对音频采样、量化、编码，将音频转化为数字方式存储在计算机中，数字音频编码压缩技术主要包括基于音频数据的统计特性的编码技术；基于音频的声学参数的编码技术；基于人的听觉特性的编码技术。数字语音处理同样也是数字音频处理目前研究和应用的主要领域，主要包括语音识别、语音处理技术。

3. 计算机图形学

计算机图形学是指使用数学算法将二维或三维图形转化为计算机显示器的栅格形式的技术。主要研究内容就是在计算机中表示图形、利用计算机进行图形的计算、处理和显示的相关原理与算法。目前应用领域非常广泛，如曲线曲面造型、实体造型、图形硬件、光栅图形生成算法、图形标准、图形交互技术、真实感图形计算与显示算法以及计算机动画、虚拟现实、科学计算、可视化自然景物仿真等。

4. 数字视频处理

数字视频是以数字形式记录的视频，和模拟视频相对，有不同的产生方式、存储方式和播出方式。例如，通过数字摄像机直接产生数字视频信号，存储在数字带、P2卡、蓝光盘或者磁盘上，从而得到不同格式的数字视频，然后通过计算机中特定的播放器播放出来。数字视频处理的主要技术——视频压缩技术分为有损和无损两种，可以用不同的方法和策略压缩数字视频文件，使之达到便于管理的大小，常用的方法有心理声学音频压缩、心理视觉视频压缩等。

5. 数字媒体存储

数字媒体存储对计算机的性能要求较高，经过处理后的图形、图像、语音、视频等数据量较大，具备实时性和并发性，所以数据存储技术不仅要考虑存储介质，还需考虑存储算法。正是由于数字媒体对数据的传输、读取有高标准和高要求，使得计算机媒介在相关控制接口、技术等方面得到了快速发展，各种快捷的接口、高速大容量的存储设备不断出现并得到了大量使用，也促进了数字媒体技术的发展。

项目一

视觉美感设计

知识要点

- 色彩基础
- 色彩搭配
- 构图基础
- 构图技巧
- 排版基础
- 界面设计

视觉美感是指构成作品的视觉要素及其视觉规律所呈现出来的特性。视觉美感的构成要素一般划分为构成视觉美感的视觉要素和构成视觉美感的视觉要素之间的组合规律。在创作中对视觉要素和视觉规律加以运用，创造出更富有表现力和感染力的作品，把内容准确、鲜明地传达给观众，就是视觉美感设计。影响视觉美感设计的因素众多，下面就色彩、构图、排版等方面进行介绍和分析。

学习目标

1．掌握影响视觉美感的视觉要素

2．掌握视觉要素的排列技巧

知识加油站

\\ 色彩搭配 \\

色彩就是平时所看到的各种颜色的总称。如今色彩信息已经转化成为一种可感知的信息，具有了一定的实用功能。通过色彩设计可以准确地向观者传达不同的信息。一个作品中色彩应用的成功与否直接关系到这个作品的成功与否。

成功的作品必须具有相当的号召力和艺术感染力，而色彩正是影响视觉效果的最活跃的因素。设计作品在展示过程中，最先吸引观者注意力的就是作品本身表现出来的颜色，然后才是作品所表现的图像，最后才会关注到文字。色彩会为人留下深刻而又强烈的印象，所以很多作品都会利用色彩来表达其理念。下面讲解一些关于色彩的基本知识。

一、色彩的基本知识

1．三原色

三原色指色彩中不能再分解的3种基本颜色，色光三原色为红、绿、蓝，色彩三原色为品红、黄、青（青不是蓝，蓝是品红和青混合的颜色）。三原色可以混合出所有的颜色，色彩中颜料调配三原色混合色为黑色，光基材料中由于光的特殊属性混合色为白色。黑、白、灰属于无色系。三原色如图1-1所示。

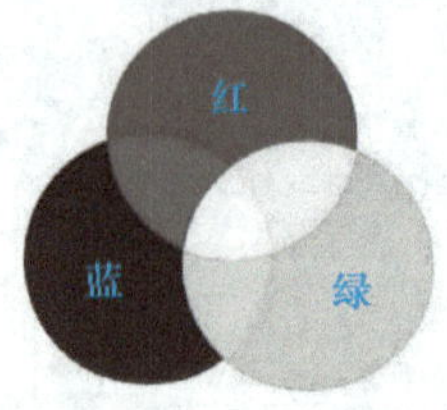

色光三原色（加法混色）

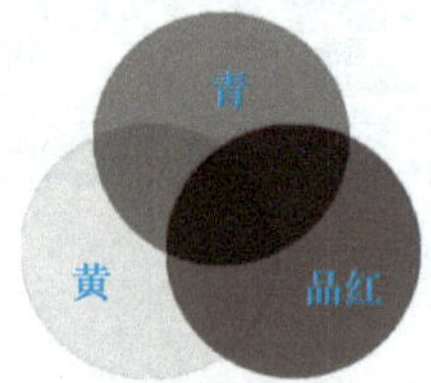

色料三原色（减法混色）

图　1-1

2. 色相、明度、饱和度

色相（见图1-2）是色彩的首要特征，是区别各种不同色彩的最准确的标准。事实上任何黑白灰以外的颜色都有色相的属性，色相是由原色、间色和复色构成的。色相是色彩可呈现出来的质地面貌，自然界中各个不同的色相是无限丰富的，如紫红、银灰、橙黄等。色相即各类色彩的相貌称谓。

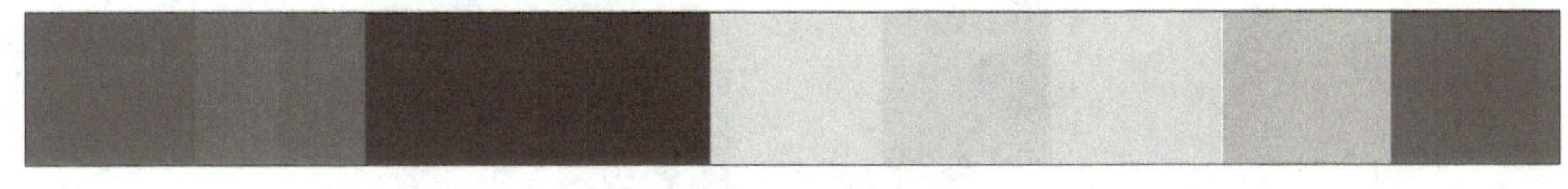

图 1-2

明度（见图1-3）是指色彩的亮度或明度。颜色有深浅、明暗的变化，例如，深黄、中黄、淡黄、柠檬黄等黄颜色在明度上就不一样，紫红、深红、玫瑰红、大红、朱红、橘红等红颜色在亮度上也不尽相同。这些颜色在明暗、深浅上的不同变化就是色彩的又一重要特征——明度变化。

图 1-3

饱和度（见图1-4）指的是色彩纯度。是色彩的构成要素之一。纯度越高，表现越鲜明，纯度越低，表现则越黯淡。

图 1-4

3. 无色彩和有色彩

从理论上色彩可以分为无色彩（白、灰、黑）与有色彩（红、橙、黄、绿等）两大类（见图1-5）。无色彩和有色彩搭配在一起，可以使图像中的重点更加突出。

图 1-5

4. 色彩冷暖

根据人们的心理和视觉判断，色彩有冷暖之分（见图1-6），可分为3类：

1）暖色系（红、橙、黄）。

2）冷色系（蓝、绿、蓝紫）。

3）中性色系（绿、紫、赤紫、黄绿等）。

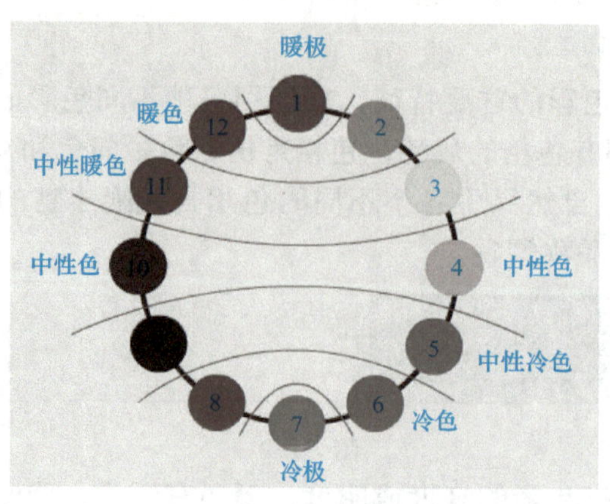

图 1-6

5. 色立体

色立体（见图1-7）是依据色彩的色相、明度、饱和度变化关系，借助三维空间，用旋围直角坐标的方法，组成一个类似球体的立体模型。它的结构类似于地球仪的形状，北极为白色，南极为黑色，连接南北两极贯穿中心的轴为明度标轴，北半球是浅色系，南半球是深色系。色相环的位置则在赤道线上，球面一点到中心轴的重直线表示饱和度系列标准，越近中心，饱和度越低，球中心为正灰。

色立体有多种，主要有美国蒙赛尔色立体、德国奥斯特瓦尔德色立体、日本色彩研究所色立体等。

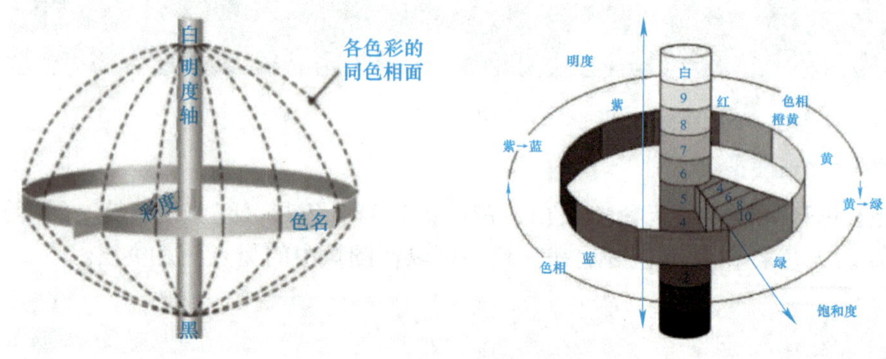

图 1-7

6. 色彩模式

常见的色彩模式有RGB、CMYK和HSB，如图1-8所示。详细介绍如下：

1）RGB（Red，Green，Blue）是色光显示模式，指的是色光三原色红、绿、蓝三个通道的变化与叠加来得到各式各样的颜色。根据光学原理，人眼识别的颜色是物理反射的光波，当光波投射到人眼时，越多的色光叠加，颜色就越亮。

2）CMYK（Cyan，Magenta，Yellow，blacK）是印刷色彩模式，指的是色料三原色青、品红、黄，加上黑色形成的色彩模式。颜料的特性和色光相反，越叠加越黑，由于不存在完美的颜料，所以现实中黑色无法通过叠加实现，所以在三原色外加入了黑色，K指的就是Black。

3）HSB（Hue，Saturation，Brightness）的色彩原理更符合色彩属性原则，即色相原则。H代表色相，S代表饱和度，B代表亮度，比较合适用于调色，实际使用的时候常用RGB和CMYK模式。

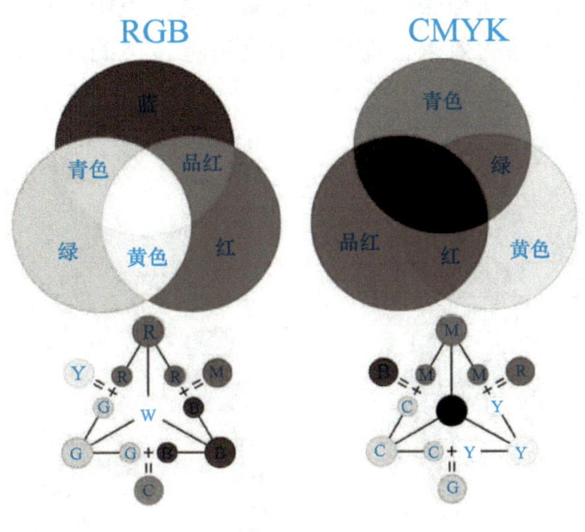

图 1-8

二、基本用色原则

1. 色彩调和

从理论上讲，色彩调和是配色美的一种形态，是在第一次接触某件作品时作品的色彩给人带来的愉悦、舒适和好看的感觉。色彩调和是配色美的一种手段，这一点主要是针对设计者而言。色彩对比而产生了色彩的调和，调和是不能缺少对比的，二者之间是既相互排斥又相互依存的关系，二者之间相辅相成。

两种色彩在搭配上会在色相、饱和度和密度上存在着区别，这种区别就产生了对比，对比的程度会因其色相、饱和度和面积等方面的不同而产生不同色彩的对比。进行相配的颜色如果对比太过强烈，那么就需要加强共性来进行调和；进行相配的颜色如果太过接近，那么就需要加强对比来进行调和。因此，色彩的调和其实就是在颜色间的统一和变化中表现出来的。在进行平面设计时，要求互补色的搭配也应该是调和的，如图1-9所示。

2. 色彩运用的补色

补色也叫作互补色或者余色。补色指的是色相环中相对着的间隔180° 的两个极端色，例如，红和绿、橙和蓝、黄和紫，这几对是最基本的补色。补色之间的对比关系表现得最为强烈，在平面设计中的应用非常广泛，例如，经常会在广告和包装上看到红色和绿色的强烈对比，可以刺激消费者的眼球，丰富色彩的魅力。补色的运用对平面设计作品起到稳定画面的作用，使画面对比效果更加强烈，如图1-10所示。

3. 色彩寓意的来源

色彩的自身是没有寓意可言的，色彩寓意主要来自3个不同的方面：

1）来自人们的自身感受，也是人本能直接的反应。

2）来自色彩的心理联想，这就是一种色彩和人之间抽象关系的表达。

3）来自社会观念、文化背景、宗教以及区域、民族、年龄、教育、性别、经济、生活习惯等因素的关联，如图1-11所示。

平面设计的最终目的是信息的传达，其本质就是对各种元素进行编排、设计的一个过程，使得它们具有了表达的功能。

一个平面设计作品的成功与否与其组成要素有关，色彩、构图、图像各个要素之间和谐搭配，才能起到意想不到的效果，而色彩则是视觉传达的第一要素，人们对色彩的反应相较于其他要素更为敏感，如图1–12所示。

图 1–9

图 1–10

图 1–11

图 1–12

构图技巧

构图是造型艺术的术语，指作品中艺术形象的结构配置方法，它是造型艺术表达作品思想内容并获得艺术感染力的重要手段。构图也是在视觉艺术中常用的技巧和术语，特别是在绘画、平面设计与摄影中。

构图是指创作者在一定空间范围内，对自己要表现的形象进行组织安排，形成形象的部分与整体之间、空间之间的特定的结构、形式，简言之构图是造型艺术的形式结构，是全部造型因素与手段的总和。

各种造型艺术中的构图称呼有别，例如，绘画的“构图”、设计的“构成”、建设的“法式”与“布局”、摄影的“取景”、书法的“间架”与“布白”等。任何一种形式的构图都会有一定的规律可遵循，让作品在展示时达到最佳的展示效果，下面就构图提出一些原则性的说明。

1．构图原则

构图的基本原则是均衡与对称、对比和视点，具体介绍如下：

（1）均衡与对称

均衡与对称是构图的基础，主要作用是使画面具有稳定性。均衡与对称本不是一个概念，但两者具有内在的同一性——稳定。稳定感是人类在长期观察自然中形成的一种视觉习惯和审美观念。因此，符合这种审美观念的造型艺术才能产生美感，违背这个原则的画面看起来就会不舒服。均衡与对称都不是平均，它是一种合乎逻辑的比例关系。平均虽是稳定的，但缺少变化，没有变化就没有美感，所以构图最忌讳的就是平均分配画面。对称的稳定感特别强，能使画面有庄严、肃穆、和谐的感觉。例如，我国古代的建筑就是对称的典范，但对称与均衡比较而言，均衡的变化比对称要大得多。因此，对称虽是构图的重要原则，但在实际运用中机会比较少，运用多了就有千篇一律的感觉。

在构图中最讲究的是“品”字形和三七律。“品”字形构图和三七律构图的方式常被人们称为黄金构图法，也叫作永恒的三角构图法，这些都是从均衡而言。“品”字形构图就是在画面上同时出现3个物体的时候，不能把它们等距离放在一条线上，而应使其呈现三角形状，像个“品”字。只要留意，这种三角在自然界中是无处不在的。大山就是由无数的三角形构成，上下交错，井然有序，犹如一个巨大的“品”字或三角形，具有强烈的排列韵味。

三七律就是画面的比例分配三七开。若是竖构图画面，上面占三分，下面占七分，或上面占七分，下面占三分；若是横构图画面，右面占三分，左面占七分，或是右面占七分，左面占三分。在中国画界中这种三七开构图的布局被称为是最佳的构图布局比例关系。所谓最佳，并不是单一或唯一的，在特殊情况下，根据题材的需要，也是可以打破的，二八律或四六律也可以使用。艺术讲究的是有法而无定法。对于摄影师而言，如果能把均衡与对比运用自如，也就算掌握了摄影构图的基本要领了。

（2）对比

对比不仅能增强艺术感染力，更能鲜明地反映和升华主题。对比有各种各样，千变万化，但是大致可以分为几类：

1）形状的对比。如大和小，高和矮，老和少，胖和瘦，粗和细。

2）色彩的对比。如深和浅，冷和暖，明和暗，黑和白。

3）灰与灰的对比。如深和浅，明和暗等。

在一幅作品中，可以运用单一的对比，也可同时运用各种对比，对比的方法是比较容易掌握的，但要注意不能死搬硬套、牵强附会，更不能喧宾夺主。

（3）视点

视点是为了将观众的注意力吸引到画面的中心点上。视点是透视学上的名称，与视平线的定义有关。视平线是与眼睛平行的一条线，站在任何一个地方向远方望去，在天地相接或水天相连的地方有一条明显的线，这条线正好与眼睛平行，就是视平线。这条线随眼睛的高低而变化，人站的高，这条线随着升高，看的也就越远，反之，人站的低，视平线也就低，看到的地方也就近了。按照透视学的原理，在视平线以上的物体，如高山，建筑等，近高远低，近大远小；在视平线以下的物体，如大地、海洋、道路等，近低远高，近宽远窄，向上伸延左右两侧的物体。以人的眼睛所视方向为轴心，上下左右向着一个方向伸延，最后聚集在一起，集中到一点，消失在视平线上就是视点。

照相机的镜头就是根据人的眼睛和透视学的原理设计的，光圈好比人眼的瞳孔，瞳孔随着光线的明暗收缩或放大，所以用照相机拍出的东西和人眼看到的东西基本上是一致的。在某种意义上讲，用照相机拍出的东西比人眼看到的更为准确。有时用人眼看时感觉不到相差的距离，似乎是在一个平面上，但拍成片子后远一点的物体就显得小了许多，这就是透视所起的作用。知道了透视的原理就可以充分发挥透视的作用了。如果想把物体拍大，只要将拍摄物体靠近相机；如果想把两面拍的大一些，使画面显的辽阔，就要把拍摄位置选择在高处，用俯角拍摄；如果想把物体拍出立体感，可以把拍摄角度选择在物体的侧面。 视点的作用是把人的注意力吸引到画面的一个点上。如果一个画面中出现了两个视点，画面就分散了，作为观众就不知道摄影者所要表达的主题在何处了。画面上只能有一个视点，这是摄影与绘画在构图上最根本的区别，绘画讲的是散点透视，而摄影只能有一点，不然摄影的构图和画面就会乱。

在摄影作品中出现两个视点的原因大致有以下几种：一是把高大的物件放在画面中央，由于透视的关系，延伸线向着相反的方向延伸，造成了画面的分割；二是想在一个画面上表现多种活动，形成了多个中心；三是在选择前景时没有留意物体延伸线的方向，不是相呼应，而是背道而驰，这在视觉上也会形成画面的分割感。

2. 构图的内涵

构图包含的内容丰富，具体如下：

1）艺术形象在空间位置的确定。

2）艺术形象在空间大小的确定。

3）艺术形象自身各部分之间、主体形象与陪体形象之间的组合关系及分隔形式。

4）艺术形象与空间的组合关系及分隔形式。

5）艺术形象所产生的视觉冲击和力感。

6）运用的形式美法则和产生的美感。

构图显示了作品内部结构与外部结构的一致性，反映了作者思想感情与艺术表现形式的统一性，是艺术家人格力量和艺术水准的直接体现，也往往是艺术作品思想美和形式美之所在。为此，构图能力在美术创作中、构图分析在美术欣赏中都占有相当重要的地位。在进行创作的过程中，构图是较为重要的一步，重点应把握：

第一，确定构图的基本形和形式线，分割画面的主要长线有竖线、横线、斜线、折线、波浪线；画面表现形象主体组合的基本形状有三角形、圆形、断环形、放射形、旋形、同心圆、十字形、栅栏形、“S”形等，这些形式线和基本形成为构图的主要构成因素。

由于基本形和形式线与现实中的各种自然现象或人的形态相似，便具有丰富的感情联想性。例如，埃及建筑胡夫金字塔的三角形构图的稳定感，其巨大的震慑力使千百万奴隶感到奴隶主统治的不可动摇。再如，俄罗斯圣彼得堡雕塑彼得大帝纪念碑的斜线构图的运动感，体现了这位政治革新家勇往直前、不断向上的精神气概。因此，构图的形式线和基本线也是产生美感的主要因素。

第二，探求构图所运用的形式美法则，目前有两类，共8对16种：均衡与对称、渐次与重复、对比与调和、比例与尺度、节奏与韵律、主体与陪体、微差与统调、特异与秩序。前者多显示生动型，而后者显示秩序型。

生动与秩序、变化与统一、多样与整体既对立排斥，又相互制约，相辅相成存在于一个统一体中，这便是形式美法则的本质和灵魂所在。如果过分追求生动、变化，构图就会变得杂乱无章，这样不仅失去了秩序美，原先所追求的生动美也荡然无存；反之，如果一味强调构图秩序、统一，作品就会变得呆滞。因此要处理好每对法则中两者之间的关系，一件美术作品的创作中可能运用多种形式美法则，关系处理的好坏显示出作者水平的优劣。利用形式美法则构图的优秀实例有：

《米洛斯的维纳斯》构图：1）体形呈“S”形弯曲，自然优美；2）脐点为全身的黄金分割点，喉头为上身的黄金分割点，膝为下身的黄金分割点，比例非常优美；3）肩宽上臂宽之比也多为黄金比例；4）胸与腹均衡委婉地承受光的投射，被称为“光的史诗”。

《2008年北京申奥标志》构图：1）总体为多斜线式构图，富于运动感；2）斜向拉长气势连贯的五环，具有多重寓意：飞跑的人、打太极拳的姿势、北京蓬勃发展的形势、中国人民申奥的自信心、奥运的团结向上宗旨、富于民族传统特色的中国结等。

可以多看、多欣赏名作品，思考构图的内涵和本质，然后在自己的作品中表达出来，此外一定得了解，总体构图形式与画面形象对应映照必然更集中、更准确、更全面地反映作品的内容和本质。

3. 构图形式

构图形式有以下几点：

1）水平式（安定有力感）。

2）垂直式（严肃端庄）。

3）S形（优雅有变化）。

4）三角形（正三角较空，锐角刺激）。

5）长方形（人工化、有较强的和谐感）。

6）圆形（饱和有张力）。

7）辐射（有纵深感）。

8）中心式（主体明确，效果强烈）。

9）渐次式（有韵律感）。

10）散点式（受边框约束，自由可向外发展）。

\\ 界面设计 \\

用户界面（User Interface；UI）设计是指对软件的人机交互、操作逻辑、界面美观的整体设计。好的UI设计不仅让软件变得有个性、有品位，还让软件的操作变得舒适、简单、自由，充分体现软件的定位和特点。

通过对不同用户需求进行的分类以及分析界面设计元素对用户行为的影响，可以看出用户在界面设计中所体现的重要性。交互性已经成为网络界面设计中追求的目标，为了使设计满足可用性要求，全面了解用户特征及多元化要求是十分必要的。这就需要找到正确的方法来记录和实现用户的多元化要求。界面是人与物体互动的媒介，换句话说，界面就是设计师赋予物体的新面孔。

界面设计原则如下：

（1）简易性

界面的简易性是指让用户便于使用、便于了解，并能减少用户发生错误选择的可能性。

（2）用户语言

界面中要使用能反应用户本身的语言，而不是设计者的语言。

（3）记忆负担最小化

在设计界面时必须要考虑人类大脑处理信息的限度，人类的短期记忆极不稳定且有限，24小时内存在25%的遗忘率。所以对用户来说，浏览信息要比记忆更容易。

（4）一致性

一致性是每一个优秀界面都具备的特点。界面的结构必须清晰且一致，风格必须与内容相一致。

（5）清楚

在视觉效果上便于理解和使用。

（6）用户的熟悉程度

用户可通过已掌握的知识来使用界面，但不应超出一般常识。

（7）从用户的观点考虑

想用户所想，做用户所做，按照用户的方法理解和使用。

（8）对比

通过比较两个不同世界（真实与虚拟）的事物，完成更好的设计。如书籍对比竹简。

（9）排列

一个有序的界面能让用户轻松的使用。

（10）安全性

用户能自由地做出选择，且所有选择都是可逆的。在用户做出危险的选择时有信息介入系统的提示。

（11）灵活性

简单来说就是要让用户方便地使用，但不同于简易性。它指的是互动多重性，不局限于单一的工具（包括鼠标、键盘或手柄）。

（12）人性化

高效率和用户满意度是人性化的体现。应具备不同级别的使用系统，即用户可依据自己的习惯定制界面，并能保存设置。

任务一《凉鞋广告》

任务情境

夏季来临，酷暑来袭，回力鞋业新推出了一款儿童凉鞋，为了更好地在网络上推广，网店销售部的美工打算制作一个广告图，帮助凉鞋推广销售。希望针对产品的特点，结合市场情况进行设计绘制。

◆ 任务分析

商品网店广告宣传属于广告设计的范畴，广告设计需要针对产品的特点、市场需求进行调查，结合消费者层次进行分析，制定设计方案，重点突出产品的特色和卖点。任务的主题是凉鞋的清凉，因此主色调定位为冷色调，以白色和蓝色为主，符合凉鞋的清凉效果，带给观者一丝凉意。为了更好地进行推广，还需添加产品介绍和说明，使广告直观明了。设计制作前收集素材，运用平面设计软件进行设计。

在本任务的设计与制作中需要用到多方面的知识，其中风格定位和色彩搭配是主要内容，因此在任务实施前要学习色彩的相关知识，然后运用所学的知识来完成任务。

◆ 任务实施

本任务采用Photoshop CS5来完成设计与制作，具体操作如下：

1）打开Photoshop CS5，创建画布大小为80cm×110cm，分辨率为200像素/英寸，RGB模式，其他保持默认，如图1-13所示。

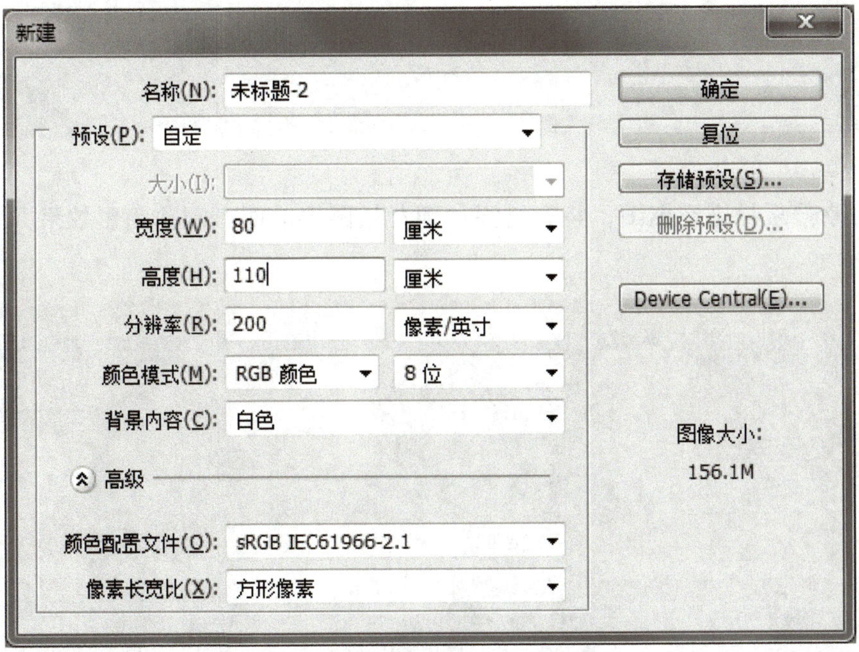

图 1-13

2）导入所需的素材：凉鞋、海景、沙滩，如图1-14所示。

3）利用Photoshop CS5的合成技巧，合成背景效果图，使用高斯模糊对海景效果进行模糊并调整位置，如图1-15所示。

图 1-14

图 1-15

4）对凉鞋素材进行抠图，将素材添加到背景图层前面，制作阴影效果并调整大小，如图1-16所示。

图 1-16

5）利用文本工具，添加文字主题和宣传口号等内容，如图1-17所示。

图 1-17

6）为了排版构图需要添加一些辅助文案，如图1-18所示。

图 1-18

7）添加一些白色辅助图形，使整体配色协调，渲染清凉氛围，如图1-19所示。

图 1-19

8）整体进行调整和处理，完成绘制效果后进行保存，保存为“凉鞋广告”PSD和JPEG两种格式，如图1-20所示。

9）导出JPEG格式后，效果如图1-21所示。

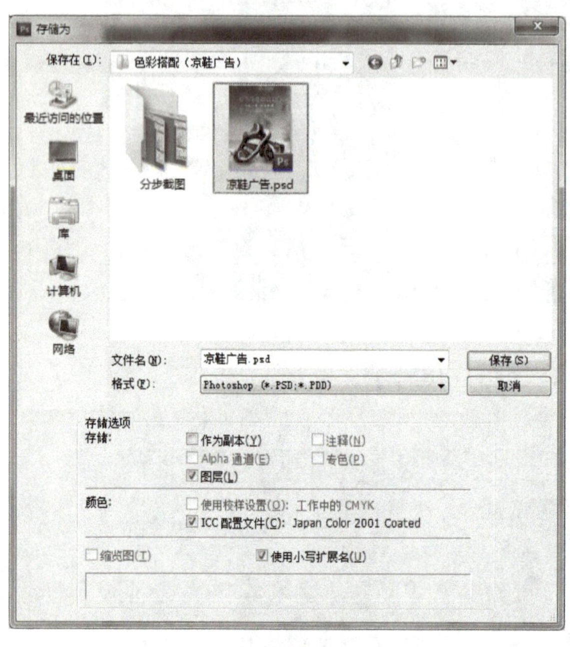

图　1-20

图　1-21

◆ 相关知识

1. 色彩搭配技巧

1）色调配色：指具有某种相同性质（冷暖调，明度，饱和度）的色彩搭配在一起，色相越全越好，至少使用3种色相。例如，同等明度的红，黄，蓝搭配在一起。大自然的彩虹就是很好的色调配色。

2）近似配色：选择相邻或相近的色相进行搭配。这种配色因为含有三原色中某一种共同的颜色，所以搭配起来很协调。因为色相接近，所以也比较稳定，如果是单一色相的浓淡搭配则称为同色系配色。常见的出彩搭配有紫配绿、紫配橙、绿配橙。

3）渐进配色：按色相、明度、饱和度三要素之一的程度高低依次排列颜色。特点是即使色调沉稳，也应很醒目，尤其是色相和明度的渐进配色。彩虹既是色调配色，也是渐进配色。

4）对比配色：用色相、明度或饱和度的反差进行搭配，有鲜明的强弱。其中，色相的对比给人明快清晰的印象，例如，红配绿、黄配紫、蓝配橙。

5）单重点配色：让两种颜色形成面积的大反差。“万绿丛中一点红”就是一种单重点配色。其实，单重点配色也是一种对比，相当于一种颜色做底色，另一种颜色做图形。

6）分隔式配色：如果两种颜色比较接近，看上去不分明，可以将对比色添加在这两种颜色之间，增加强度，整体效果就会很协调了。最简单的加入色是无色系的颜色或米色等中性色。

2. 平面设计元素

1）概念元素：是指实际上不存在的、不可见的、但人们的意识又能感觉到的东西。例如，看到尖角的图形，会感到上面有点，物体的轮廓上有边缘线。概念元素包括点、线、面。

2）视觉元素：概念元素不在实际的设计中加以体现将是没有意义的。概念元素通常是通过视觉元素体现的，视觉元素包括图形的大小、形状、色彩等。

3）关系元素：视觉元素在画面上的组织、排列是由关系元素决定的，包括方向、位置、空间、重心等。

4）实用元素：指设计所表达的含义、内容、设计目的及功能。

◆ 经验分享

设计是有目的的策划，平面设计是利用视觉元素（文字、图片等）来传播广告项目的设想和计划，并通过视觉元素向目标客户表达广告商的诉求点。平面设计的好坏除了灵感之外，更重要的是是否准确地将诉求点表达出来，是否符合商业的需要。

平面广告，若从空间概念界定，泛指现有的以长、宽二维形态传达视觉信息的各种广告媒体的广告；若从制作方式界定，可分为印刷类、非印刷类和光电类3种形态；若从使用场所界定，又可分为户外、户内及可携带式3种形态；若从设计的角度来看，它包含着文案、图形、线条、色彩、编排等要素。平面广告因为传达信息简洁明了、能瞬间扣住人心，而成为广告的主要表现手段之一。平面广告设计在创作上要求表现手段浓缩化和具有象征性，一幅优秀的平面广告设计具有充满时代意识的新奇感，并具有设计上独特的表现手法和感情。

广告效果的优劣关键在于广告设计。现代广告设计的任务是根据企业营销目标和广告战略的要求，通过引人入胜的艺术表现，清晰准确地传递商品或服务信息，树立有助于销售的品牌形象与企业形象。平面广告设计作品的好和坏不能拿个人视觉的“好看”与“不好看”来评定，而应看它能够起到哪些广告效应，版面的美观度仅是衡量作品好与坏的微小的一部分。

◆ 任务评价

评价指标	构图运用	构图技巧	排版技巧	整体效果
自我评价				
小组评价				
教师评价				

任务二《工作证》

◆ 任务情境

包豪斯设计室为了规范管理，需要设计一批工作证，要求员工上班期间佩戴工作证。设计公司的设计人员承担了此次任务，要求效果新颖，易于识别，佩戴方便，大小合适。

◆ 任务分析

工作证作为平面设计中的一类，需要集功能和美观于一体，因此尺寸、风格等应作为设计要点，体现出设计的人性化和合理性，色彩风格从企业文化和企业特点入手，由初稿到定稿需要反复地修改磨合，才能确定最终方案。

本案例在设计制作中涉及的知识广泛，主要为色彩搭配技巧、构图技巧以及排版技巧。其中构图技巧是本任务所要学习的重点知识，在构图上需要学习新知识，丰富知识面，然后利用所学的构图知识进行设计。

◆ 任务实施

本任务采用Photoshop CS5来完成设计与制作，具体操作如下：

1）打开Photoshop CS5，创建画布为A4纸张（210mm×297mm），分辨率为300像素/英寸，RGB模式，并调整为横版，其他保持默认，如图1-22所示。

图 1-22

2）设置前景色为灰色并填充画布，利用圆角矩形绘制路径，如图1-23所示。

3）绘制工作证的外形，将圆角矩形路径转为选区后填充白色，复制一个图层并调整位置，设置投影效果，如图1-24所示。

4）利用软件的颜色编辑和选区工具，制作工作证正面和背面效果，如图1-25所示。

5）利用文本工具添加文字，设置颜色并调整位置，如图1-26所示。

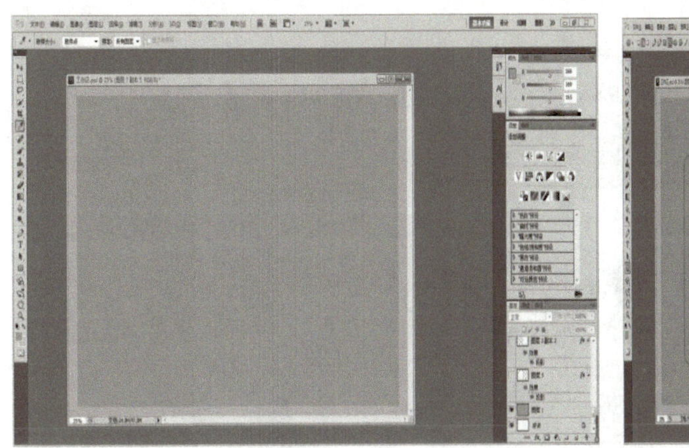

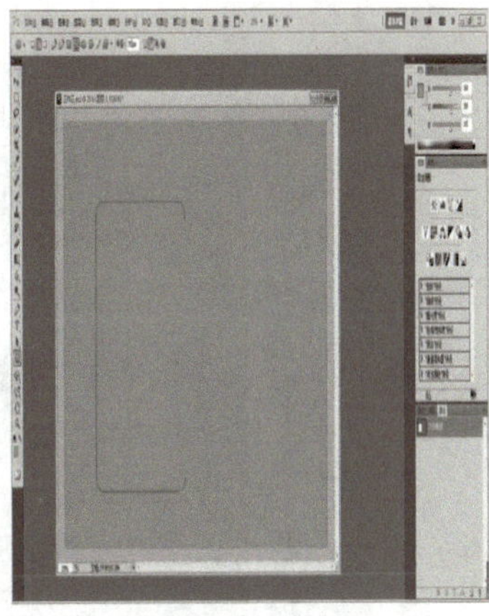

图 1-23

图 1-24

图 1-25

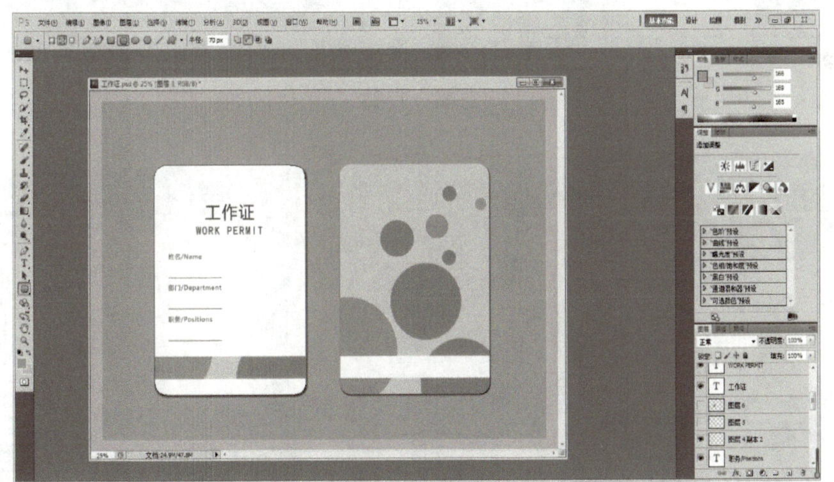

图 1-26

6）绘制粘贴相片的位置，进行构图排版，主要用到了中心构图，制作一个简单对齐的效果，如图1-27所示。

7）利用文本工具添加企业名称，并导入二维码，根据构图要求，进行位置和大小调整，如图1-28所示。

8）完成工作证的挂绳的开口设计，并进行整体调整和处理，如图1-29所示。

9）保存“工作证”PSD，导出JPEG格式后，效果如图1-30所示。

图 1-27

图 1-28

图 1-29

图 1-30

◆ 相关知识

排版和构图是设计的基础，它们能使作品结构化，更容易被浏览。平面设计、网页设计如果没有一个好的构图排版，作品会显得非常凌乱。排版和构图中有5个基本原则，具体如下：

（1）接近

接近是使用视觉化的空间来展现内容之间的关系，在实践中，需要做的是确保相关的项目是组成在一起的，例如，文本块或者平面中的元素。彼此不相关的组合应该分开，在视觉上强调其没有关联

（2）留白

留白是每一个构成中最重要的部分，可以应用在文本之间、线段之间、外部边缘。留白有助于定义和分离不同的部分，给予内容“呼吸”的空间。如果每次的设计给人感觉混乱或者不舒服，留白可能正是作品所需要的。

（3）对齐

在编辑邮件或者创建文件时，文本都会自动对齐。当设计作品时，找到一个正确的对齐方式是需要技巧的。最重要的是保持始终如一，没有一个统一的对齐，作品就会显得杂乱无章。

（4）对比

对比最简单的意思就是一个设计元素和另一个设计元素不相同，在排版和构图时对比可以帮助设计者做很多事情，如吸引读者的眼球、突出重点。颜色、大小、形状、物体视觉比重、文本风格都是可以设计出对比的。

（5）重复

重复是一种提醒，每一个项目应有统一的外形和感觉，可以通过重复或者回应某些元素去增强设计。

在设计时需要注意以下几点：

1）结合设计内容选配适当的字体。字体可以传递思想、传递内涵，每一种字体都可以表达一种思想，就像人的面相一样，看到就知道这个人是什么样子的，所以选择与设计内容一致的字体很重要。

2）配合消费者群体的需求。并不是每一种字体都适合所有人的需求，例如，一张儿童节海报，面向的对象是儿童，那么它选用的字体就是比较俏皮可爱、充满活力的；如果设计的海报面向的是社会青年团体，那么同样是海报类型，因为针对的群体不一样，它们对字体的需求和应用也不一样。

3）文字排版注意层次感。如果一个设计的层次好，那么整个设计看起来是非常整齐的，可以容易找到需要的信息。基本层次的设计可以利用以下几点：用文字的大小来表示信息的重要性排序；用充足的空间来创造一个容易检视的架构；把相关的对象分成同一组进行设计；在适当情况下，用标题、副标题等形式清楚地分类。

4）别忽略了留白和对齐方式。成也细节，败也细节，留白和对齐对作品的影响很大，熟练运用好留白和对齐可以使整个作品看起来干净有序。

◆ 经验分享

1）要表达的信息配上适当的感觉设计。每种字形都散发独特的情感或个性，可以是友善、新潮、严肃或傻里傻气，大部分的字形都不是万用的，所以要判断一个字形适不适

合放在设计里面，方法之一就是列出希望设计呈现出的特质，如果能先确定内容更好，这样就能直接挑选字形来配合设计的风格。

2）配合读者的心情进行设计。选择了适合的字形后，还需要确定它适合观众。

如果对选择的字形有所迟疑，可以询问设计对象所处团体的人，征询他们的意见，让文字排版效果更好。

3）让字形的尺寸搭配设计的内容。选择和安排设计的字形时，阅读难易度应该是首要考虑的问题之一。字太小会造成难以阅读，字太大又会显得混乱，印刷中常用的段落文字大小在10～12 点之间。

◆ 任务评价

评价指标	构图运用	构图技巧	排版技巧	整体效果
自我评价				
小组评价				
教师评价				

走进数字媒体

任务三《手机QQ登录界面》

◆ 任务情境

手机QQ为了更好地服务于用户，近期将对手机APP进行优化更新，在登录界面上需要进一步修改，以更好的形象展示在用户面前，设计部门接到了设计任务，在原有的基础上对界面进行优化。

◆ 任务分析

用户界面是用户和设备沟通的媒介，为了让用户有更好的体验效果，需要不断进行优化。手机QQ界面也在不断地更新优化，设计前需要对前期的界面有所了解，对用户的体验反馈进行分析，才能确定本次优化的方向，因此此次设计任务需要更多地去参与体验和分析，才能有新的方案。

本任务的实施需要学习界面设计的方法以及设计中用到的知识点，如构图技巧、色彩搭配技巧、排版技巧、人体工程学等，设计要以功能为主，更多地为用户的体验操作进行设计，然后确定设计方案和制作方案。

◆ 任务实施

本任务采用Photoshop CS5来完成设计与制作，具体操作如下：

1）打开Photoshop CS5，创建画布大小为600像素×1000像素，分辨率为200像素/英寸，RGB模式，并调整为横版，其他保持默认，如图1-31所示。

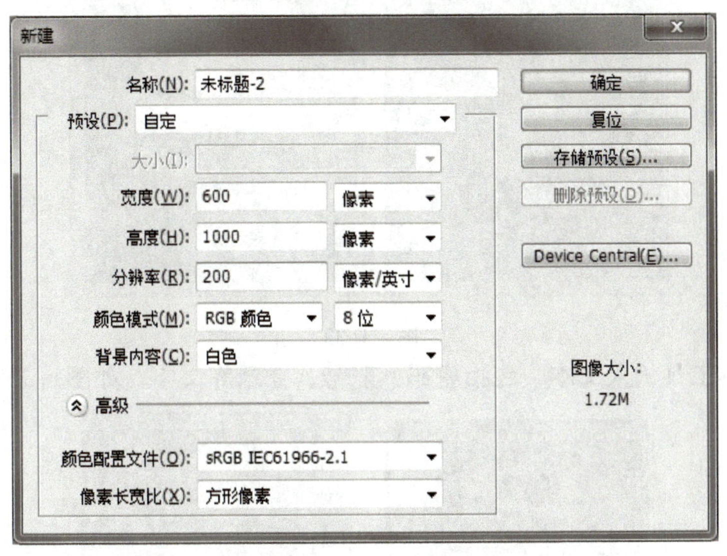

图　1-31

2）设置前景色为浅蓝色，背景色深蓝色，利用渐变工具填充背景，如图1-32所示。

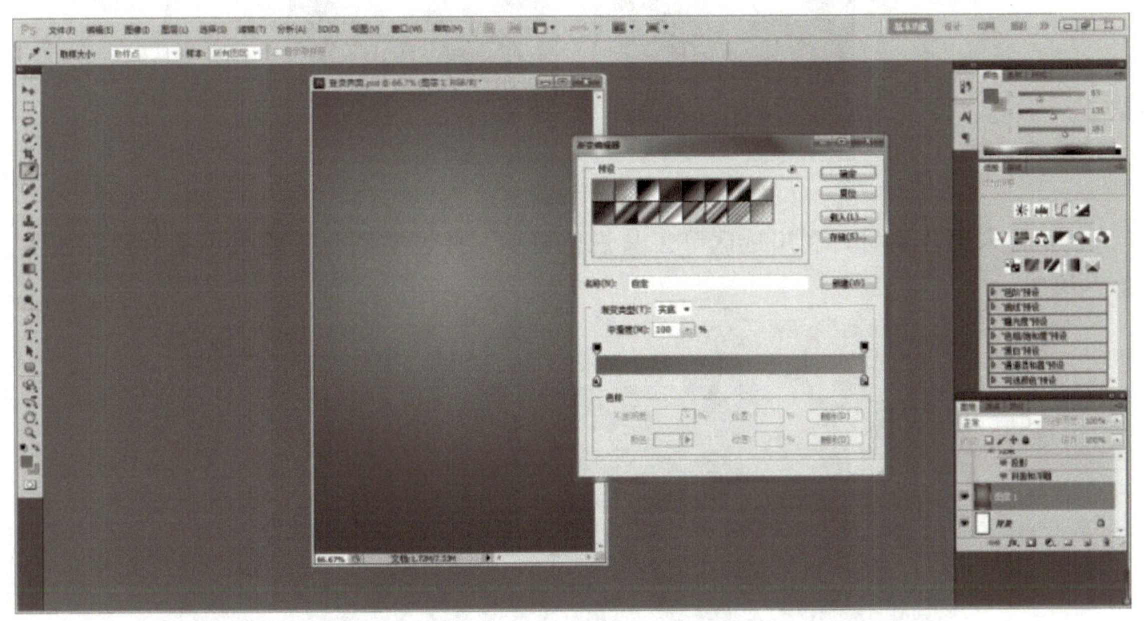

图　1-32

3）绘制界面的注册账号按钮部分，创建圆角矩形选区，渐变填充并进行斜面浮雕和投影的混合效果，利用相同的方法完成登录框的绘制效果，如图1-33所示。

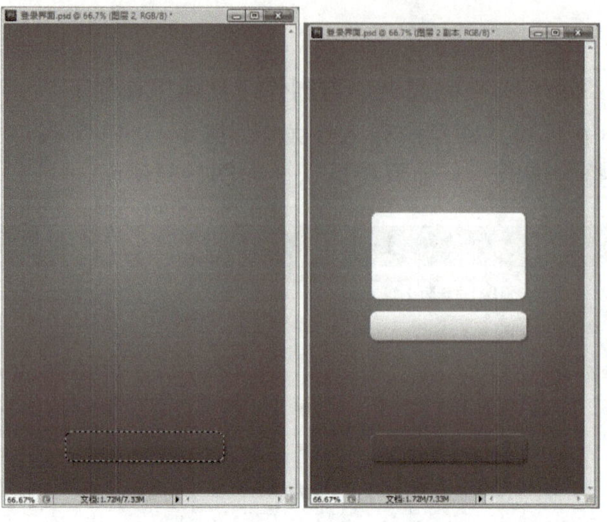

图　1-33

4）利用文本工具输入文本，包括密码、账号、登录等文字，如图1-34所示。

图　1-34

5）导入图片素材，利用选区等工具进行剪切，并调整到合适的大小和位置，如图1-35所示。

图　1-35

6）为图片素材添加投影等效果，如图1-36所示。

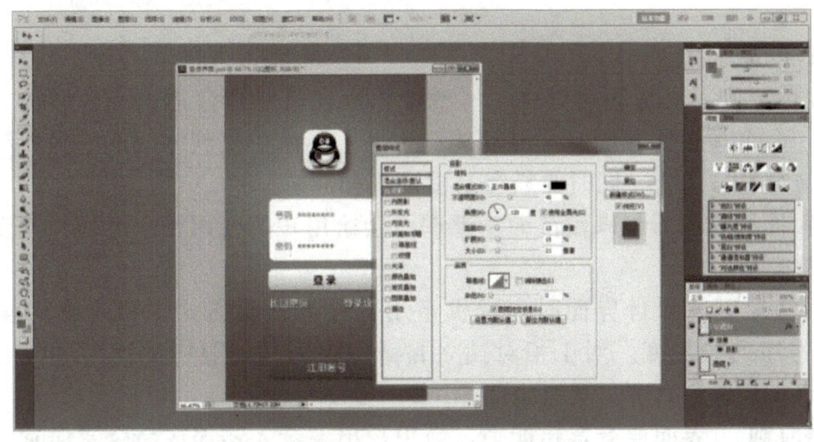

图 1-36

7）整体调整，保存“登录界面”PSD，导出JPEG格式后，效果如图1-37所示。

图 1-37

◆ 相关知识

根据设计目的可将界面设计分为以下几类：

1）以功能实现为基础的界面设计。交互设计界面最基本的性能是具有功能性与使用性，通过界面设计，让用户明白功能操作，并将作品本身的信息更加顺畅地传递给用户，用户是功能界面存在的基础与价值，但由于用户的知识水平和文化背景存在差异，界面应更国际化，客观地体现作品本身的信息。

2）以情感表达为重点的界面设计。通过界面给用户一种情感传递是设计的真正艺术魅力所在。用户在接触作品时产生感情共鸣，利用情感表达切实地反映出作品与用户之间的情感关系。情感的信息传递存在着确定性与不确定性的统一，因此设计中更加强调的是用户在接触作品时的情感体验。

3）以环境因素为前提的界面设计。任何一个互动设计作品都无法脱离环境而存在，周边环境对设计作品的信息传递有着特殊的影响，因此营造界面的环境氛围是不可忽视的一项设计工作。

界面设计的原则如下：

1）一致性原则。在界面设计中，一致性原则通常包含窗体大小、形状、色彩的一致性，文本框、命令按钮等界面元素外观的一致性，界面中出现术语的一致性等。一致性原则在设计中最容易被违背，同时也最容易被修改和遗忘。

缺乏一致性的界面看起来混乱而不严密，会给用户的使用带来不便，甚至使用户觉得应用程序不够安全可靠。

2）易用性原则。设计界面时可提供常用操作的快捷方式，根据常用操作的使用频率，减少操作序列的长度。对于相对独立的操作序列，一般应提供回退、中途放弃等功能，让用户感觉到操作合理，具有亲切感。

3）容错原则。 界面要有容错能力，当用户出现录入错误或命令错误时，系统应尽量准确地检测出错误发生的位置，报告出错误发生的性质 ，提供简单和容易理解的错误处理结果或提示给用户一个修正参考，保证用户操作的连续性。

界面美感设计要注意保证易操作性。

交互作品的界面设计采用超媒体链接技术，将文字、图形、图像、声音、动画等媒介要素进行编排，使之成为一个连贯的整体，呈现在一个复杂的交互系统中。界面反映的是信息的总和而并非单一的信息，在不同的应用系统中应具有相似的界面外观、布局、交互方式及信息显示、界面设计要保持风格的一致性。这样设计用户便可以根据自己的认知经验，明白界面上的功能操作，正确地选择内容，随时回到主界面或退出整个多媒体作品。因此每个操作对用户来说应是符合逻辑的，用户能够较容易了解它要表达的信息与情感。

交互设计作为一种新媒体形态，必然要突出艺术的可视性本质，将新的艺术思想与理念融汇到作品当中，以此去吸引和影响用户。界面是读者打开交互作品时最先接触到的层面，通过可视化界面上设计者运用的前卫化的艺术符号、虚拟化的空间结构营造跳跃式的视觉效果，引起用户美好的情感沟通，使得其对作品中传达的信息产生共鸣。界面设计的宗旨是促进信息的传递以满足用户需求。当进行界面设计时，关键在于界面本身能否有效支撑交互，界面上的组件是为交互行为服务的，它可以很美、很抽象、很艺术化，但不能以任何理由破坏作品的交互功能和作用。

◆ 经验分享

界面设计中控件的设计需要更多人性化，具体体现在：

1）控件的位置拖放安排。 在绝大多数的程序界面设计中，并不是所有的元素都具有相同的重要性，所以应抓住重点，将较重要的元素放在一目了然的位置，重要的和需要经常访问的元素放在显著的位置，次要的元素则放在次要的位置。设计中习惯的阅读顺序一般是从左到右，从上到下。

将控件和元素适当分组也是非常重要的，可以尝试根据“功能”和“关系”来组成一个逻辑信息组，根据控件的功能或关系放在不同的屏幕区域。

2）控件的大小与一致性编排。控件的大小设置是设计时经常遇到的问题，虽然操作非常简单，但在决定控件大小时却很让人头疼。在控件中使用相同的颜色作为背景色，如果没有特别需要，尽量不使用鲜艳的颜色。如果两种控件选择了不同的颜色和显示效果，那么应用程序将会显得十分不协调。所以在确定设计思路时，一定要坚持用同一种风格贯穿整个应用程序，用这个思路来完成整个程序的设计。

3）合理利用空间、保持界面的简洁。在界面的空间使用上，应当形成一种简洁明了的布局。在用户界面中合理使用窗体控件及其四周的空白区域有助于突出元素和改善可用性。在设计中需要留出一些空白区域来突出设计元素，各控件之间一致的间隔、各元素垂直与水平方向的对齐可以使设计更为明了，行列整齐、行距一致的界面安排也会使其更容易阅读。

4）合理利用颜色、图像和动画效果。在界面上使用颜色可以增加视觉上的感染力，但每个人对颜色的喜好有很大的不同，用户的品位也会各不相同。颜色能够引发用户的情感，如果是针对普遍用户，最好采用一些柔和的、中性化的颜色；如果针对特定的用户，就要依据用户自己的选择了。

另外，图片与图标的使用也可以增加应用程序在视觉上的影响，所以图像的设计也是必不可少的。在某些时候不用文本而利用图像就可以更形象地传达信息。但常常不同的人对图像的理解也不一样，带有各种功能图标的工具栏，是一种很有用的界面组成，但如果不能很容易地识别图标所表示的功能，反而会事与愿违。在设计工具栏图标时，应查看一下其他应用程序，以了解已经创建了的大众认可的标准。

用户界面也广泛使用各种动画显示效果。合理地使用能表达出特定的设计意图，给予用户更加生动、易于理解的信息。动感的显示是对象功能的可见线索，虽然用户可能对某个术语还不熟悉，但动态的实例可以使用户体会设计者的意图。“按下按钮”“旋转旋钮”和“点亮开关”等动作都能进行动感表示。

好的应用程序不仅要有强大的功能，还要有美观实用的用户界面。界面设计不仅是编程的问题，也需要美学修养。用户界面是应用程序的一个重要组成部分，一个应用程序的界面往往决定了该程序的易用性与可操作性。快捷方便的操作，不仅会提高用户的工作效率，还能使界面在功能实现上变得简洁而高效。

◆ 任务评价

评价指标	构图运用	构图技巧	排版技巧	整体效果
自我评价				
小组评价				
教师评价				

■ 项目小结

本项目讲解了视觉美感设计的相关内容。视觉美感的构成要素一般划分为构成视觉美感的视觉要素和构成视觉美感的视觉要素之间的组合规律。通过本项目的学习和实践，可以掌握色彩、构图、排版等方面的视觉美感设计技巧。

项目二

分镜头脚本创作

知识要点

- 摄像机位
- 镜头运动方式
- 拍摄角度
- 镜头组接
- 景别
- 分镜头脚本

分镜头脚本是拍摄制作的蓝图和依据，是对文字材料应用影视画面语言进行再创作的过程。导演运用电视艺术手法，将文字脚本划分为一个个可供摄、录、编辑的分镜头脚本。而镜头就是摄像机从开机拍摄到停止拍摄之间所拍下的一段连续画面。若干个镜头组接起来构成一个镜头组，镜头组能表达一个完整的意思，相当于说话的一个句子。分镜头脚本的格式包括镜号、机号、景别、技巧、时间、画面、解说词、音乐、音响和备注栏。

学习目标

1．掌握分镜头脚本的定义

2．掌握分镜头脚本中的摄像机位、拍摄角度、景别、镜头、镜头运动方式、镜头组接、分镜头脚本等基础知识

3．掌握分镜头脚本的创作方法及技巧

4．能独立完成分镜头的创作

知识加油站

分镜头脚本

分镜头脚本又称摄制工作台本，是将文字转换成立体视听形象的中间媒介，是导演将整个影片或电视剧的文学内容分切成一系列可摄制的镜头剧本，以供现场拍摄使用。

分镜头脚本包含以下格式：片名、镜号、机号、景别、技巧、画面、解说、音乐、音响、长度（秒）、说明等信息。对有经验的导演，在写作时格式上也可灵活掌握，不必拘泥于此。

镜号：即镜头顺序号，按组成电视画面的镜头先后顺序，用数字标出，它可作为某一镜头的代号。拍摄时不一定按顺序号拍摄，但编辑时必须按顺序编辑。

机号：现场拍摄时，往往是用2～3台摄像机同时进行工作，机号代表这一镜头是由哪一个摄像机拍摄的。前后两个镜头分别用两台以上摄像机拍摄时，镜头的组接可在现场通过特技机进行编辑。单机拍摄时无须标明。

景别：一般分为全景、中景、近景、特写和显微等。

技巧：包括镜头的运用，如推、拉、摇、移、跟等。镜头的组合，如淡入淡出、切换、叠加等。

画面：详细写出画面里场景的内容、变化和简单的构图等。

解说：按照分镜头画面的内容，以文字稿本的解说为依据，把它写得更加具体、形象。

音乐：使用什么音乐，应标明起始位置。

音响：也称为效果，它是用来创造画面身临其境的真实感，如现场的环境声、雷声、雨声、动物叫声等。

长度：每个镜头的拍摄时间，以秒为单位，标明该镜头的起、止时间。

\\ 镜头语言 \\

一、摄像机位

摄像机位就是摄像机相对于被摄主体的空间位置，也被称为拍摄点。图2-1中的摄像机A、B、C分别为3个拍摄机位。

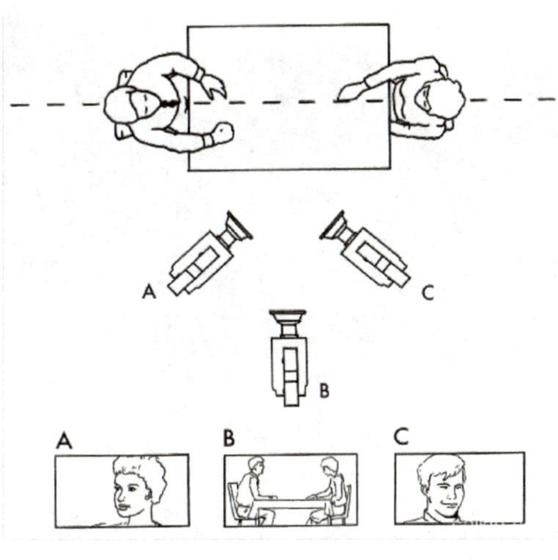

图 2-1

二、拍摄角度

拍摄角度是指摄像机相对于拍摄对象所处的方向及位置，包括拍摄高度、拍摄方向和拍摄距离。

1. 拍摄高度

拍摄高度可分为平摄、仰摄、俯摄、顶摄、反拍摄等。

（1）平摄

摄像机与被摄对象处于同一水平线的一种拍摄角度。平摄一般可以分为正面、侧面和斜面3种。

正面拍摄，镜头光轴与对象视平线（或中心点）一致，构成正面拍摄。正面拍摄的镜头优点是：画面显得端庄，构图具有对称美。拍摄气势宏伟的建筑物可给人以正面全貌的印象；拍摄人物能比较真实地反映人物的正面形象。其缺点是：立体感差，因此常常借助场面调度，增加画面的纵深感。正面拍摄方式如图2-2所示。

侧面拍摄，从与对象视平线成直角的方向拍摄。侧拍分为左侧和右侧。侧拍的特点是有利于勾勒对象的侧面轮廓。侧面拍摄方式如图2-3所示。

图 2-2

图 2-3

斜面拍摄，介于正面、侧面之间的拍摄角度为斜面拍摄。斜拍能够在一个画面内同时表现对象的两个侧面，给人以鲜明的立体感。斜面拍摄方式如图2-4所示。

图 2-4

（2）仰摄

摄像机从低处向上拍摄。仰摄适于拍摄高处的景物，能够使景物显得更加高大雄伟。由于透视关系，仰摄使画面的水平线降低，前景和后景中的物体在高度上的对比因之发生变化，使处于前景的物体被突出、夸大，从而获得特殊的艺术效果。常用仰摄镜头来表示人们对英雄人物的歌颂，或对某种对象的敬畏。仰摄方式如图2-5所示。

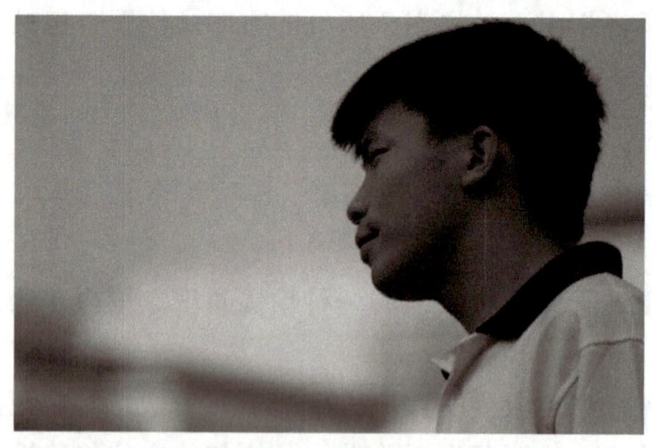
图 2-5

（3）俯摄

与仰摄相反，摄像机由高处向下拍摄，给人以低头俯视的感觉。俯摄镜头视野开阔，用来表现浩大的场景，有其独到之处。从高角度拍摄，画面中的水平线升高，周围环境得到较充分的表现，而处于前景的物体投影在背景上，会感到它被压近地面，变得矮小而压抑。用俯摄镜头表现反面人物的可憎渺小或展示人物的卑劣行径在影视片中是极为常见的。俯摄方式如图2-6所示。

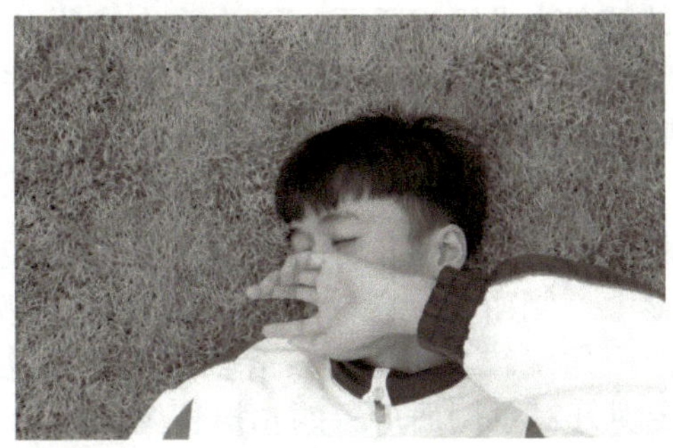

图 2-6

(4）顶摄

摄像机拍摄方向与地面垂直。用顶摄拍摄某些杂技节目或歌舞演出，有独到之处。顶摄的作用还在于它改变了被摄对象的正常状态，把人与环境的空间位置，变成线条清晰的平面图案，从而使画面具有某种情趣和美感，顶摄方式如图2-7所示。

图 2-7

(5）反拍摄

从被摄物的后方拍摄。这种摄法，人物几乎成为背影，面部呈现较少，可以产生奇妙的感觉。反拍摄方式如图2-8所示。

图 2-8

2. 拍摄方向

拍摄方向是指以被摄对象为中心，在同一水平面上围绕被摄对象的四周选择摄影点。拍摄方向通常分为正面角度、侧面角度、背面角度等。

（1）正面角度

是指与被摄对象正面成垂直角度的拍摄位置，主要表现某对象的正面具有典型性的形象。例如，拍摄正面角度的建筑如图2-9所示，无论古今在设计上都注重建筑正面的样式与装修，正面角度能够表现出对象的本色。正面角度的构图，主要是表现对象多处在画面的垂直中心分割线上，常是对称的结构形式，一般说来正面的构图形象比较端庄。

（2）侧面角度

一般是指与被摄对象侧面成垂直角度的拍摄位置，主要表现某些对象的侧面具有典型的形象。例如，在人像摄影中，侧面角度能看清人物相貌的外部轮廓特征，使人像形式多样变化，如图2-10所示。侧面角度较之正面角度有较大的灵活性，在侧面垂直角度左右可有一些变化，以获得最能表现好对象侧面形象的拍摄位置。

图 2-9

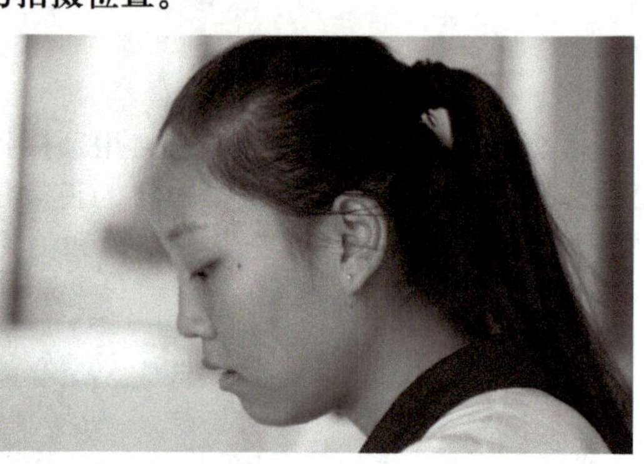

图 2-10

（3）背面角度

与正面角度相反，与被摄对象背面成垂直角度的拍摄位置。适合表现人物与背景的关系，引发观者的想象。选择何种拍摄方向，不仅会使被摄对象的形象有变化、构图的形式有变化，更主要是表现内容也可能有变化，因此拍摄方向的选择应根据具体的被摄对象和主题表现的要求而变化。背面角度拍摄如图2-11所示。

图 2-11

3．拍摄距离

拍摄距离指摄像机和被摄体间的距离。在使用同一焦距的镜头时，摄像机与被摄体之间的距离越近，能拍摄到的范围就越小，主体在画面中占据的位置也就越大；反之，拍摄范围越大，主体显得越小。

三、景别的运用

景别是指由于摄像机与被摄体的距离不同，而造成被摄体在摄像机寻像器中所呈现出的范围大小的区别。景别可具体划分为远景、全景、中景、近景、特写、大特写等，如图2-12所示。

图 2-12

1. 远景

远景一般用来表现远离摄影机的环境全貌，展示人物及其周围广阔的空间环境、自然景色和群众活动大场面的镜头画面。远景拍摄时背景占主要地位，画面给人以整体感，通常用于介绍环境，抒发情感。如视频素材：项目二\素材欣赏\《夜空中最亮的星》2分59秒的远景镜头，如图2-13所示。

图 2-13

2. 全景

全景用来表现场景的全貌与人物的全身动作，在电视剧中用于表现人物之间、人与环境之间的关系，包含整个人物形貌，既不像远景那样由于细节过小而不能很好地进行观察，又不会像中近景画面那样不能展示人物全身的形态动作。在叙事、抒情和阐述人物与环境关系的功能上，起到了独特的作用。如视频素材：项目二\素材欣赏\《夜空中最亮的星》1分40秒的全景镜头，如图2-14所示。

图 2-14

3．中景

画框下边卡在膝盖左右部位或场景局部的画面称为中景画面。中景是叙事功能最强的一种景别。中景的特点决定了它可以更好地表现人物的身份、动作以及动作的目的。表现多人时，可以清晰地表现人物之间的相互关系。如视频素材：项目二\素材欣赏\《夜空中最亮的星》0分22秒的中景镜头，如图2-15所示。

图 2-15

4．近景

近景是拍到人物胸部以上或物体的局部。近景的屏幕形象是近距离观察人物的体现，近景镜头可以看清人物的细微动作，也是人物之间进行感情交流的景别。近景着重表现人物的面部表情，传达人物的内心世界，是刻画人物性格最有力的景别。如视频素材：项目二\素材欣赏\《夜空中最亮的星》1分14秒的近景镜头，如图2-16所示。

图 2-16

5．特写

特写是指画面的下边框在成人肩部以上的头像，或其他被摄对象的局部。特写镜头的被摄对象充满画面。特写镜头提示信息，营造悬念，能细微地表现人物面部表情，刻画人物，表现复杂的人物关系，它具有生活中不常见的特殊的视觉感受。它主要用来描绘人物的内心活动，而背景处于次要地位，甚至消失。如视频素材：项目二\素材欣赏\《夜空中最亮的星》0分57秒的特写镜头，如图2-17所示。

图　2-17

6. 大特写

大特写是仅在景框中包含人物面部的局部或突出某一拍摄对象的局部。一个人的头部充满银幕的镜头就被成为特写镜头，如果把摄影机推的更近，让演员的眼睛充满银幕的镜头就称为大特写镜头。大特写的作用和特写是相同的，只不过在艺术效果上更加强烈。如视频素材：项目二\素材欣赏\《夜空中最亮的星》0分36秒的大特写镜头，如图2-18所示。

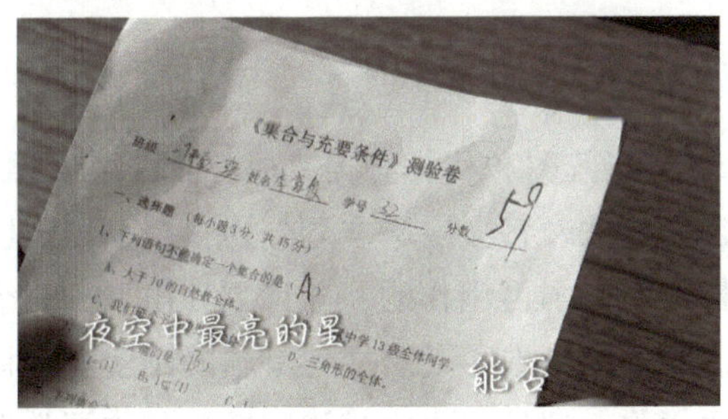

图　2-18

四、镜头的运动方式

1. 固定镜头

固定镜头是在拍摄一个镜头的过程中，摄影机机位、镜头光轴和焦距都固定不变。被摄对象可以是静态的，也可以是动态的，它的核心就是画面所依附的框架不动。画面中人物可以任意移动、入画出画，同一画面的光影也可以发生变化。在对会场、庆典、事故等事件性新闻的编辑中，常常用远景、全景等大景别固定画面，交代事件发生的地点和环境。例如，拍摄战斗机飞翔时，倘若以运动镜头追随拍摄，飞机就会呈现出与画面框架匀速齐动的相对静态，如图2-19所示。

图　2-19

2. 运动镜头

运动镜头是在一个镜头中通过移动摄像机机位、改变镜头光轴或变化镜头焦距所进行的拍摄。通过这种拍摄方式所拍到的画面，称为运动画面。

运动镜头的拍摄主要分两种方式，一种是摄像机安放在各种活动的物体上；一种是摄像者肩扛摄像机，通过人体的运动进行拍摄。这两种拍摄形式都应力求画面平稳、保持画面的水平。

五、镜头组接

镜头组接，就是将电影或者电视剧里面单独的画面有逻辑、有构思、有意识、有创意和有规律地连贯在一起。一部影片是由许多镜头合乎逻辑地、有节奏地组接在一起，从而阐释或叙述某件事情的发生和发展的技巧。画面组接的一般规律是动接动，静接静，声画统一等。

六、分镜头的创作

分镜头脚本是拍摄制作的蓝图和依据，是对文字材料应用影视画面语言进行再创作的过程。导演运用电视艺术手法，将文字脚本划分为一个个可供摄、录、编辑的分镜头脚本。分镜头脚本则是依据文学脚本再创作的、并且划分出了一个个镜头的、可供拍摄和后期制作的编辑用的脚本。分镜头脚本不是对文学脚本的图解和翻译，而是在文学脚本基础之上进行了影视语言的再创作，把抽象文字描述转换为具体视觉形象，所以它已经获得了某种程度的可视性。

任务一 《天鹅泡芙的制作》分镜头

◆ 任务情境

小林在中山广播影视传媒制作公司工作，公司接到一单为大型酒店拍摄宣传片的项目，拍摄制作的重点是为该酒店的特色品牌点心制作一个视频专辑。现需要为点心制作的拍摄、剪辑制作一个分镜头脚本。

◆ 任务分析

某市皇冠假日酒店的西式点心——天鹅泡芙是首推的品牌点心，为进一步推广该酒店的西点制作品牌，要求影视制作公司把点心的制作流程精心打造成精美的视频。影视制作公司希望能通过专业的视频广告制作，为客户提供精准有效的创意视频服务。

商品视频的广告宣传的分镜头脚本制作属于广告宣传类的制作，广告宣传视频制作的好坏，直接影响着整个公司的形象及品牌的销售。作为制作人员，在撰写分镜头脚本前，必须从多方面理解，包括企业、公司的简介、点心制作师傅的沟通交流、点心制作的流程、制作的环境、每个镜头的语言组织、特技手法的应用等。

◆ 任务实施

一、《天鹅泡芙的制作》分镜头脚本制作前期分析

1）熟悉企业的文化、背景、公司简介，与企业师傅沟通点心制作的环境、流程及细节，心中构思。根据解说词，分镜头脚本的段落如下：企业师傅的个人简介→师傅的拿手点心天鹅泡芙→天鹅泡芙身体的制作流程→天鹅的脖子制作流程→天鹅泡芙的烧烤→天鹅泡芙的装裱。

2）写分镜头脚本时，应在内容的重点、难点处多下功夫，并充分运用典型题材、特技手段去突破难点、重点。例如，裱花的制作、天鹅泡芙身体的制作。

3）构思分镜头时，要利用天鹅泡芙的制作过程构思主题思想，要求制作人员要熟悉商品的特点、内容，每个流程镜头的景别构思。

4）动画字幕的添加，在分镜头制作时，为了电视画面既能形象生动，又能抽象概括，具有强表现力，在制作关键部分的画面时需配有字幕说明，这样能起到很好的视觉效果。

5）运用电视特技，如拍摄特技、电子特技、编辑特技等，在构思时，要充分利用这些电视特技手段，为商品内容的呈现服务。

二、《天鹅泡芙的制作》分镜头脚本范例

见视频素材“项目二\任务一\分镜头赏析\天鹅泡芙的制作.mp4”。

成片时长：04分39秒

参与人员	脚本	拍摄	剪辑	组织
	周童	周童	周童	周童
其他人员	张生			
拍摄场地	学校■	企业□		

片头时长：04秒

短片名称	天鹅泡芙的制作		
主操作人姓名	邝如任	主操作人单位	某市皇冠假日酒店

正片时长：04分03秒

镜号	解说词	同期声	画面内容	拍摄景别	拍摄角度	拍摄方式	素材类型	音乐	后期制作
1	企业兼职教师，从事西点制作27年	无	操作人的脸部特写	特写	仰拍	平移	视频	轻快类型的：Thomas Greenberg – Dream for Today	全景+特写
2	基本功扎实，擅长产品开发与创新，深受当地顾客的追捧	无	操作人的操作过程	近景	平拍	平移	视频		
3	天鹅泡芙特有俊秀的身段，圆润的外貌	无	泡芙的摆拍	特写	俯拍	推拉	视频		使用叠化
4	细长的脖颈、优美的线条	无	泡芙的摆拍	中景	俯拍	推拉	视频		
5	用料：牛奶500g、水500g、黄油500g、低筋面粉500g、吉士粉100g、细砂糖20g、盐20g、鸡蛋18个	无	先拍个全景，然后各种材料的特写	全景+特写	仰拍	平移 推拉	视频		硬切加上文字解说
6	把水、牛奶和黄油一起倒入容器中煮沸	无	先拍个全景，然后各种材料的特写	全中特	俯拍		视频		特写
7	把低筋面粉、吉士粉、细砂糖、盐一次性全部倒入并快速搅拌均匀	无	先拍个全景，然后各个操作过程的特写	全中特	俯拍		视频		
8	把拌匀的材料倒入搅拌机搅拌	无	操作过程的特写	全中特	仰拍		视频		
9	分次加入鸡蛋打发，直到面糊用刮刀挑起时可以形成倒三角形状	无	先拍个大景，然后各个操作过程的特写	全中特	仰拍		视频		采用特写镜头
10	预热烤炉，上火215℃，下火195℃，预热时间约10min	无	预热烤炉	中景	平拍		视频		加文字包装（简约）
11	把打发好的面糊装入裱花袋挤成2字形作为天鹅的脖子部分	无	大景拍裱花袋，特写制作天鹅的脖子+中景制作天鹅的脖子	全景+特写	俯拍		视频		全景和特写
12	写完后在脖子的前端挤上三角形作为头部	无	特写操作过程	特写	俯拍		视频		特写突出主题
13	再用另一个裱花袋挤成椭圆形作为天鹅的身体部分	无	特写操作过程	特写	俯拍		视频		
14	把挤好的面糊身体部分放入预热好的烤炉内	无	操作人员把面糊拿进烤箱	全景+特写	平拍		视频		
15	时间为20min，脖子部分约烤5min，直至烤到金黄色至熟	无	烤箱中的延时视频	特写	平拍		视频		特写
16	用料：即溶吉士粉300g、牛奶1000g、淡奶油1000g	无	然后各种材料的特写	特写	斜拍		视频		特写加上文字解说
17	打发淡奶油直至出现清晰的纹路	无	打发奶油	中景+特写	斜拍		视频		特写
18	把即溶吉士粉和牛奶拌匀，然后把打发好的淡奶油与之混合	无	操作过程	特写	俯拍		视频		中景+特写
19	等待泡芙出烤炉冷却后，将身体部分横切横切后的上半部居中再竖切一刀	无	烤好的泡芙，操作过程	特写	平拍		视频		中景+特写
20	在身体泡芙的空洞内挤入卡仕达酱，保证饱满	无	操作过程	特写	平拍		视频		特写
21	装盘并撒上一层薄薄的糖粉	无	操作过程	中景+特写	平拍		视频		画面放慢

片尾时长：32秒

制作团队	张生　林彩霞		
学校名称	广东省中山市建斌中等职业技术学校	制作时间	2017 年 04 月 24 日
片花时长（s）	26	片花拍摄时间	2017 年 04 月 20 日

◆ 相关知识

景别意义编辑：

1）景别是视觉语言的一种基本表达形式。

根据对人的视觉心理的考察，第一时间内视觉所发生的第一反应就是认同、感受到画面的景别形式，也就是先辨别出这幅画面是一个什么样景别的画面，其次才会从这种画面形式范围进入到画面内在，如画面内容、构成结构、造型元素等的观察、接受、感知和理解分析。

2）景别是画面空间的表达形式。

作为电视画面最根本的任务之一就是要在二维平面上表现三维空间，而景别就是一种对画面空间表达的描绘与再现。从一个景别所包含的画面内容和多个景别交替变化排列中可以看到相应的画面空间，想象现实空间形式，产生空间感觉，在头脑里形成一个三维的视觉概念，进而对视觉心理产生相应的影响。

3）景别是导演和摄像师对观众视觉心理的限定。

导演和摄像师通过不同景别画面的接续进行叙事和抒情，呈现给观众的电视画面次序是确定的，景别是由创作人员设计安排和选择的，是不受观众控制和主观意愿约束的。因此，景别是创作者主观意识的体现，它由创作者施加，限定了观众的视觉注意力和视觉心理。

4）景别是画面造型的重要手段，是形成画面节奏变化的方式。

单个画面根据作品的需要选择相应的景别来表达拍摄者的思想，从而表达出不同的创作意图。而当一组连续的画面相互衔接时，表达的内容则更加丰富多彩，创作者可以通过景别的变化实现画面节奏的变化，引导观众紧紧跟随创作者的思维，使拍摄内容更具吸引力。

运动镜头的类型：

摄像机的运动可以分成纵向运动的推镜头、拉镜头、跟镜头；横向运动的摇镜头、移镜头；垂直运动的升降镜头；不同角度的悬空镜头、俯仰镜头；不同对象的主观性镜头、客观镜头，以及空镜头、变焦镜头、综合性镜头。

（1）推镜头

推镜头是摄像机向被摄主体方向推进，或者变动镜头焦距使画面框架由远及近向被摄主体不断接近的拍摄方法。

（2）拉镜头

拉镜头是摄像机逐渐远离被摄主体，或变动镜头焦距使画面框架由近至远与主体拉开距离的拍摄方法。

（3）跟镜头

跟镜头又称“跟拍”，是摄像机跟随运动着的被摄对象拍摄的画面。跟镜头可连续而详尽地表现角色在行动中的动作和表情，既能突出运动中的主体，又能交代运动体的运动方向、速度、体态及其环境的关系，使运动体的运动保持连贯，有利于展示人物在动态中的精神面貌。

（4）摇镜头

摇镜头是指摄影机放在固定的位置，摇摄全景或者跟着拍摄对象的移动进行摇摄（跟摇）。摇镜头的摄像机机位不动，借助于三角架上的活动底盘或拍摄者的身体来变动摄像机光学镜头轴线的拍摄方法。它常用于介绍环境或突出人物行动的意义和目的。左右摇一般适用于表现浩大的群众场面或壮阔的自然美景，上下摇则适用于展示高大建筑的雄伟或悬崖峭壁的险峻。

（5）移镜头

移镜头是指摄影机沿水平面作各个方向的移动拍摄。在实际操作中，移镜头一般将摄像机架在移动的物体上，如汽车、滑板、轨道、三脚架等，这种镜头可以把行动着的人物和景位交织在一起，它可以产生强烈的动态感和节奏感。

（6）升降镜头

升降镜头是指摄像机借助升降装置等一边升降一边拍摄，用这种方法拍摄到的画面叫升降镜头。上升镜头是指摄像机从平摄慢慢升起，形成俯视拍摄，以显示广阔的空间；下降镜头则相反。大多用于拍摄大场面的场景，能够改变镜头和画面的空间，有助于加强戏剧效果。

（7）空镜头

空镜头是指没有人的镜头，又称“景物镜头”。指影片中作自然景物或场面描写而不出现人物（主要指与剧情有关的人物）的镜头。常用来介绍环境背景、交代时间空间、抒发人物情绪、推进故事情节、表达作者态度，具有说明、暗示、象征、隐喻等功能。

（8）综合性镜头

综合性镜头是指摄像机在一个镜头中把推、拉、摇、移、跟、升降等各种运动摄像方式，不同程度地、有机地结合起来的拍摄。

◆ 经验分享

1．组接技巧

镜头的基本组接要符合人们的生活习惯和认识规律。画面内容的逻辑性是指合乎事物运动发展的逻辑，合乎生活逻辑和思维逻辑，合乎人们认识事物的规律。因此在镜头组接时，应做到以下几点：

（1）静接静

1）一组固定镜头的组接，应设法寻找画面因素外在的相似性。画面因素包括许多方面，如环境、主体造型、主体动作、结构、色调影调、景别、视角等。例如，可以把西湖美景的镜头按照春、夏、秋、冬顺序组接；也可以把游人观赏、划船、照相、购物组接在一起。

2）画面内静止物体的固定镜头相互连接时，要保证镜头长度一致。长度一致的固定镜头连续组接，会赋予固定画面以动感和跳跃感，能产生明显的节奏效果和韵律感。

3）画面内主体运动的固定镜头相互连接时，要选择精彩的动作瞬间，并保证运动过程的完整性。例如，一组表现竞技体育的镜头，可以用百米的起跑、游泳的入水、足球的射门、滑雪的腾空、跳高的跨杆这5个固定镜头组合。

（2）动接动

1）主体不同、运动形式不同的镜头相连，应除去镜头相接处的起幅和落幅。主体不同是指若干个镜头所拍摄的内容不同；运动形式不同是指推、拉、摇、移、跟等不同的镜头运动方式。

2）主体不同，运动形式相同的镜头相连，应视情况决定镜头相接处的起幅、落幅的取舍。主体不同，运动形式相同、运动方向一致的镜头相连，应除去镜头相接处的起幅和落幅。

（3）静接动

固定镜头和运动镜头组接。

1）前后镜头的主体具有呼应关系时，固定镜头与运动镜头相连，应视情况决定镜头相接处起落幅的取舍。

2）前后镜头不具备呼应关系时，固定镜头与运动镜头相连，镜头相接处的起幅和落幅要保持短暂的停留。

如果一个固定镜头要接一个摇镜头，则摇镜头开始要有起幅；相反一个摇镜头接一个固定镜头，那么摇镜头要有落幅，否则画面就会给人一种跳动的视觉感。为了特殊效果，也有静接动或动接静的镜头。

2. 镜头后期剪辑的时长

从人的视觉生理分析，除了画面内容与画面形式以外的吸引，无论什么景别的画面效果在3～5s后，人们的视觉注意力都会逐步下降。如果这一类镜头想继续延长使用，导演和摄影就要加强构图的视觉性、表演的丰富性、声音的辅助性、动作的可看性、摄像机运动的变化，以延续和保持这种视觉兴趣。

◆ 任务评价

评价指标	景别运用	画面处理技巧	镜头语言应用	背景音乐运用
自我评价				
小组评价				
教师评价				

任务二 《文明，你会在哪里？》分镜头

任务情境

小陈是刚毕业到影视传媒工作室的工作人员，他准备参加某市的电视公益广告比赛，比赛的主题是“向社会传递正能量，传播真善美”。小陈希望通过比赛丰富工作经验并得到历练，从而参加电视制作培训。小陈计划以“文明道德”为切入点，开展分镜头脚本的制作。

任务分析

公益广告宣传片与企业广告宣传片不一样，它不需要提升企业的形象，不以营利为目的，但又有着自己的个性准则。同时，公益广告不仅表达了社会主流所有的倾向，也反过来影响着社会中的公信力和商业中的竞争力。公益宣传片拥有强大的话语权，这要求制作者在开展分镜头创作时，必须具备高度的社会责任感和使命感。因此，在分镜头创作时注意以下几点：

1）作品的主题要求，坚持社会主义先进文化前进方向，坚持社会主义核心价值观，紧紧围绕创作主题。

2）公益广告面向的是社会大众而不是某个群体的消费者，介绍的不是产品和服务，而是倡导一种观念和行为准则，双方只是信息的发送者和接收着。因此，在分镜创作中强调独创性和个性，以强烈的冲击力和震撼力吸引受众的眼球，并以便捷、迅速、准确、明晰的方式传达信息。

3）作品要坚持立足本地区，贴近群众、贴近实际、贴近生活，在拍摄手法上创新，叙事方式上创新。既要拥有深刻的思想内涵和鲜明的内容主题，又能充分发挥广播电视的公益广告冲击力强和短小精悍的优势，在形式创意、表现手法等方面与时俱进、推陈出新，避免口号式、标语式、说教式的空洞宣传，在平实的公益中，融入广告的艺术。

任务实施

一、电视广告片项目制作前期分析

在制作广告片之前，需要了解以下内容：

1）项目广告传播目的。

2）传播定位及支持点。

3）主题的选择及定位。

4）主题口号。

5）客户人群。

6）形象定位，形象效果的要求。

7）成片要求，具体的格调及表现方式。

8）文案结构。

二、电视广告片脚本内容形式编辑

1）确定电视广告脚本，按照电视广告的意图、所要传达的作品服务的信息考虑要拍摄的画面，例如，什么是健康、什么是文明，创作者对这些信息的认识、评价或主观意念。

2）分镜头脚本的创作是对文学脚本的分切与再创作，必须通过创意、构思，并借助于一定的结构形式和表现手段，通过镜头语言表达出来，例如，通过人物的跑步、动运来表现人物积极向上的态度。

三、电视广告片脚本制作的具体要求

应充分运用感性诉求方式，调动受众的参与意识，引导受众产生正面的连带效应。为达此目的，脚本必须写得生动、形象，以情感人、以情动人，具有艺术感染力。

1）明确广告定位，确定广告主题。

本广告片主题思想是倡导人们注意文明礼仪，健康生活，在这一主题下构思广告形象，确定表现形式和技巧，采用形象、明快、动感的画面来表达。

2）运用蒙太奇思维，用镜头进行叙事。

用镜头将积极向上的青少年组织在一起，借助电视画面描述他们行走于美丽整洁的公园中的美好画面，直观、形象地表达“文明”的主题及视觉效果。

3）以镜头段落为序，运用语言文字描绘出广告画面。

镜头安排必须考虑时间的限制，每个画面的叙述都要有时间概念。镜头不能太多，必须在有限的时间内，传播出所要传达的内容。

4）以视觉形象为主、通过视听结合来传播信息内容的，需要考虑如何使用背景音乐，采用怎样的背景音乐来加强片子的感染力。

5）确定电视广告解说词。广告解说词的构思与设计将决定电视广告的成败。

四、《文明，你会在哪里？》分镜头脚本范例

见视频素材“项目二\任务二\分镜头赏析\文明，你会在哪里？.mp4”。

镜号	画面内容	景别	摄法	时间/s	机位	音效	备注
地点：江滨公园河堤							
1	滚动的易拉罐	特写	固定镜头	2	正前方	易拉罐滚动声	
2	在垃圾桶边的易拉罐没有丢进入口	中景	从易拉罐特写拉到垃圾桶与易拉罐，突出两者关系	2	正前方	易拉罐滚动声	
3	在步行街川流不息的人群里没有人注意到这个丢弃的易拉罐	全景	以垃圾桶和易拉罐做前景	4	镜头平放地上	喧闹街道声	
地点：江滨花园里面							
4	水龙头哗哗流水	特写	固定镜头	1	仰拍	水声	

（续）

镜号	画面内容	景别	摄法	时间/s	机位	音效	备注
5	身处街道边的水龙头没有人管	中景	从水柱特写慢拉至街道 水龙头为前景 同时变焦 虚化前景	4	正前方	街道声	
地点：江滨自行车停车处							
6	翻到的自行车车轮在转	特写	固定镜头	1	镜头平放地上	车轮空转声	
7	有很多人拿车但没有扶	中景	摇镜头，从平拍到俯拍	3	侧面	人声	
地点：江滨公园河堤（从这里开始添加轻快音乐）							
8	有路人靠近捡起易拉罐	中景	固定镜头	1	仰拍		
9	投放到垃圾桶	特写	移镜头	2	仰拍		字幕：文明不需要你走多远的路
地点：江滨花园里面							
10	水停了	特写	固定镜头	2	正前方		
11	关水龙头的人离开	中景	还在滴水的龙头做前景	2	正前方		字幕：文明不需要你花多久的时间
地点：江滨自行车停车处							
12	自行车被两个小朋友扶起	特写	摇镜头，从车到小孩的脸	3	仰拍		字幕：文明不需要你耗费多大的力量
结尾：黑场字幕淡出——有时候文明只需要你一个转身							

◆ 相关知识

电视广告脚本，即电视广告文案或电视广告剧本，是电视广告创意的文字表达，是体现广告主题、塑造广告形象、传播信息内容的语言文字说明，是广告创意（构思）的具体体现，也是摄制电视广告的基础和蓝图。

脚本内容就是广告创作者（编剧）按照广告主的意图，所要传达的商品、服务或企业信息，以及创作者对这些信息的认识、评价或主观意念（观念、主张、希望等）。它是主客观的统一，因此构成内容的基本要素是素材（信息）和主题。电视广告脚本的形式，是由内容决定的。创作者要把信息内容传达出来，必须通过创意、构思，并借助于一定的结构形式和表现手段，通过语言文字表达出来。它是内容的外在表现，包括结构形式、表达方式（技巧）和语言（解说词）等。

广告词的种类包括画外音解说、人物独白、人物之间的对话、歌曲和字幕等。每一则电视广告，可根据创意和主题的需要，只取其中一、二类，不一定包罗万象，贪多求全。

广告词的作用是弥补画面的不足，即用听觉来补充视觉不易表达的内容；揭示和深化主题；进一步强化品牌或信息内容。

◆ 经验分享

广告词在一个视频广告中非常重要，因此，广告词的写作要求有以下几点：

1）写好人物独白和对话，它的重要特征是偏重于“说”，要求生活化、朴素、自然、流畅，体现口头语言特征。

2）对于旁白或画外音解说，可以是娓娓道来的叙说，或者抒情味较浓重的朗诵形式，也可以是逻辑严密、夹叙夹议的理论说道。

3）以字幕形式出现的广告词要体现书面语言和文学语言的特征，并符合电视画面构图的美学原则，具备简洁、均衡、对仗、工整的特征。

4）重点写好广告词中的标语口号，要求尽量简短，具备容易记忆、流传、口语化及语言对仗，合辙押韵等特点。

◆ 任务评价

评价指标	景别运用	特技运用	镜头语言应用	背景音乐运用
自我评价				
小组评价				
教师评价				

任务三 《踏出梦想》分镜头

◆ 任务情境

小杨是某市电视台的采编记者，单位最近推出一个新的电视栏目《中学生追梦》，要求以中学生的职业理想、职业生涯为题材，围绕校园生活，打造一个学生成材的励志微电影。

◆ 任务分析

1）明确微电影的定义，注意微时长、微制作、微投资。微电影有别于传统电影，其放映时长从几十秒到几十分钟不等，因此在制作分镜时需注意时间的安排，其剧情与传统的电影相比较为简单、紧凑。微电影可以在几天内完成所有的拍摄工作。

2）《踏出梦想》这一微电影是为了传递校园正能量，因此在分镜制作的过程中需摆正态度，拍出适合大众观看的效果，才能让校园微电影得到更多认可。因此本校园励志片其实是描述主人公经历重重困难、挫折，最终心灵上、专业技术上逐渐成熟及走向成功的过程。

3）进行分镜脚本制作时，注意故事情节和所要表达或宣传的主题巧妙地融合在一起，让观众在了解故事情节的同时更能体会到制作者所要表达的情感，从而让观众喜爱上这种新颖的广告形式。

◆ 任务实施

一、分镜头脚本的理论依据

1）充分体现导演的创作意图、创作思想和创作风格，要有意识地运用构图手法描述画面内容，包括主体和陪体的安排、视野范围和镜头变化的处理等。

2）分镜头运用必须流畅自然，画面形象必须简洁易懂。

3）景别要注意变化，不要总是出现一连串的中景景别，要注意逐渐变化，由近景逐渐到远景，或由远景逐渐到近景、特写。

4）在技巧的使用上要灵活使用推、拉、摇、移、跟。一般从艺术角度上讲，画面内容是一些静止不动的景物，可多考虑使用镜头运动变化的技巧；画面内容是一些本身运动变化着的事物或较细微的对象，可多考虑使用固定镜头。

5）编写时要考虑镜头组接的手法。构思分镜头时，对镜头的分法、镜头之间的组接、组接的方式等要依据组接原则和表现方式，同时要适当选用组接的“化、淡、划、甩”等技巧，并注意寻找和构思镜头内容过渡的衔接因素，并在画面内容的文字描述中注明，以引起拍摄和剪辑（编辑）人员的注意。

6）编写时要考虑节奏。利用镜头的内容变化、景别变化、快慢变化和长短组接，并利用音乐、音响等因素造就片子强烈的节奏，或形成舒缓的韵律，使片子表述的知识内容一环扣一环，不松弛、不断线、有起伏。

二、《踏出梦想》分镜头脚本范例

序号	景别	拍摄方式	时间/s	画面	音乐	解说	备注
1	特写	平移	2	黑暗中手部正面特写	无声音	终于加入了礼仪队，好开心	
2	特写	推拉	2	黑暗中走路正面特写（拖步走）		今天是我第一天的训练，舞蹈室宽敞明亮，老师和蔼可亲，同学也很友善	
3	特写	摇镜	2	黑暗中微笑（不露脸）		可是，我表现的并没有自己想象中那么好。以前没有穿过高跟鞋，总是走不好，一直出错。	
4	全景	推拉	5	走路崴脚，甩一下脚，崴脚走到沙发		老师很耐心地帮我纠正，指点我如何拖步，指点我如何摆正手势，帮我绷直脚尖，我很感谢老师，可是，我还是走不好，怎么办呢	
5	特写	摇镜	2	揉脚		因为自己走不好，一直拖累大家的进度，我都不好意思了，特别害怕老师喊集合，害怕同学会责备我	
6	特写	推拉	2	面部表情（很痛）		老人们总说，笨鸟先飞，早起的鸟儿有虫吃，我每天早上来了都去舞蹈室练习	

（续）

<table>
<tr><th>序号</th><th>景别</th><th>拍摄方式</th><th>时间/s</th><th>画面</th><th>音乐</th><th>解说</th><th>备注</th></tr>
<tr><td>7</td><td>远景</td><td>摇镜</td><td>5</td><td>上学路上，走出镜头</td><td>希望</td><td>别人在玩的时候我在练习，周末别人在睡觉的时候我也在练习，我相信我可以的</td><td></td></tr>
<tr><td>8</td><td>中景</td><td>平移</td><td>7</td><td>舞蹈室自己练习，从镜子里看到老师要集合，表情紧张，接着与老师之间的交流</td><td>希望</td><td>老师说：“平衡木，是直线所以能帮助我们练习平衡，可以利用空余的时间去练习”</td><td></td></tr>
<tr><td>9</td><td>特写</td><td>平移</td><td>1</td><td>练习女主面部特写</td><td>希望</td><td>于是下课没人的时候，我就来操场练习平衡木，一遍又一遍</td><td></td></tr>
<tr><td>10</td><td>近景</td><td>平移</td><td>4</td><td>练习所有礼仪队全景，老师走过来叫女主重新做一遍</td><td>希望</td><td>有足球场直线，绿色的草坪，白色的线，美丽的风景，心情也变好了呢</td><td></td></tr>
<tr><td>11</td><td>特写</td><td>平移</td><td>1</td><td>扭头特写</td><td>希望</td><td>老师和蔼可亲，她会给我们指点动作，给我们做示范</td><td></td></tr>
<tr><td>12</td><td>特写</td><td>平移</td><td>2</td><td>重新做一遍，脚步特写</td><td>希望</td><td>当我做得不对的时候，她会给我一对一指导，帮我压腿</td><td></td></tr>
<tr><td>13</td><td>中景</td><td>平移</td><td>10</td><td>老师手把手教学指正错误，所有人再重新来一遍（练习拖步走）</td><td>希望</td><td>教我挺直身板，摆正姿势</td><td></td></tr>
<tr><td>14</td><td>特写</td><td></td><td>5</td><td>练习时女主又错，练习被打断，女主很尴尬</td><td rowspan="2">希望</td><td>老师给我很大的鼓励，心里满满的感动，我相信我可以走出老师的自信</td><td></td></tr>
<tr><td>15</td><td>近景</td><td></td><td>3</td><td>走路回家，很落寞的表情</td><td>即使掉下来我也不怕，我相信我可以做得好</td><td></td></tr>
<tr><td rowspan="2">16</td><td rowspan="2">远景</td><td rowspan="2">俯拍</td><td>3</td><td>回到家楼下</td><td></td><td></td><td></td></tr>
<tr><td>3</td><td>在家对着窗户沉思</td><td></td><td></td><td></td></tr>
<tr><td>17</td><td>全景</td><td>平移</td><td>2</td><td>全部人练习完女主独自在舞蹈房练习，压腿</td><td></td><td>我好像找到方法了，终于知道怎么走了</td><td></td></tr>
<tr><td>18</td><td>中景</td><td>过肩拍</td><td>2</td><td>小伙伴打招呼离开</td><td></td><td>咦，还是不对，为什么呢</td><td></td></tr>
<tr><td>19</td><td>全景</td><td>平移</td><td>3</td><td>继续压腿，落寞的表情</td><td></td><td></td><td></td></tr>
<tr><td>20</td><td>远景</td><td>有前景遮挡，虚化前景</td><td>2</td><td>在家对着窗户沉思，背影</td><td></td><td>不过我不会放弃的，我要继续努力</td><td></td></tr>
<tr><td>21</td><td>中景</td><td>由虚变实</td><td>4</td><td>从镜子里看见她继续练习</td><td></td><td></td><td></td></tr>
<tr><td>22</td><td>近景</td><td></td><td>3</td><td>舞蹈房大家一起练习（衔接昨天的动作）</td><td></td><td></td><td></td></tr>
</table>

◆ 相关知识

1. 剪辑技巧

1）动作的衔接。应注意流畅，不要让人感到有打结或跳跃的痕迹出现。因此，要选好剪接点，特别是导演在拍摄时要为后期的剪辑预留下剪接点，以利于后期制作。

2）情绪的衔接。应注意把情绪镜头留足，可以把镜头尺数（时间）适当放长一些。有些抒情见长的影片，其中不少表现情绪的镜头结尾处都留得比较长，既保持了画面内情绪的余韵，又给观众留下了品味情绪的余地和空间。要善于利用以景传情和以景衬情的镜头衔接技巧。

3）节奏的衔接。动作与节奏联系最为紧密。特别是在追逐场面、打斗场面、枪战场面中，节奏表现得最为突出。这类场面动作速度快，节奏高，因而适合用短镜头。有时只用二、三格连续交叉的剪接，即可获得一种让人眼花缭乱、目不暇接、速度快、节奏高的艺术效果，给人一种紧张热烈的感觉。

2. 影视的画面处理技巧

1）淡入：又称渐显，指下一段戏的第一个镜头光度由零逐渐增至正常的强度，有如舞台的“幕启”。

2）淡出：又称渐隐，指上一段戏的最后一个镜头由正常的光度，逐渐变暗到零，有如舞台的“幕落”。

3）化：又称“溶”，是指前一个画面刚刚消失，第二个画面又同时涌现，二者是在“溶”的状态下，完成画面内容的更替。

4）叠：又称“叠印”，是指前后画面各自并不消失，都有部分“留存”在银幕或荧屏上。它是通过分割画面，表现人物的联系、推动情节的发展等。

5）划：又称“划入划出”，它不同于化、叠，而是以线条或几何图形，如圆、菱、帘、三角、多角等形状或方式，改变画面内容的一种技巧。如用“圆”的方式又称“圈入圈出”；“帘”又称“帘入帘出”，即像卷帘一样，使镜头内容发生变化。

6）入画：指角色进入拍摄机器的取景画幅中，可以经由上、下、左、右等多个方向。

7）出画：指角色原在镜头中，由上、下、左、右离开拍摄画面。

8）定格：是指将电影胶片的某一格、电视画面的某一帧，通过技术手段，增加若干格、帧相同的胶片或画面，以达到影像处于静止状态的目的。通常，电影、电视画面的各段都是以定格开始，由静变动，最后以定格结束，由动变静。

9）倒正画面：以银幕或荧屏的横向中心线为轴心，经过180°的翻转，使原来的画面，由倒到正或由正到倒。

10）翻转画面：是以银幕或荧屏的竖向中心线为轴线，使画面经过180°的翻转而消失，引出下一个镜头。一般表现新与旧、穷与富、喜与悲、今与昔的强烈对比。

11）起幅：指摄影、摄像机开拍的第一个画面。

12）落幅：指摄影、摄像机停机前的最后一个画面。

13）闪回：影视中表现人物内心活动的一种手法。即突然以很短暂的画面插入某一场景，用以表现人物此时此刻的心理活动和感情起伏，手法极其简洁明快。

◆ 经验分享

分镜头的创作，直接影响着影视的创作效果。因此，影视创作前理清楚分镜头的创作流程是非常重要的。

1）落实拍摄题材。

制作人员与编稿人员研究落实文字脚本上写的画面题材。

2）熟悉拍摄题材。

熟悉了题材之后再动手写分镜头脚本时，不仅能写得具体、形象，还切实可行。对需要的电视动画特技，最好设计出初步方案，并通过试验来证明可行性。

3）构思分镜头。

掌握了题材之后，就得将这些题材加工组织，这一工作过程的实质就是构思分镜头。

4）从整体到镜头，逐一构思。

写分镜头脚本时，不一定完全按文字脚本的顺序，将画面内容简单地分成镜头就行，根据教学原则或电视手法的表现方式，可以对整体结构和段落作适当的调整。

5）构思段落中的镜头组。

参照文字脚本逐一考虑每一段落应该采用的镜头组以及镜头组之间的联系，通过一个个镜头组构成一个段落。

镜头组确定后，就要在脑海中将每一个镜头组进行分镜头，以及这些镜头如何组接起来说明某一个问题或表达某一个意义。当然在划分镜头时要按照上述的几个依据来划分。

◆ 任务评价

评价指标	景别运用	特技运用	镜头语言应用	背景音乐运用
自我评价				
小组评价				
教师评价				

■ 项目小结

分镜头脚本是将文字转换成立体视听形象的中间媒介。主要任务是根据解说词和电视文学脚本来设计相应画面，配置音乐音响，把握片子的节奏和风格。它是在文学脚本的基础上运用蒙太奇思维和蒙太奇技巧进行脚本的再创作，即根据拍摄提纲或文学脚本，参照拍摄现场的实际情况，分隔场次或段落，并运用形象的对比、呼应、积累、暗示、并列、冲突等手段，来建构屏幕上的总体形象。依据文字脚本加工成分镜头脚本，它不是对文字脚本的图解和翻译，而是在文字脚本基础上进行影视语言的再创造。

项目三

摄影技术

知识要点

- 数字照相机
- DV摄影机
- 三脚架
- 快门
- 摄影灯光
- ISO

摄影技术，是指利用摄影方法与技巧，使拍摄出的图片更为美观。摄影一词是源于希腊语“以光线绘图”，它是一门技术，同样也需要经验的积累。

摄影和摄像区别不大，都是使用图像记录器材来记录世间万象的过程。不过，摄影是拍摄单张的静止画面的照片，摄像是连续拍摄画面，播放观看时是动态的画面，摄像的单帧画面也是张照片，但因方法、要求不同，画面像素小些，对拍摄对象的刻画也比不上摄影。简单地说，摄像与摄影都是对流逝时光的记录，而摄像却在时间这个维度上区别于摄影。

学习目标

1．掌握常用摄影器材的使用方法

2．掌握摄影术语与摄影参数的调节技巧

3．掌握摄影灯光的布光技术

知识加油站

\\ 摄影器材的使用方法 \\

一、数字照相机

数字照相机是利用电子影像传感器输出一个可以被记录在存储媒体（如存储卡或磁盘）上表示光学影像的数字信息的照相机。

以佳能EOS 1300D 为例（见图3-1和图3-2），录像方法如下：

步骤1：相机上有一个模式转盘（最大的圆形按钮），转动到左边的白线对准录像模式图标，如图3-3所示。

步骤2：按了快门后，中心会出现一个矩形框，对焦的图标如果是橙色表示没有对好焦，如果是白色表示对好了焦，如图3-4所示。

步骤3：有的时候对焦很困难，如果是单个的物体可以慢慢调整，或半按快门自动对焦，按“START/STOP”按钮开始拍摄，再次按“START/STOP”停止拍摄。

步骤4：如果录制完成再按“START/STOP”一次就会停止拍摄，可以调整对焦的方式，一般默认的设置是AF自由移动，也可以选择实时模式，在MENU菜单的对焦方式下设置就可以。

模式转盘
内置闪光灯/自动对焦辅助光发射器
EF镜头安装标志
电源开关
EF-S镜头安装标志
<⚡>闪光灯按钮
闪光同步触点
主拨盘
热靴
快门按钮
麦克风
焦平面标记
扬声器
减轻红眼灯/
自拍指示灯
背带环
手柄
N标记
反光镜
接口盖
触点
镜头卡口
镜头释放按钮
镜头固定销
遥控接口
数码接口
HDMI mini输出接口
机身盖

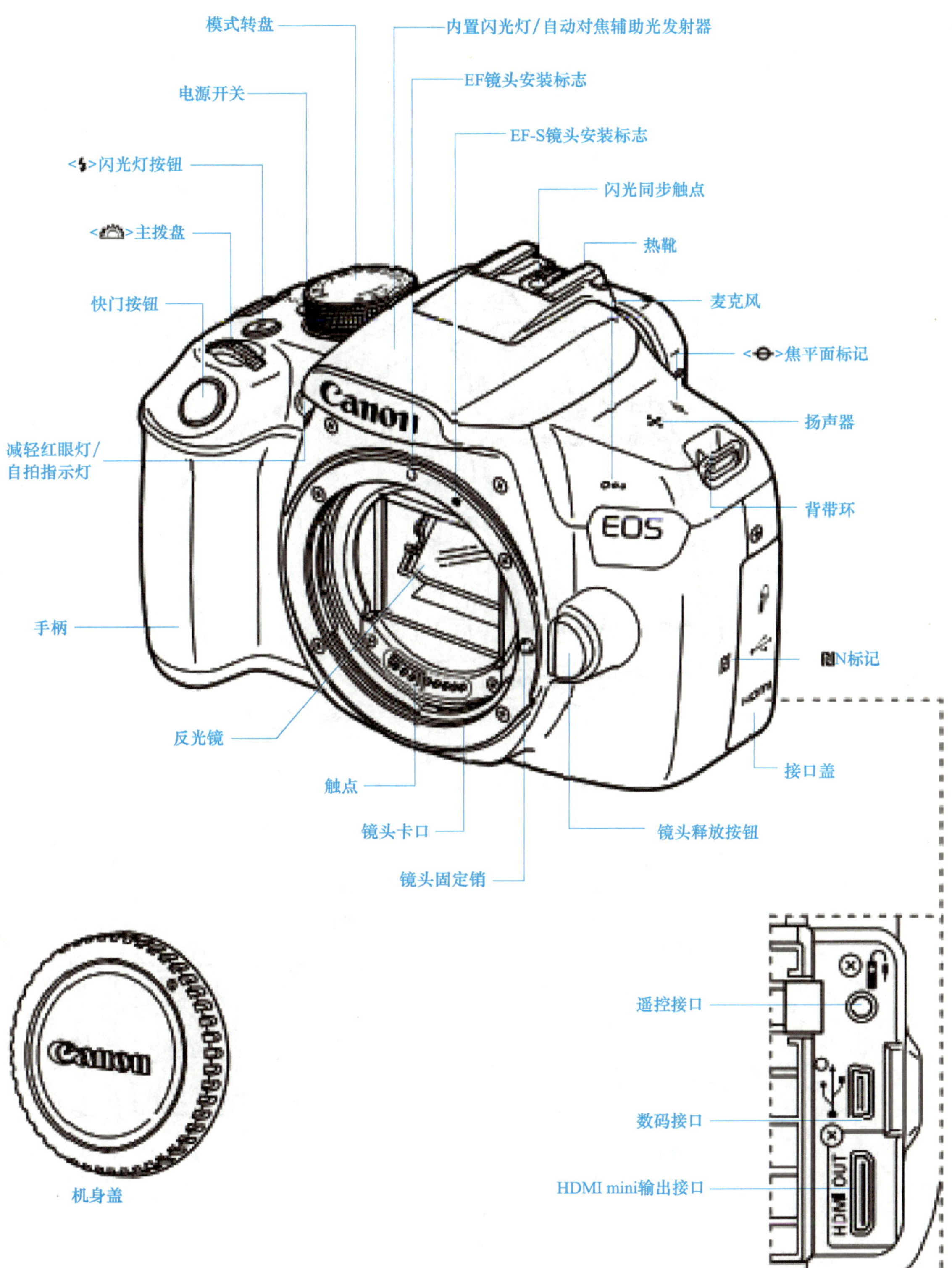

图 3-1

项目三 摄影技术

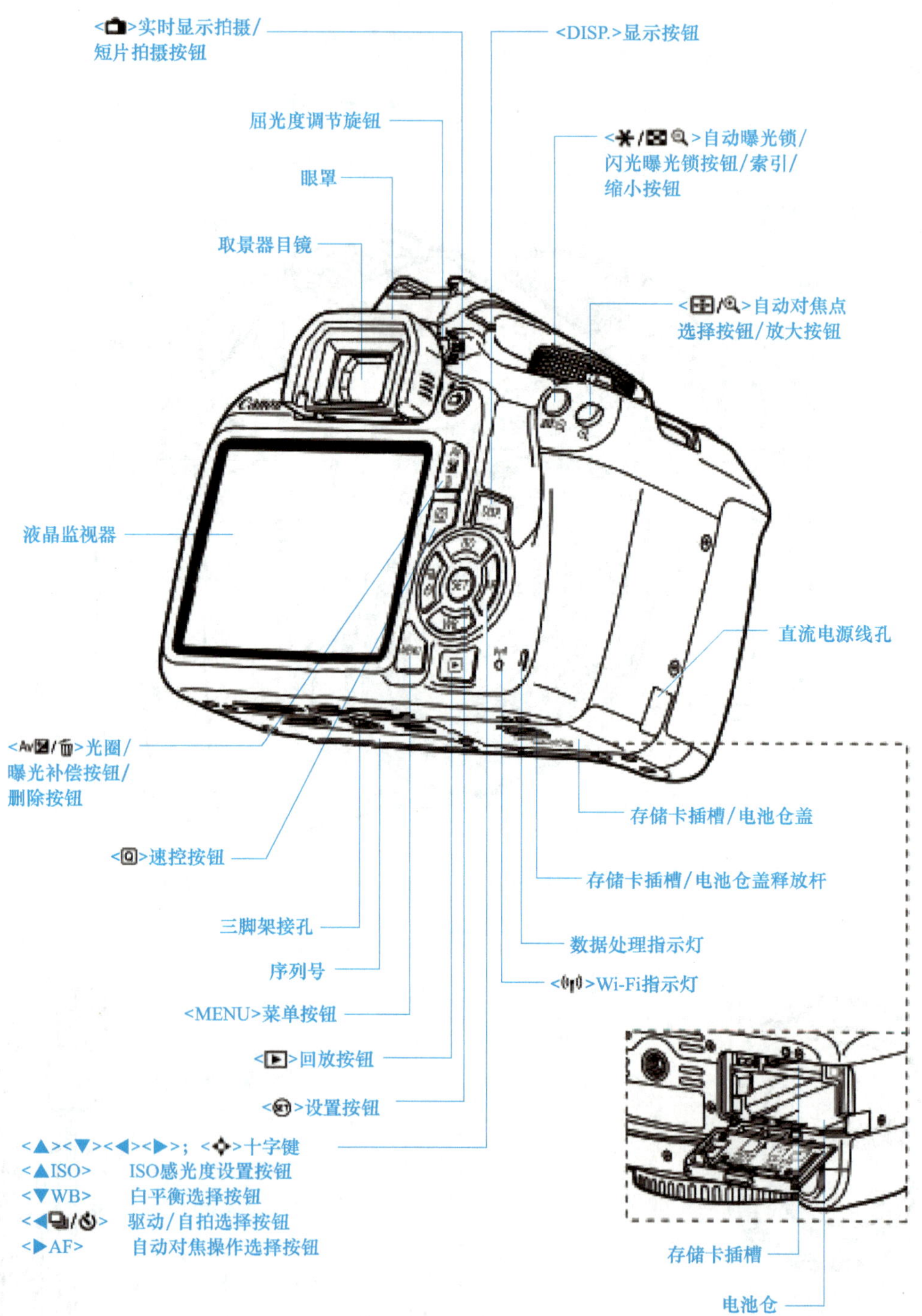

图 3-2

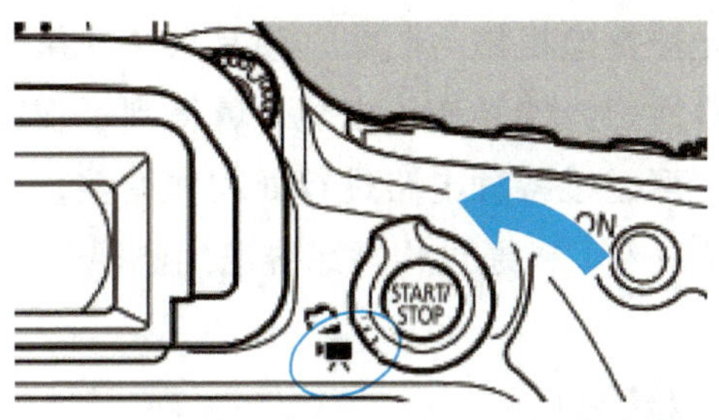

图 3-3

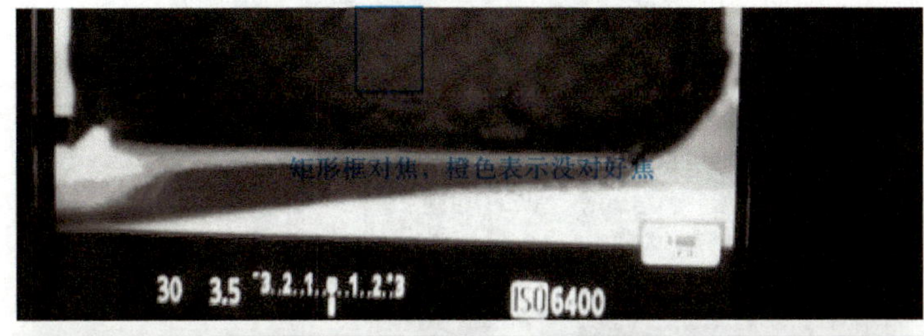

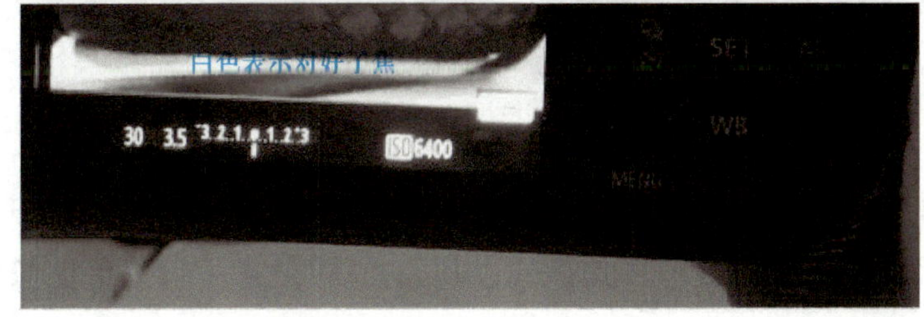

图 3-4

二、影像传感器

影像传感器是可将入射的电磁信号转化成电子信号的电子器件，如CCD，CMOS等，如图3-5所示。

图 3-5

三、摄像机

摄像机（见图3-6）把光学图像信号转变为电信号，以便于存储或传输。当拍摄一个物体时，此物体上反射的光被摄像机镜头收集，使其聚焦在摄像器件的受光面（如摄像管的靶面）上，再通过摄像器件把光能转变为电能，就得到了视频信号。光电信号很微弱，需通过预放电路进行放大，再经过各种电路进行处理和调整，最后得到的标准信号可以送到录像机等记录媒介上记录下来，或通过传播系统送到监视器上显示出来。

图 3-6

DV（Digital Video，数字视频和数码摄像）从定义上来说是摄像机的一个类型，如图3-7所示。摄像机是指能够进行节目拍摄的设备，而DV是指手持数字摄像机。但通常说到摄像机时是指专业节目拍摄用的摄像机，而DV则是家用摄像机。

以DV为例，录像方法如下：

步骤1：选择摄像机的时候需要看是否可以高清摄像，HD是高清摄影的标志。

图 3-7

步骤2：打开摄像机屏幕，再按一次视频录制按钮就开始摄影了。如果想结束摄影可再按一次，就可以完成摄影了。

步骤3：在摄影过程中，放大和缩小功能经常用到，一般的变焦推杆在DV机身的上方。DV的常用按键说明如图3-8所示。

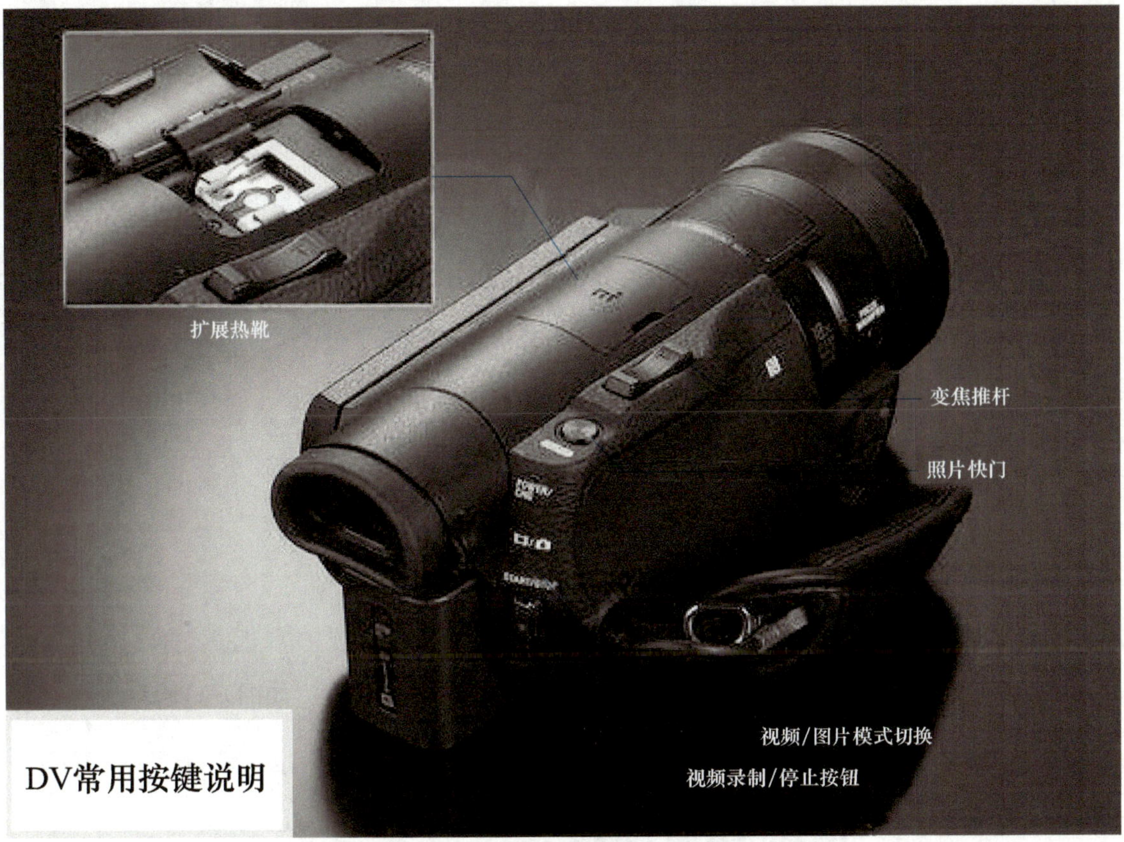

图 3-8

步骤4：摄影机本身可以播放摄影视频和图片，播放按键一般在屏幕附近。也可用高清数据线连接电视直接播放，如图3-9所示。

图 3-9

四、三脚架

使用三脚架（见图3-10）是保持画面稳定最简单、最好的方法，电视台无论拍摄电视剧还是拍摄晚会都会使用三脚架，因为这样可以最大程度保持画面稳定。技巧拍摄往往也离不开三脚架的帮助，如夜景拍摄、微距拍摄等。

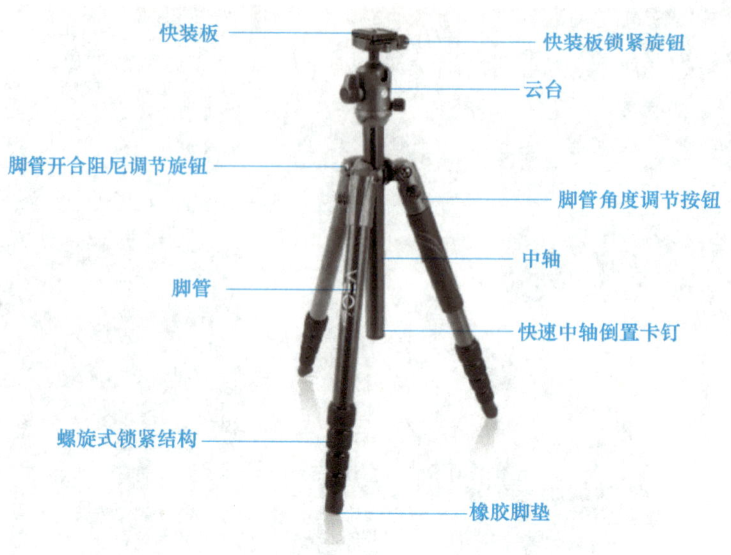

图 3-10

三脚架操作方法如下：

步骤1：脚架都有好几节，把上面的板扣打开调到需要的高度，如图3-11所示。

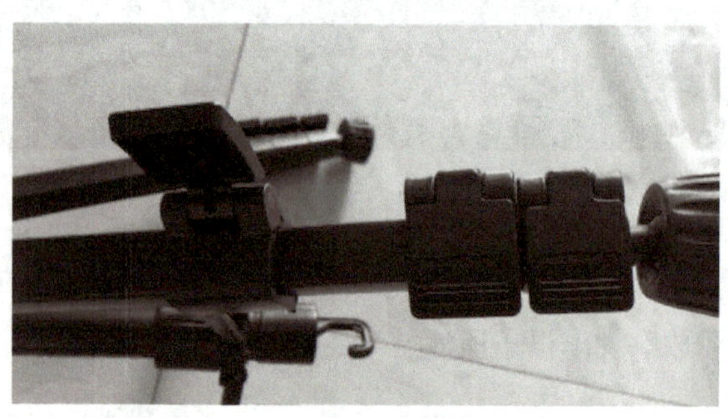

图 3-11

步骤2：中轴升降后要记得锁紧这个旋钮，如图3-12所示。

步骤3：挂钩可以悬挂重物，增强三脚架的稳定性，防止碰倒，如图3-13所示。

图 3-12

图 3-13

走进数字媒体

步骤4：最长的手柄是摇摆调整手柄，能控制相机的拍摄角度，决定相机是横着拍、竖着拍还是斜着拍，如图3-14所示。

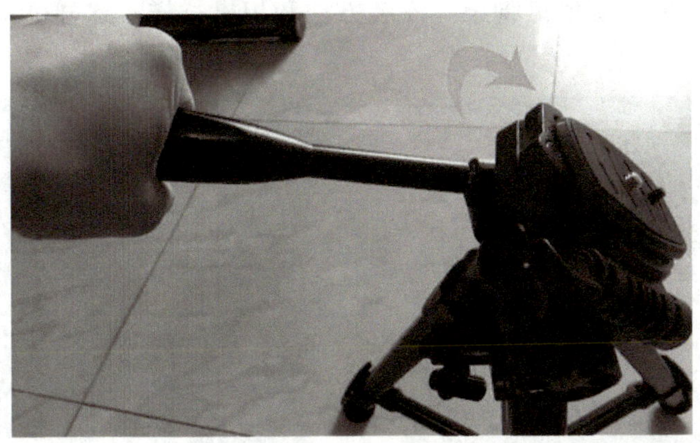

图 3-14

步骤5：如图3-15所示，圆的旋钮是松紧旋钮，用来锁定云台的水平旋转，不锁定的时候，云台可以360° 旋转，拍摄静物的时候最好锁上。

图 3-15

步骤6：如图3-16所示是快装板锁定旋转按钮，可以让相机垂直竖拍。

步骤7：快装板上有个手柄，松开后就能把快装板取下来了，可以方便相机的安装，如图3-17所示。

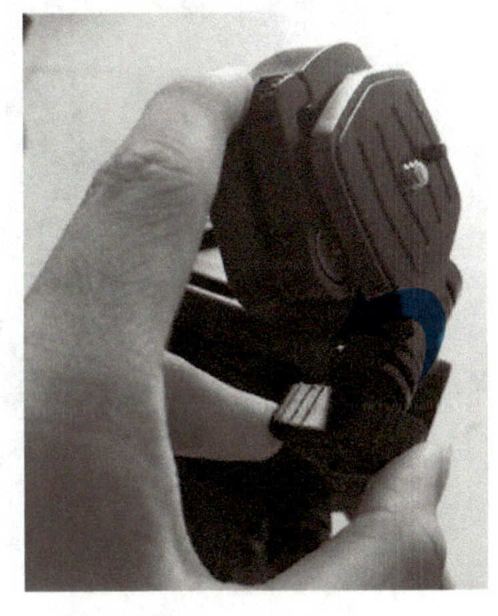

图 3-16

图 3-17

步骤8：安装好后，可以通过相机和三脚架上的水平仪，看相机是否摆放好了，如图3-18所示。

步骤9：手机也可以使用三脚架，安装方法和相机一样，这样就可以拍出美美的照片了，如图3-19所示。

图 3-18

图 3-19

五、摄影棚

摄影的灵魂就是光，光影的魅力是无穷无尽的，光影就是一个百宝箱，如果运用得当，会给图片带来全新的面貌。为了完全控制光线，最基本的要素是有黑色的挡光布来完全隔绝外界的光线，然后在里面放一盏可移动升降的灯，这就构成最简单的摄影棚了。比较标准的摄影棚一般配置3～5盏灯，可以让光的效果更丰富，但并不是灯越多越好，因为灯越多越难以控制。摄影棚如图3-20所示。

图 3-20

六、摄影灯具

灯光分连续光灯和闪光灯两类，连续光灯就像在太阳下拍摄，看到的效果就是拍摄出来的效果，也可以用机内测光来判断。灯具如图3-21所示。

两个机械螺旋用于调节灯的仰角和转动，必须注意的是当调节一个灯的角度和高度时，另一个手必须托住灯体，有效地承托灯的重量，防止摔落。当大范围地移动升高或降低闪灯时，最好关闭其电源，防止触电或损坏闪灯。灯具旋转按钮如图3-22所示。

图 3-21

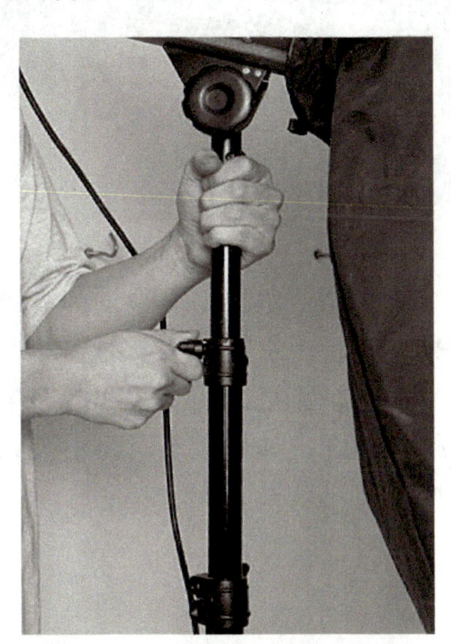

图 3-22

标准反光罩：通过卡口旋进闪灯卡口，安装时注意请勿碰撞闪灯环泡和造型灯。安装标准反光罩后的光比较集中，照射范围小、光性硬，会出现深色硬边阴影。如图3-23所示。

挡光板：安装在标准反光罩上，运用可调节的挡光板可以更好地改变光线的形状。如图3-24所示。

图 3-23

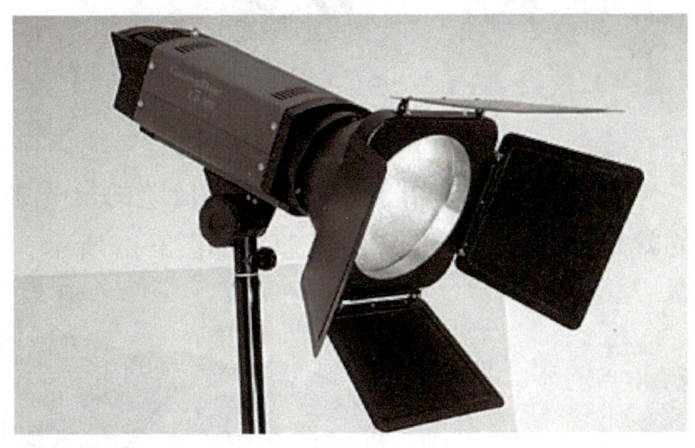

图 3-24

蜂巢：是用于管束光线的，蜂巢状铁板让光线更硬，减少散射光，加强方向性，会出现更深的阴影。如图3-25所示。

滤色片：改变光线的色温，安装在挡光板的卡槽里，可以选用红、蓝、黄等颜色，另有柔光效果的滤光片，可以把硬度变软。滤色片如图3-26所示。加滤色片后的拍摄效果如图3-27所示。

图 3-25

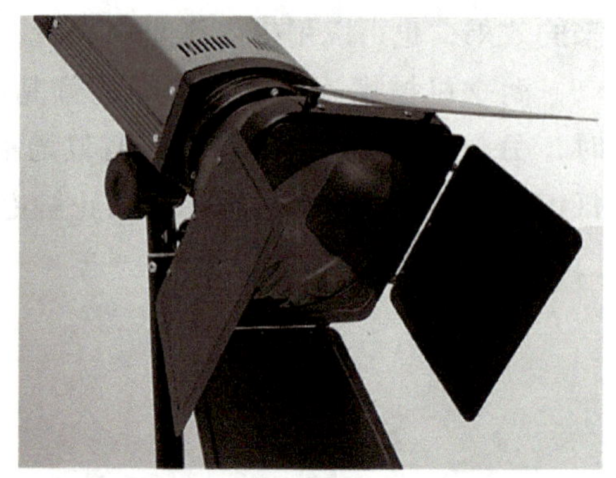

图 3-26

柔光箱：由轻型金属支架支撑，外部蒙反光布和柔光布。通过卡口或曲面螺丝固定在闪光灯前面，安装时注意不能碰撞闪光环管和造型灯。如图3-28所示。

柔光箱能把光线变柔和，产生软硬适度的阴影。这几乎是最常用的配件了。柔光箱不是越大越好，如果太大了，中央和边缘的光强度会差异很大，可以在中间加多一层柔光布来增强柔光效果。

图 3-27

图 3-28

反光板：可以用于补光，改变反差的反光板有金色、银色、白色、黑色等多种，黑色的就是吸光板，用于增加反差。如图3-29所示。

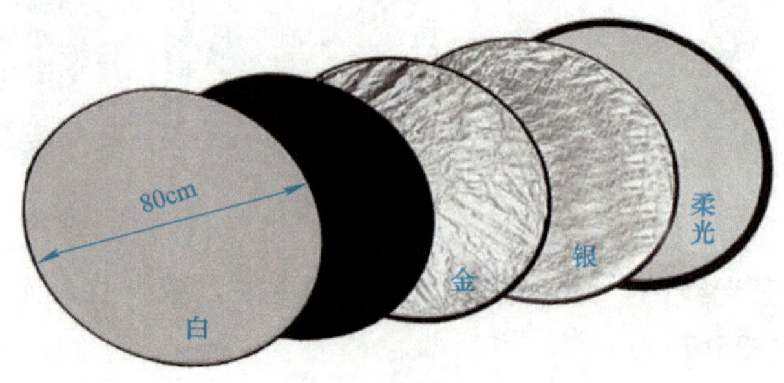

图 3-29

七、拍摄技巧

1）瀑布拍摄如图3-30所示，步骤如下：

图 3-30

步骤1：切换到快门优先模式，一般需要比较慢的速度，可设置成1～2s来得到模糊的水流。具体还需要根据水量的大小，水量大快门可以快些，水量小快门可以慢些。

步骤2：选择较低的ISO设置，让相机传感器对光不敏感，同时降低噪点，使图像显示更多漂亮的细节。

步骤3：一般由下往上拍，尽量用低角度仰拍。

2）夜景拍摄如图3-31所示，步骤如下：

图 3-31

要想拍好夜景，必须使用全手动曝光并配合三脚架来拍摄，自动曝光对于夜景基本上是无能为力的，因为夜晚的光线很暗，相机的测光基本上是不灵了。

步骤1：调低感亮度（ISO）。高感亮度可以在相同的光圈值下得到更快的快门速度以减少拍摄时震晃的问题，但随之会令照片产生噪点。特别是在拍摄夜景的时候，长时间曝光会令暗部的噪点特别明显，所以如果环境许可，应使用三脚架和较低的ISO值以获得最佳拍摄效果。

步骤2：使用大光圈来取景，使用小光圈拍摄。

在漆黑的环境中，较大的光圈可以令更多光线进入镜头，令观景器上的画面更清楚。例如，同一地点同一时间，如果使用最大光圈为f/2.8的镜头，观景器上的画面与使用最大光圈为f/5.6的镜头相比会更明亮，摄影师也能更容易看到清楚的细节。但拍摄时把光圈转小有以下两个原因：小光圈能令景深更大，景物不会受浅景深的影响而变模糊；如果晚上有灯光照明，使用小光圈拍摄可以令灯光变成星形，使效果更突出。

步骤3：增长曝光时间。拍摄夜景的其中一个常见技巧便是增长曝光时间，使快门值慢至10s、30s或数小时，可以用于拍摄车轨、星轨、海浪等。长时间曝光不但可以令海浪变得平滑、记录下汽车红色尾灯的轨迹，还可以令一些平时肉眼看不见的光线显现，效果绝对引人入胜。

3）运动拍摄如图3-32所示，步骤如下：

图 3-32

追随拍摄法就是照相机镜头追随运动物体，与运动物体做相同角速度的同向运动，在与动体等速追随的过程中按动快门。用追随法拍摄的照片，动体清晰，而静止的背景因相机转动而模糊，从而达到突出主体的效果。追随拍摄法经常用于体育摄影和野生动物摄影。

步骤1：提高快门速度，必要时选择大光圈，高感光度。这种拍摄方法瞬间凝固的作用，给人时间停止的感觉，采用1/800s以上的快门。

步骤2：如果是赛跑，选择在大概跑道圆心的位置放好三脚架，预计好运动员跑过镜头的时间和速度，在对焦拍摄开始后镜头随运动员水平转动，快门时间调整在0.5～1s，快门启动期间镜头是随着运动员水平转动的。拍摄出的学校运动会情景如图3-33所示。

图 3-33

拍摄运动物体有许多种拍摄方法，其中追随拍摄法是用途最广泛同时也是有一定难度的拍摄方法。在按动快门的同时和按动快门之后，照相机要始终和动体保持相同的速度移动。由于照相机跟随动体向背景的反方向移动，所以照片上呈现出许多流动的线条，而快门速度越慢，流动线条越明显。照片上的动体由于和照相机的移动方向、移动速度基本保持一致，所以形成清晰的结象。整个照片的画面给人以强烈的动感效果。

4）花草拍摄方法如下：

方法1：浅景深（见图3-34）也就是背景虚化，近距离拍摄花朵会出现一定程度的背景虚化效果，主体花朵清晰、背景虚化，自然就突出花朵主题了，但拍摄时需注意对焦点的精准度和背景的简洁。

方法2：微距拍摄（见图3-35）一般有两个方法，一是靠近拍摄，利用浅景深效果虚化背景，突出蜜蜂采花瞬间。这个方法的好处是对焦速度不至于太慢而无法抓拍到蜜蜂；不足在于，浅景深效果有限，背景虚化不足。二是添加外置微距镜头拍摄，能够获得足够的浅景深效果而突出蜜蜂，但微距镜头会导致对焦速度大大降低，可能很长时间都抓不到蜜蜂的采花瞬间，这个方法需要拍摄者足够耐心。

图 3-34

图 3-35

方法3：留白拍摄（见图3-36），留白的意思就是把背景尽量弄干净些，这样花朵主题就能够在干净的背景中凸显出来了。

图 3-36

方法4：低角度拍摄（见图3-37），低角度是一个比较特殊的拍摄视角，因为不是正常的视觉范围，所以低角度拍摄往往会得到一些具有不错视觉冲击的画面。花卉拍摄可以尝试低角度，可以获得与常规视角不同的画面，带来一些特殊的画面冲击。另外，如果拍摄场景周围人群、杂物较多，利用低角度拍摄还可以获得简洁的天空背景，更加能够突出花朵主题。

图 3-37

八、摄影灯光的布光技术

摄影本来就是光的游戏，有光才有色彩，才有看到的影像。大光度容易产生大景深和清晰影像的效果；小光度则容易产生小景深和模糊的运动影像效果。

无论是自然光线还是人工光线，都有软硬之分，不同光源的特点是不一样的，见表3-1。硬光是来自天然的光线，如太阳光，月光等。光源的有效发光面积越小，光性就越硬，光线越硬，形成的影子就越实。人工光源里的聚光灯、白炽灯、日光灯等都属于硬光光源。软光是一种散射的无影照明，在人工光源中属于软光的光源有一系列的点光源组合，如排灯、联灯、荧光灯组，柔光灯、平光灯等泛光灯系列。

表3-1　光源的性质特点

光源的性质	特点
硬光	1）形成界线分明的阴影 2）显示物体表面的轮廓和结构
软光	1）隐没物体的表面结构 2）在画面中不会形成阴影和明亮的强光部分

对被摄体而言，拍摄时所受到的照射光线往往不止一种，各种光线有着不同的作用和效果。光型就是指各种光线在拍摄时对被摄体起的作用，光型通常分为主光、辅光、轮廓光、装饰光、背景光和头发光等6种，具体介绍如下：

1）主光：是被摄体的主要照明光线，它对物体的形态、轮廓和质感的表现起主导作用。拍摄时一旦确定了主光，则画面的基础照明及基调就可以确定。需要注意的是，对一个被摄体来说，主光只能有一个，若同时将几个光源作为主光，被摄体要么受光均等，分不出什么是主光，画面显得平淡；要么几个主光同时在被摄体上产生阴影，画面显得杂乱无章。

2）辅光：主要作用是提高主光所产生阴影部位的亮度，使阴暗部位也呈现出一定的质感和层次，同时减小影像反差。在辅光的运用上应明确，辅光的强度应小于主光的强度，否则就会造成喧宾夺主的效果，并且容易在被摄体上出现明显的辅光投影，即“夹光”现象。

3）轮廓光：是用来勾画被摄体轮廓的光线，赋予被摄体立体感和空间感。逆光和侧逆光常用作轮廓光，轮廓光的强度往往高于主光的强度，深暗的背景有助于轮廓光的突出。

4）装饰光：主要用来对被摄体局部进行装饰或显示被摄体细部的层次。装饰光多为窄光，人像摄影中的眼神光、发光以及商品摄影中首饰品的耀斑等都是典型的装饰光。

5）背景光：是照射背景的光线，它的主要作用是衬托被摄体、渲染环境和气氛。

6）头发光：由于人像摄影技术的发展，头发光已由原来投射到头上的不自然的一束聚光，逐渐演变成为一束或多束更加宽广而柔和的灯光，不仅使头发避免成为漆黑一团，而且还能勾画出被摄者的轮廓，因而它又被称为“分离光”。这种用光方法已经被广泛使用，通常采用小型柔光灯箱或条型灯具，还可以把一束灯光通过天花板反射，不过要注意控制布光范围，如果照射到鼻子上就不好看了。

基本布光步骤如下：

步骤1：放置主灯。

把泛光灯作为主要光源，即主灯。主灯也叫作关键灯，它的位置取决于希望达到的效果，但一般把它放置在与主体成45°角的一侧，而且其水平位置要比相机高0.5m左右，如图3-38所示。主灯的照明效果如图3-39所示。

一盏关键灯制造出了很强的高光区和深色阴影。这种情况也是模仿自然界的现实状况，室外只有一个主光源，即太阳，在自然界中人们所看到的每个物体的高光区和阴影都是太阳赋予的。

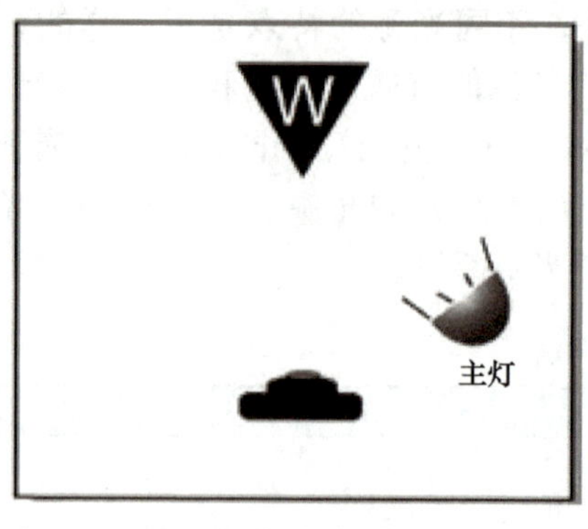

图 3-38

图 3-39

步骤2：添加辅助灯。

主灯可以投下很深的阴影，辅助灯的作用是给阴影补充一些光线，以便使阴影的细部突显出来。但是切忌用功率大于或者等同于主灯的辅助灯，以免产生另一个与主灯产生的阴影互相抗衡的阴影。主灯应该居主导地位，它决定着阴影和高光区的基本影调，因此辅助灯的强度必须比主灯弱一些。例如，如果主灯的功率为500W，那么就可以用250W的灯泡做辅助灯。

在放置辅助灯时要确保它不会把相机的影子投射到画面中。应该尽量把辅助灯放在距离相机较近的地方。这样，单独使用辅助灯可产生无阴影的效果。要使灯高于相机，或者使之位于相机一侧。如果把灯放在相机旁边，那么它的位置应当与主灯异侧，而不要在同侧，如图3-40所示。

辅助灯亮度是根据拍摄效果进行调节的。如果需要几乎没有阴影和反差的效果，可以使用与主光强度相同的辅助灯。反之，如果想要有较深阴影的高反差效果，就应用较弱的辅助灯，或者干脆不用辅助灯。在大多数情况下，都会追求自然效果，因此，不妨从使用功率为主灯三分之一的辅助灯开始，逐步改变亮度，在这个过程中挑选出想要的效果。辅助灯减小阴影深度的效果如图3-41所示。

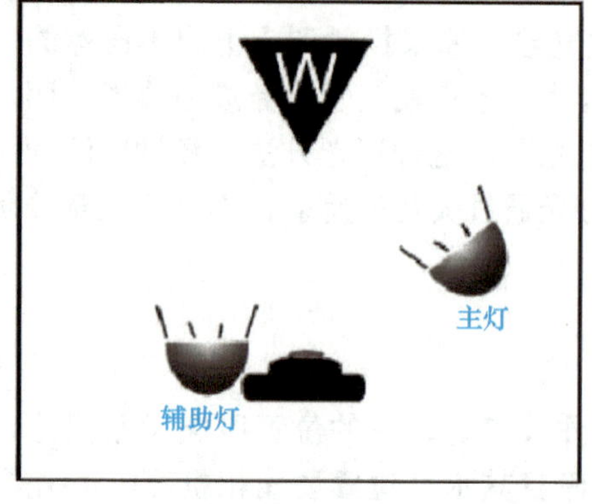

图 3-40

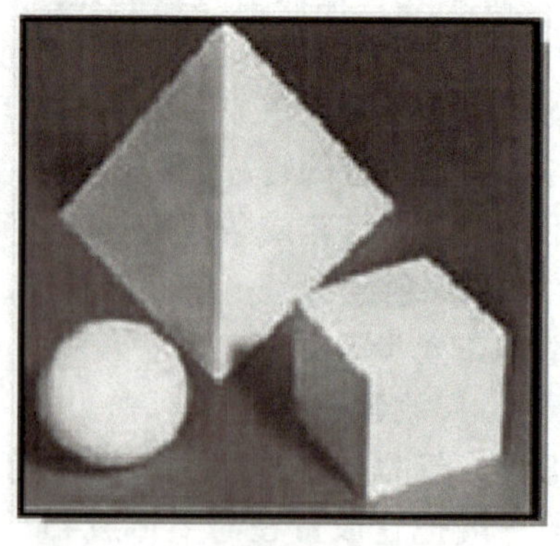

图 3-41

步骤3：添加背景灯。

在有了主灯和辅助灯之后，为了增添画面的立体效果，还可以另外添加一盏泛光灯或者聚光灯，用于照亮主体身后的背景，目的是使主体从背景中分离出来。背景灯可以选择照亮整个背景，也可以选择地照射背景的某个很小的区域。在放置背景灯时，要四处移动，并且尝试使用泛光灯和聚光灯两种灯，同时仔细观察不同背景灯产生的不同影调和效果，如图3-42所示。

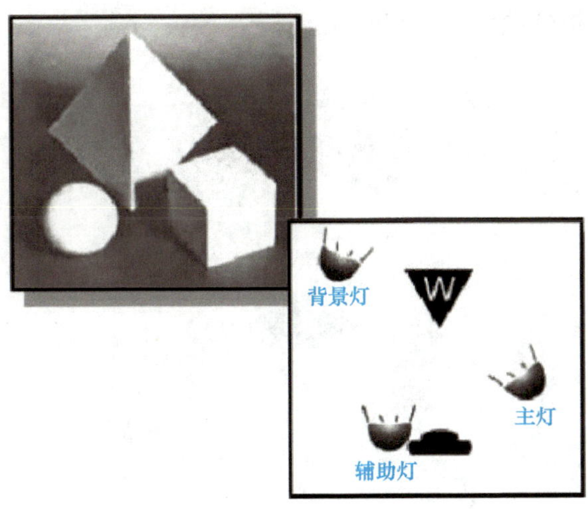

图 3-42

在摄影时，是否有必要把主灯、辅助灯和背景这3盏灯都派上用场呢？答案是不一定的。但是不妨逐个进行实验，要变换不同的灯位，以便确定最佳效果的布光方案。

九、常见的用光方式

1）伦勃朗式用光：伦勃朗是世界著名的荷兰画家。伦勃朗式用光是一种专门用于拍摄人像的特殊用光技术。拍摄时，被摄者脸部阴影一侧对着相机，灯光照亮脸部的四分之三。以这种用光方法拍摄的人像酷似伦勃朗的人物肖像绘画，因而得名。伦勃朗式用光技术是依靠强烈的侧光照明使被摄者脸部的任意一侧呈现出倒三角形的亮区。它可以把被摄者的脸部一分为二，又使脸部的两侧看上去各不相同。如果用均匀的整体照明，就会使被摄者的脸部两侧显得一样了。伦勃朗式用光效果如图3-43所示。

图 3-43

伦勃朗布光法如图3-44所示。具体拍摄时，先打开650W的石英主灯（见图3-44中A处），并调节其角度，使伦勃朗三角光投在被摄者脸部的暗侧。然后打开正面主要的柔光灯（见图3-44中B处），直接对着被摄者脸部的亮侧。它能照亮被摄者的脸部并增加深度，但此时三角状的亮光区域仍很明显。让被摄者转动头部，直到伦勃朗三角光能恰到好处地照在他的面颊上，并让被摄者的下巴下倾。适当加入头发灯（见图3-44中C处）以及背景灯（见图3-44中D处）效果可能会更好。最后再检查一下背景，看一下头发灯是否会在背景上留下亮点或在相机镜头中引起晕光。

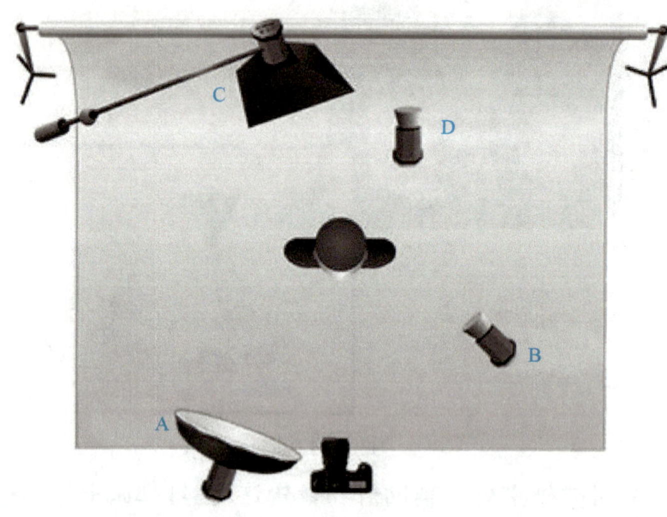

图 3-44

2）分割式用光：是指让主光只照亮主体面部的一半。因为面孔被一分为二，一半比较亮，另一半比较暗，画面会呈现出强烈的戏剧性，适合表现人物鲜明的个性或气质。分割式用光效果如图3-45所示。

图 3-45

要得到分割布光的效果，需把光源以90° 置于对象的左边或右边。根据主体与相机距离的远近、主体面部形状的不同，主灯可以布置在主体稍前或者稍后的位置，以得到让主体显丰满或者显瘦的效果。在主体的面部寻找一个分割线，在光源和主体角度正确的情况下，应该能在主体面部中间看到一条明暗分割线。分割式布光如图3-46所示。

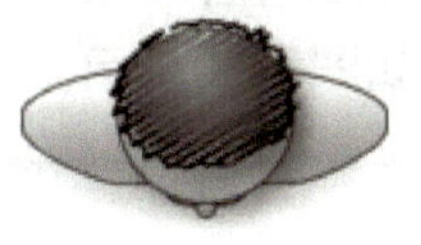

图 3-46

3）对称式用光：俗称蝴蝶光，也称派拉蒙光，是美国好莱坞电影厂早期在影片或剧照中拍女影星惯用的布光法。这种布光方法的主光源在镜头光轴上方，也就是在人物脸部的正前方，由上向下45° 方向投射到人物的面部，投射出鼻子下方的阴影，似蝴蝶的形状，为人物脸部带来一定的层次感，这是人像摄影中的一种特殊的用光方式。

蝴蝶光多用于表现女性，这种光打到模特的脸上后，最明显的标志是会在鼻子的下方产生一个蝴蝶似的阴影。上午9～10点的阳光也能够获得相似的拍摄效果，这种用光方法的反差较大，比较适合西方人和骨骼轮廓清晰的人，尤其是西方女性最适合蝴蝶光。蝴蝶光的本质是斜顶光，也可以说是顺光或者正面光的一种特例。蝴蝶光如图3-47所示。

4）环形用光：是在蝴蝶光基础上稍加改动而成的，非常适合拍摄常见的椭圆形面孔。将主光放置的高度降低，并向距离主体更近的方向移动，这样鼻子下面的阴影会在面部有阴影的一面形成一个小圆圈。将填充光布置在相机的另一侧，位置更接近相机。环形用光如图3-48所示。

图 3-47

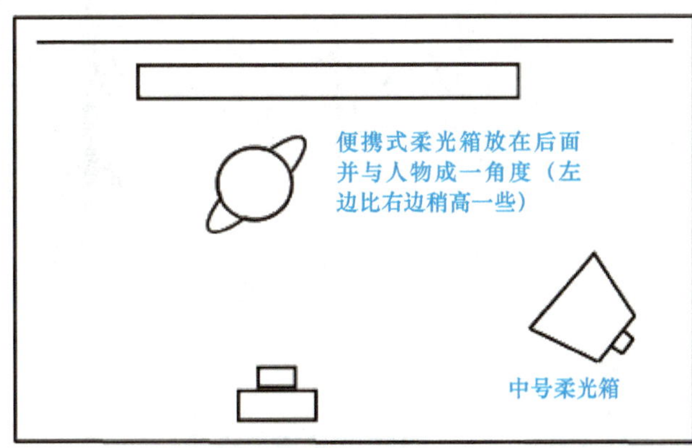

图 3-48

环形用光创造出的光效既可以是平光的，又可以是狭光的。但是灯的位置必须足够高，以便能在颊骨的下方投射出恰到好处的弧形阴影。对用于公众场合的人像照，使用环形光是最常见也是最合适的。环形用光效果如图3-49所示。

5）鳄鱼光：是人像摄影中的一种特殊的用光方式。鳄鱼光的通常用光方式是从竖起来的两个柔光箱的中间去拍模特。鳄鱼光（高低光）是在蝴蝶光基础上演绎出的一种相当不错的影楼用光，它使人物面部得到柔美均匀的光照，又在脸颊两侧产生淡淡的阴影而使人物具有立体感。具体用光方法，就是在主体前面，上下夹光，一般上面为主光，高位向下45°，下面为辅助光，放低向上45°。鳄鱼光如图3-50所示。

图 3-49

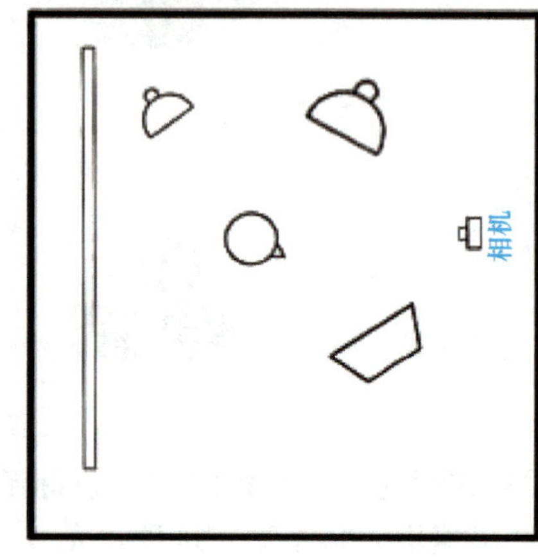

图 3-50

6）环形补光灯：又叫美容光，是美颜补光神器，现在的直播、美颜都喜欢用它。而且它的一个功能是无影拍摄。环形补光灯如图3-51所示。

图 3-51

任务一　摄影器材

任务情境

小林在摄影工作室做摄影助理，负责灯光、机器的保管工作，并为摄影师做一些摄影方面的辅助工作，有时承担一些简单的拍摄工作。

◆ 任务分析

在未跟拍时摄影助理的工作是负责器材保管，摄影棚使用的灯都应在三脚架上，不可“有灯无脚”。跟拍时要熟悉器材的基本使用方法和摄影布光的方法。

◆ 任务实施

1）练习相机电池、存储卡、镜头的安装。

2）熟练掌握三脚架的打开与收拾。

3）熟练掌握灯具的安装与摆放。

《幸福星包包》拍摄策划方案：

主题：以时尚为主题，主张简洁大方、商务成熟但不失潮流色彩，突出年代感，在搭配上与场景上注重统一的色调。

定位：时尚、大牌。

项目：产品拍摄10张。

风格：欧美时尚、元素突出。

拍摄场地：摄影棚。

场景选择（分两个场景）：纯色的背景、时间白墙加配绿植。

拍摄道具：包（产品）、时尚眼镜（可选）、衣服（鲜艳多样）、配饰（可选）。

模特人数：1人。

造型要求：脸小精致，女模为主。

《幸福星包包》拍摄步骤：

1）背景布置。

2）确定模特位置。

3）架好三脚架。

4）布光（自然光、侧逆光）。

5）选择对焦模式（M/A，AF）。

6）选择拍摄模式A档（光圈优先）。

7）设置光圈为F/2.8。

8）对焦（半按快门）。

9）拍摄（轻按快门）。

10）检查图片效果和参数。

◆ 经验分享

三脚架的使用技巧：

三脚架的重量与稳定成正比，应尽量选择大一些、重一些的三脚架。三脚架的腿管粗细与稳定性成正比，同一个三脚架靠近云台的上段腿管较粗，而拉出的下段腿管较细。因此在拍摄过程中，当不需要拉出全部腿管时，应该尽量使用上段的腿管。在拍摄时，三脚架的重心高低与稳定性成反比。三脚架在使用时放得越低，稳定性也就越好，因此必须优先决定照相机的位置和拍摄角度，尽量降低调试，特别是三脚架的中轴要尽可能降低，身体的任何部分不要接触三脚架和照相机，这是三脚架最基本的使用方式。稳定好三脚架，调整好照相机，紧固好各个部件后，可以以快门线启动快门，若没有快门线也尽量缩短按快门时触碰相机的时间。

摆放三脚架时应尽量选择硬质的地面。在落叶、柔软的沙土或湿地中支持起来的三脚架容易摇晃。遇到大风或者在三脚架的重量稍轻的情况下，可用左手握住三脚架的云台下部稍用力下压，增加拍摄的稳定性，但此时不宜使用1/4s以下的快门开启时间。在三脚架上吊挂摄影包等重物，也可以增加稳定性。

在拍摄移动着的目标时，为了兼顾稳定性和灵活性，可以松开三脚架的云台紧固把手，用双手扶持照相机进行拍摄。

袖珍三脚架的携带性非常好，虽然单独用于支撑时的性能不如大型三脚架，应将其支撑人体、墙壁等相对稳定的物体上，抵消可能出现的晃动。

◆ 任务评价

评价指标	数字照相机知识运用	三脚架使用	摄影灯具安装及使用
自我评价			
小组评价			
教师评价			

任务二 摄影技巧

◆ 任务情境

小林是一个摄影师，今天接收到一个任务是进入学校里拍摄学校风景与同学们上体育课的情景。

◆ 任务分析

拍摄学校的风景，包括学校的建筑物、绿化花卉，还包括同学们的精神面貌。

◆ 任务实施

1）根据拍摄对象调整相机的参数。

2）熟练掌握三脚架的使用方法。

这次拍摄的地点是校园，地方不是很大，便于换景，而且可拍摄的景致错落有致，比较丰富。这次拍摄需要准备一个三脚架，使用三脚架能够让构图更加稳定。拍摄花草一般使用AV（光圈优先自动曝光）模式进行拍摄时，如果光线较弱，快门速度有可能变低，就要使用三脚架。

任务一：进入学校，映入眼帘的是校园的花草树木，可以选择微距摄影，实质上就是最大限度拍摄与物体等大的图像。在准备拍摄微距照片之前，一定要准备三脚架。摄影参数如下：光圈f/2.8；快门速度1/320s；感光度ISO 500；焦距100mm。拍摄花草效果如图3-52所示。

图 3-52

任务二：拍摄校园人像，足球场外的围栏网格几乎是必拍的一个场景。拍摄这种网格人像通常有两种方法：第一种，隔着网格拍人，这样拍摄时要注意对着网格后的人眼对焦，如果自动对焦无法完成，可以切换到手动对焦的方式来完成拍摄；第二种，沿着网格的方向来拍摄，这种拍法的要点在于尽量开大光圈，让规律性的、漂亮的虚化前景来修饰人物。摄影参数如下：光圈f/2.8；快门速度1/800s；感光度ISO 100；焦距85mm。拍摄人像效果如图3-53所示。

图 3-53

任务三：拍摄学校的喷泉，如果想拍出喷泉喷射的效果，就需要设置快一点的快门速度，选择TV模式，设置最慢1/80s的快门速度，甚至更快的快门。白天的ISO设置为100，如果是晚上ISO设置为自动，由于快门够快，三脚架可以不需要，直接手持相机拍摄。拍摄喷泉效果如图3-54所示。

图 3-54

任务四：运动人像也是常见的人像摄影题材。在拍摄运动人像时，要了解被摄对象的运动规律，这样才能拍出清晰度与速度感兼具的运动人像。拍摄动态物体时，最重要的是对快门速度的控制。通常人物的运动要比汽车之类的高速运动物体的速度慢，所以也不需要非常快的快门速度，一般在1／500s内都可以将对象凝固于画面中。拍摄运动人像效果如图3-55所示。

图 3-55

经验分享

数字单反照相机的拍摄技巧：

拍物：如花、鸟、虫，使用AV档，光圈最好在f5.6或以下，焦距最好在50以上，尽量在1m以内拍摄，使背景虚化，光线好用ISO100，光线不好的ISO最好在400以内。

拍人：基本都是使用较大的光圈（f5.6以内）、50mm以上的焦距，拍摄距离视全身、半身、大头照而定，使背景虚化，使用AV档。光线好用ISO 100，光线不好的ISO在400以内。

拍景：使用AV档，使用适当的光圈（f8以上），焦距可自行定义，但一般广角端都有畸变，需酌情使用。

拍夜景：使用三脚架、AV档，自定义白平衡或白炽灯，f8以上的光圈，小光圈可以使灯光拍出星光的效果；使用反光板预升功能，减少按快门后反光板抬起而引起的机震；用背带上的方盖子盖住取景器，以免杂光从后面进入而影响画质；ISO在200以内，尽量使曝光时间加长，这样可以使一些无意走过的人从画面中消失，净化场景。

任务评价

评价指标	花卉微距拍摄	人物拍摄	喷泉拍摄	运动拍摄
自我评价				
小组评价				
教师评价				

任务三　布光技术

任务情境

小林是一个灯光师，接到任务是要进入摄影棚里拍摄玻璃酒杯。

任务分析

玻璃是透明的，表面会反射，又会折射光线，所以拍摄起来存在许多打光的问题，但也因为这些问题的存在，才迫使摄影师去研究布置光源的技巧。

任务实施

步骤1：去除杂光，布置柔光罩。

把不该存在的杂光消除掉，也就是把环境光源全部关掉，以一盏棚灯和柔光罩打亮背景，形成一个单纯的背光。如图3-56所示。

步骤2：在光罩周围布置黑色挡板。

在玻璃的左后方和右后方各加上两块档光的黑色板子，可以突出玻璃两边的边缘。如图3-57所示。

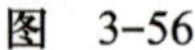

图 3-56

图 3-57

步骤3：控制背景光线，改变玻璃视觉外观。

玻璃看起来要有点层次，而事实上玻璃中间的层次其实是“背景的成像”。要改变玻璃的层次，不是直接对玻璃打光，应该要对背景打光。透过对背景光线的控制，来改变玻璃的视觉外观，透过一个小光源，让背景的光线能比单纯用柔光罩更有亮暗分明的层次。方法是拿一块黑色的板子遮挡来自上方的光线，此时杯口部分变得更黑了。如图3-58所示。

图 3-58

步骤4：调整好折射度，加深玻璃边缘黑度。

因为折射角度的问题，会不太容易在画面中避开黑色的板子，需要进行后期处理，稍微调整整体的对比让层次更明显，然后修饰一下细节，玻璃杯的照片就完成了。

◆ 经验分享

玻璃杯的拍摄属于静物的拍摄，如果没有摄影棚，可以选择上午9点的太阳光进行逆光的拍摄，这样可以将玻璃杯拍摄得更加透明。

如果有摄影棚布光，拍摄的时候可以用黄色的伸缩灯光进行左右方向布光，然后再次进行拍摄，可以拍摄出一种有暖色光的玻璃杯。

也可以在玻璃杯中倒入一些葡萄酒，选择银面的反光板摆放在杯子的侧面，找一个玻璃样式茶几，将玻璃杯放在玻璃茶几上面，让反光板反射到玻璃杯上，然后进行拍摄，会拍出更好看的效果。

也可以将玻璃杯叠放在玻璃茶几上面，选择黑色的纸张作为背景，在布光的时候选择在顶部进行布光，运动模式进行拍摄，拍摄出玻璃杯的水花飞溅效果，会显得更加有艺术感，更能吸引眼球。

◆ 任务评价

评价指标	背景光	侧光	折射光	玻璃杯效果
自我评价				
小组评价				
教师评价				

■ 项目小结

本项目讲解了常用的摄影用品的性能、特点和使用方法。摄影中没有绝对的对与错，有些人善用灯光，有些人喜欢用手机拍摄，有些人对后期处理很有心得。希望大家坚持每日拍摄，渐渐学会制定自己的个人影像风格。刚开始时可以多看别人拍摄的照片，对照模仿，通过学习更加了解自己的相机，但真正拍出自己满意的照片得在形成自己风格之后。

项目四

素材处理

知识要点

- 图层蒙版
- 视频切换效果
- 音频淡入淡出效果
- 音频的剪辑
- 视频特效
- 视频的剪辑
- 素材的导入

学习目标

1．了解常见的文字、图片、音频、视频素材的特点及获取方法

2．使用Photoshop等图像处理软件对图片素材进行设计和处理

3．掌握音频素材的剪辑方法及技巧

4．掌握视频素材的剪辑、视频特效运用、视频切换效果运用

知识加油站

常见素材的分类和获取方法

素材是指相关工程设计中所用到的各种听觉和视觉工具材料。素材是视频制作的基本组成元素，它包括文本、图形、图像、动画、视频、音频等。素材的准备包括采集和制作，是视频制作中耗费时间、精力最多的工作。

1．文本

1）常见的文本文件有TXT纯文本文件，Word文件，WPS文件等。

2）文本素材的主要的获取方法。

- 使用已有文字素材。
- 输入文字素材。
- 从网络上下载文字素材。
- OCR软件识别（图像文字转换为文本文字）。
- 语音输入文字素材。

2．图形和图像

在计算机图形学中，一般把矢量图称为图形，把位图称为图像。矢量图是用指令来描述，所占存储空间小，放大不会失真，主要的文件格式为DWG、WMF、CDR、SVG等。位图由像素表现，所占存储空间较大，放大时会失真，主要的文件格式为BMP、JPG、GIF、TIF等。

图形图像素材的主要的获取方法：

1）从网络下载。

2）数字照相机拍摄。

3）利用扫描仪获取。

4）用图像处理软件加工制作。

5）屏幕复制（PrintScreen）。

走进数字媒体

3. 音频

（1）音频素材的主要分类

1）WAV标准的Windows声音文件。

2）MID乐器数字接口的音乐文件。

3）MP3数字音乐压缩格式文件。

4）WMA微软开发的音频格式文件。

5）RA Realplayer播放格式音频文件。

（2）音频素材的获取渠道和方法

1）下载已有的数字化音频资源。

这是获取音频素材最简单的方式。可以由素材光盘获取，在专业的音效光盘或CD中获取背景音乐和效果音乐，也可以在互联网上查找下载。

2）获取视频文件中的声音素材。

可以通过一些影视播放、编辑软件等，将视频文件中的声音进行提取，保存为音频格式文件，如千千静听、QQ影音、超级解霸音频播放器等。

3）运用录音设备自行录制。

目前，可以录制音频的设备很多，如多媒体计算机，录音笔、手机等。可以通过这些设备自行采集音频并编辑加工。

录制数字音频信号所需的硬件除声卡外，还需要有麦克风、音箱等设备，把这些设备与计算机正确连接完成硬件准备工作，然后在Windows“控制面板”→“多媒体”中选择正确的录音设备，并对其调试后进行声音的录制。

4. 视频

（1）常用的视频格式

视频已经广泛应用于生活的方方面面，现在主流的视频格式有很多，如AVI、MPEG、RMVB、RM、WMV、MOV、3GP、FLV等。

（2）视频素材的获取方法

获取视频素材的渠道有很多，可以通过具有摄像功能的设备进行录制，如摄像机、摄像头、相机、手机等，可以从VCD、DVD中获取，还可以通过互联网下载。

由于视频和音频的格式有很多，但是并不是每一款视频和音频处理软件都能兼容所有的视频和音频格式，所以如果遇到这种情况，可以使用格式工厂等格式转换软件进行转换。

任务一　《快乐童年》儿童成长相册图片模板制作

◆ 任务情境

一年一度的儿童节快要到了，华夏婚纱摄影公司在今年的儿童节，推出一系列儿童摄影套餐的优惠活动，套餐中除了拍摄儿童写真照片外，还附送一套电子相册。小白是该公司的视频前期美工，公司接到了这批业务，要求小白完成主题为“快乐童年”的儿童成长相册图片模板的设计与制作。

任务分析

本任务要制作的相册主题为《快乐童年》，所以作品要能很好地反映儿童成长中的快乐与美好。在设计时要注意色彩的搭配，色彩最能引起人们的注意，能直接传达信息，具有先声夺人的效果。合理的色彩搭配，有助于烘托主题，加强画面情调的渲染和意境的创造，从而增强相册的吸引力，还能引起观众的情感共鸣，给人留下深刻的印象。儿童的想象力丰富、性格天真、思维单纯，他们的这种性格特点，造就了他们独特的色彩审美观。大多数儿童喜欢明度和纯度较高且鲜艳、丰富的色彩，对比强烈、不断变化的色彩搭配容易刺激到他们的视觉神经，引起儿童的关注和喜爱。所以在设计过程中，要充分考虑儿童的这种色彩喜好，灵活地应用色彩的美学规律，满足儿童的情感需求。在图形的应用上，多使用儿童经常接触到的素材作为点缀，如彩旗，气球，花等。为了提高工作效率，电子相册都会使用套用模板的方式进行制作，可以大大减少后期的工作量，所以前期的图片模板设计相当重要。

任务实施

一、首页制作

《快乐童年》儿童成长相册图片模板首页制作的最终效果如图4-1所示。

图 4-1

1．相册统一背景的制作

1）在Photoshop中新建画布，大小为（1024×583）像素，分辨率为72。

2）新建图层组，起名为“背景”，在图层组里新建图层，起名为“底色”，设置前景色为RGB（252，252，224），填充“底色”图层。

3）新建图层，起名为“蓝色”，将前景色设置为RGB（174，221，201），并使用直径为500的柔角画笔，绘制背景上部的蓝色，效果如图4-2所示。

图 4-2

4）打开背景素材，将图片拖入背景中，将图层改名为“绿色彩带”，并给图层建立蒙版，使用黑色画笔，将图层的上半部分在蒙版中进行涂抹。效果如图4-3所示。

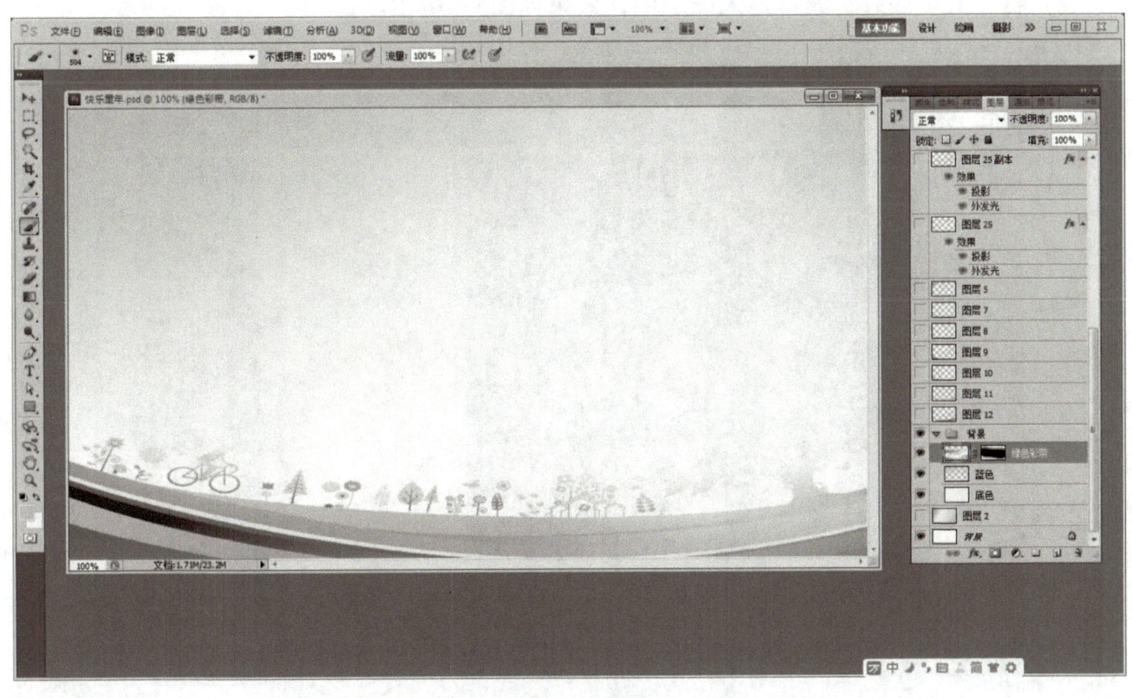

图 4-3

2. 相册主题文字的制作

1）使用文字工具，输入“快乐童年”主题文字，并对文字的大小和位置进行调整，效果如图4-4所示。

图 4-4

2）将“文字底纹”素材拖入图层中，效果如图4-5所示。

图 4-5

3）按住<Ctrl>键，单击文字图层得到文字选区，使用选区在底纹图层建立蒙版，并给文字图层添加描边和投影图层样式，效果及参数设置如图4-6～图4-8所示。

图 4-6

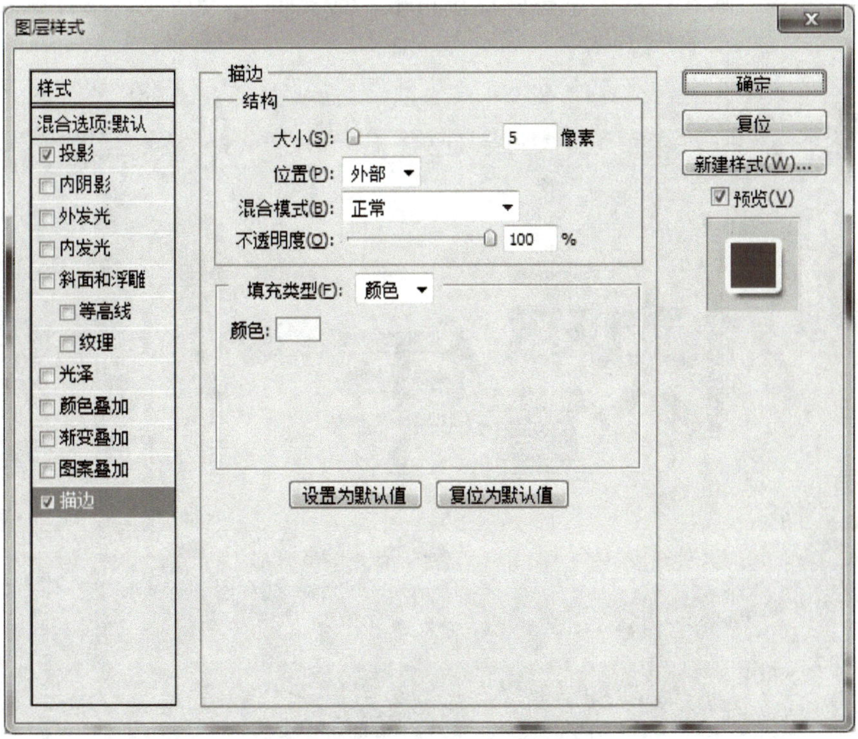

图层样式

样式
混合选项:默认
☑ 投影
☐ 内阴影
☐ 外发光
☐ 内发光
☐ 斜面和浮雕
☐ 等高线
☐ 纹理
☐ 光泽
☐ 颜色叠加
☐ 渐变叠加
☐ 图案叠加
☑ 描边

描边
结构
大小(S): 5 像素
位置(P): 外部
混合模式(B): 正常
不透明度(O): 100 %
填充类型(F): 颜色
颜色:
设置为默认值 复位为默认值

确定
复位
新建样式(W)...
☑ 预览(V)

图 4-7

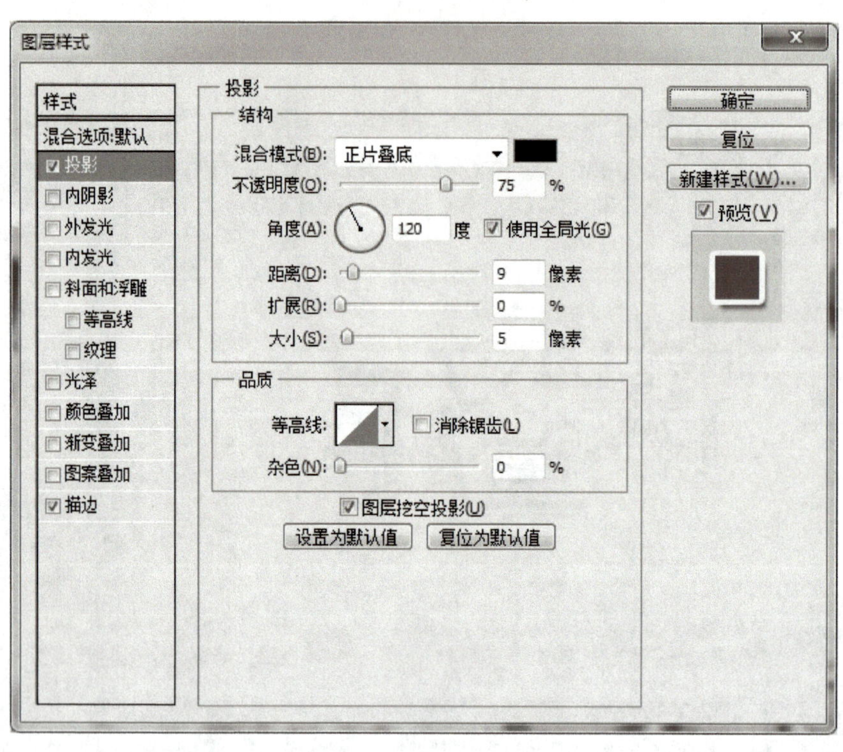

图 4-8

3. 其他素材的抠取和合成

分别打开“热气球”“向日葵”和“小孩”的图片素材，使用魔术棒工具，合理设置“容差”和“连续”属性，选中空白颜色并删除。效果如图4-9所示。这样就完成了首页的制作。

图 4-9

二、相片模板页制作

《快乐童年》儿童成长相册相片模板页制作效果如图4-10所示。

图 4-10

1. 装饰素材的抠取和合成

1）打开《快乐童年》首页效果，将图片另存为相册相片模板，并删除多余图层和图层组，效果如图4-11所示。

图 4-11

2）打开“画笔”和“彩旗”素材，使用魔术棒工具选择白色区域并删除。效果如图4-12所示。

图 4-12

2. 相框素材的处理

1）新建“相框”图层组，打开“相框”素材并入相框图层组中，效果如图4-13所示。

图 4-13

2）使用钢笔工具将相框部分的路径抠取出来，效果如图4-14所示。

图 4-14

3）按<Ctrl+Enter>组合键将路径转为选区并创建图层蒙版，效果如图4-15所示。

图 4-15

4）再次使用钢笔工具勾勒出照片区域的路径，效果如图4-16所示。

图 4-16

5）将照片区域的路径转为选区并填充其他颜色，用于替换照片素材，效果如图4-17所示。这样相片模板页制作就完成了。

图 4-17

◆ 相关知识

一、图层蒙版

PS中的图层蒙版相当于一块能使物体变透明的布，在布上涂黑色时物体会变透明，在布上涂白色时物体会显示出来，在布上涂灰色时物体半透明。也可以这样说，PS中的图层蒙版中只能用黑、白色及其中间的过渡色（灰色）。蒙版中的黑色就是蒙住当前图层的内容，显示当前图层下面层的内容。蒙版中的白色则是显示当前层的内容。蒙版中的灰色则是半透明状，图层下面层的内容则若隐若现。图层蒙版更加方便修改，如果使用删除功能将不需要的部分删除掉，那么需要调整的时候还需要重新置入图片。使用蒙版功能就可以随时调整蒙版，让更多或更少的部分露出来。

1．图层蒙版用途

1）蒙版是一种特殊的选区，但它的目的并不是对选区进行操作，而是要保护选区不被操作。同时，不处于蒙版范围的地方则可以进行编辑与处理。蒙版虽然是种选区，但它跟常规的选区颇为不同。常规的选区表现了一种操作趋向，即将对所选区域进行处理；而蒙版却相反，它是对所选区域进行保护，让其免于被操作，而对非掩盖的地方应用操作。

2）可以完美融合图像，如制作倒影、融合图像等（图层蒙版中黑白灰渐变）。

3）可以保留半透明过渡，和矢量蒙版差不多，不过矢量蒙版是不存在过渡的，而图层蒙版可以保留半透明过渡。

4）可进行羽化操作，在图层上用选区工具画出想要的形状，并对图层蒙版进行羽化。

5）可以抠半透明图。图层蒙版抠图的最大好处就是尽可能地保留了半透明的部分，过渡比通道要细腻得多，通道在生成黑灰白的同时已经损失了一部分图像，而蒙版的黑灰白是直接遮盖了图像。

2．图层蒙版用法

1）按<Alt>键并单击蒙版进入蒙版编辑状态。

2）按快捷键<Ctrl+A>全选要作为蒙版的素材，再按快捷键<Ctrl+C>复制素材内容。

3）按<Alt>键并单击图层蒙版缩略图进入蒙版编辑页面，按快捷键<Ctrl+V>粘贴素材。

4）用白色部分代表保留的区域，黑色代表删除的区域。

二、电子相册

电子相册是指可以在计算机中观赏的区别于CD/VCD的静止图片的特殊文档，其内容不局限于摄影照片，也可以包括各种艺术创作图片。电子相册具有传统相册无法比拟的优越性：图、文、声、像并茂的表现手法，随意修改编辑的功能，快速的检索方式，永不褪色的恒久保存特性，以及廉价复制分发的优越手段。

电子相册制作软件顾名思义是用于制作电子相册的软件。目前国内外电子相册繁多，不同的软件制作出的电子相册有所不同。随着数字照相机在家庭中越来越普及，人们在可以更方便地拍摄照片却又不需要把拍摄的照片都冲印的时候，就选择保存在计算机或光盘中，电子相册制作软件在这一过程中起到了非常重要的作用。通过电子相册制作软件可以使照片更加动态、更加多姿多彩地展现，通过电子相册制作软件的打包，可以更方便地将照片以一个整体的形状分发给亲朋好友、刻录在光盘上保存或在影碟机上播放。

◆ 经验分享

1）在做电子相册时，为了达到视觉效果，都会先设计好视频的背景模板，背景可以是静态的，也可以是动态的。静态背景也是动态背景的根本。所以在制作视频前，素材的准备和设计是相当重要的。

2）在制作图片素材时，注意图片导出时尽量以PNG的格式进行保存，因为PNG格式的图片可以实现透明背景，这样能保证制作的素材更加灵活地使用在任何背景上。

3）在制作素材时，要有计划地进行图层的区分，因为在后期使用Primiere导入PSD格式的图片时，可以分图层、按序列、按合并所有图层、按单层等方式导入，如图4-18所示。导入后的PSD文件可以根据图层生成相应的视频轨道，便于后期的视频制作。本任务中的模板导入到Primiere中如图4-19所示。

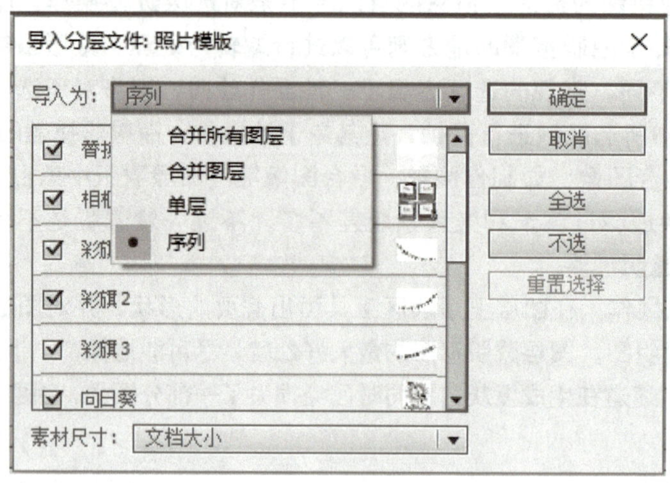

图 4-18

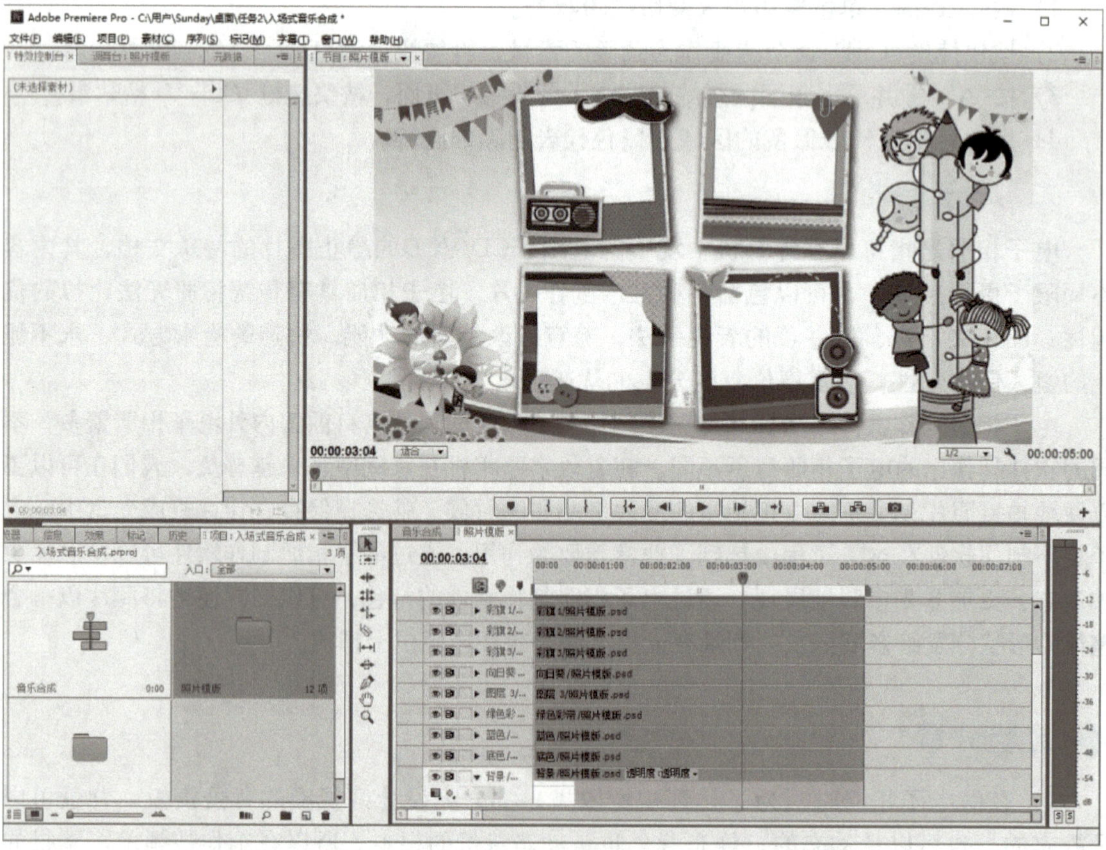

图 4-19

任务评价

评价指标	图像抠取	图像合成	蒙版运用	图层样式
自我评价				
小组评价				
教师评价				

任务二 音频素材处理

任务情境

小陈是某职业技术学校视频制作工作室的成员，马上就是学校的第十五届校运会了，小陈班里的同学想在入场式时表演一个歌舞节目，但是没有合适的音乐，跳舞的同学希望小陈帮忙对几首音乐文件进行串接剪辑。他们提供了4首音乐素材，其中有一首找不到MP3，只有MTV的音乐视频，让小陈根据舞蹈的编排，剪辑和拼接一段1min左右的MP3音乐，希望能做到过渡自然，以便在入场式的时候进行播放。

任务分析

这个任务中，由于提供的素材里有一个是视频素材，可以通过将视频素材拖入到Primiere的时间轴来提取音频。由于最终将导出MP3格式的文件，所以对应的MTV视频毫无用处，可将视频与音频解除连接后将视频删除或不予理会。在进行音乐串接的时候要注意准确选择串接的时间点以达到自然过渡，由于要实现声音的淡入淡出效果，所以要在音频轨道上添加关键帧。添加关键帧时，别遗漏了头尾的两个关键帧。

任务实施

入场式音乐合成的制作步骤如下：

1）在Primiere中新建项目，项目名称为“入场式音乐合成”，设置好项目保存的位置，如图4-20所示。

2）新建序列（新建项目时，会自动新建序列），将序列命名为“音乐合成”，如图4-21和图4-22所示。

3）导入所需的音乐素材，如图4-23所示。

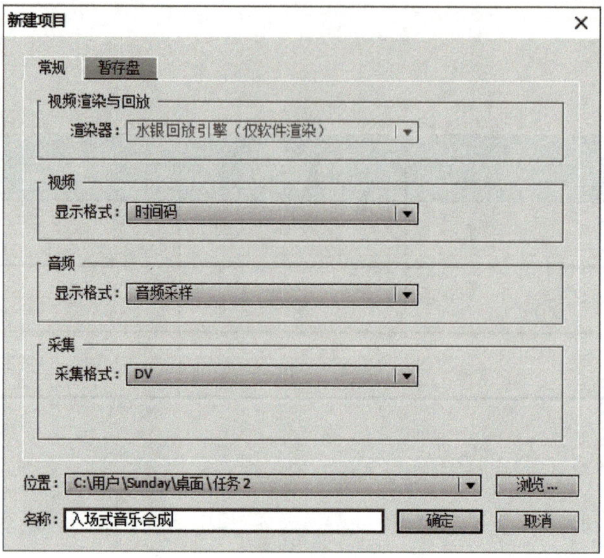
新建项目
常规
暂存盘
视频渲染与回放
渲染器：水银回放引擎（仅软件渲染）
视频
显示格式：时间码
音频
显示格式：音频采样
采集
采集格式：DV
位置：C:\用户\Sunday\桌面\任务 2
浏览...
名称：入场式音乐合成
确定
取消

图 4-20

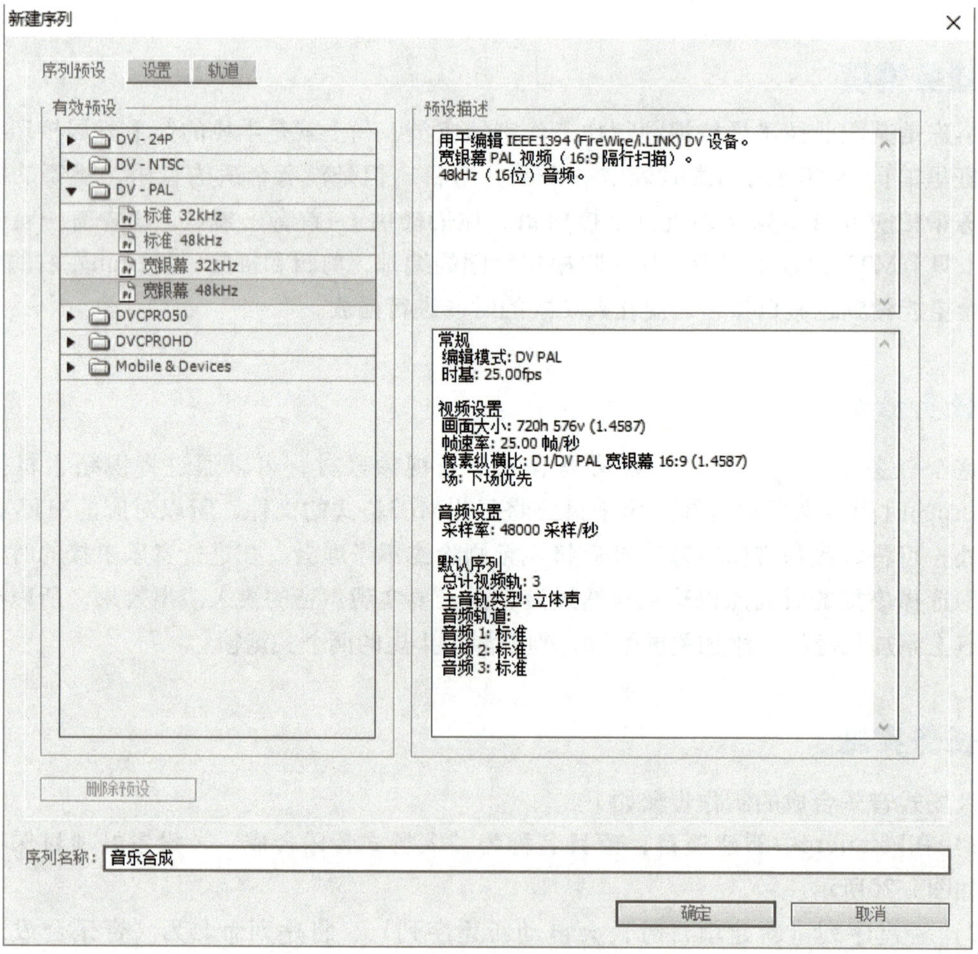
新建序列
序列预设
设置
轨道
有效预设
DV - 24P
DV - NTSC
DV - PAL
标准 32kHz
标准 48kHz
宽银幕 32kHz
宽银幕 48kHz
DVCPRO50
DVCPROHD
Mobile & Devices
预设描述
用于编辑 IEEE1394 (FireWire/i.LINK) DV 设备。
宽银幕 PAL 视频（16:9 隔行扫描）。
48kHz（16位）音频。
常规
编辑模式: DV PAL
时基: 25.00fps
视频设置
画面大小: 720h 576v (1.4587)
帧速率: 25.00 帧/秒
像素纵横比: D1/DV PAL 宽银幕 16:9 (1.4587)
场: 下场优先
音频设置
采样率: 48000 采样/秒
默认序列
总计视频轨: 3
主音轨类型: 立体声
音频轨道:
音频 1: 标准
音频 2: 标准
音频 3: 标准
删除预设
序列名称：音乐合成
确定
取消

图 4-21

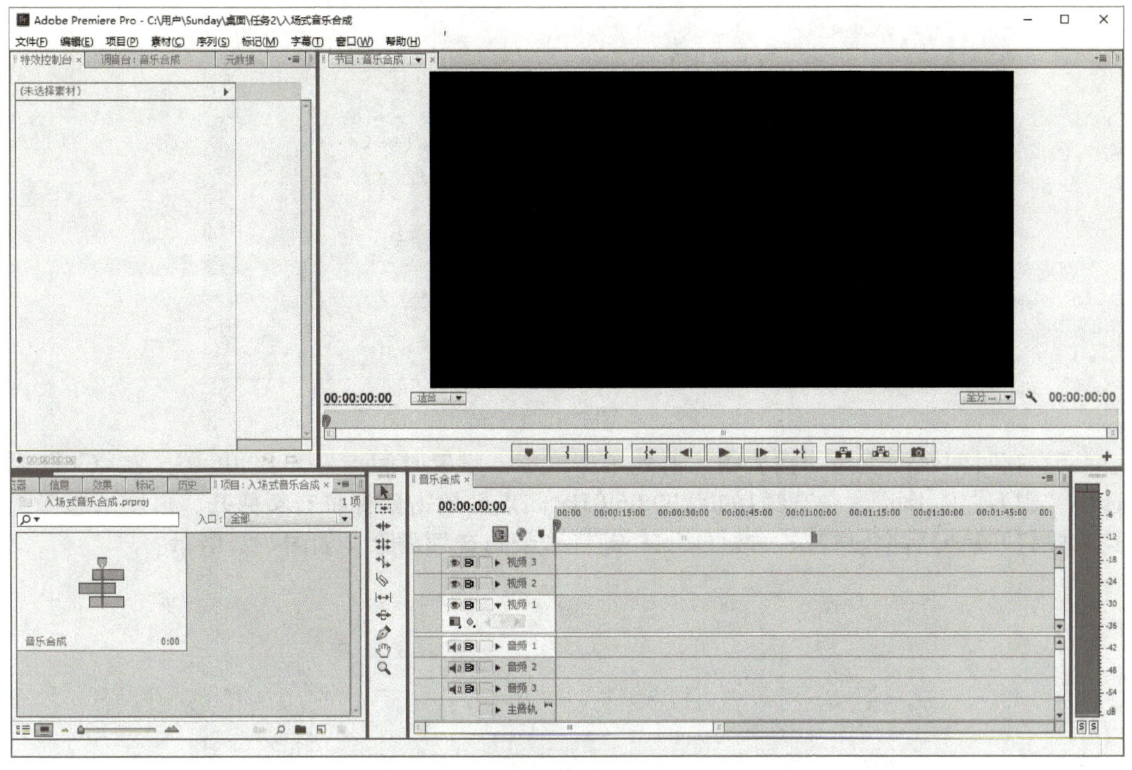

图 4-22

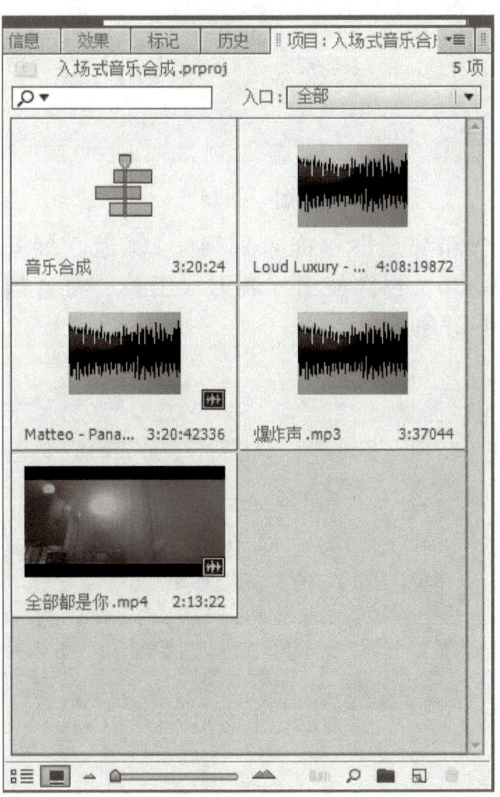

图 4-23

4）开始音乐剪辑，将第一首音乐拖到音频轨道，如图4-24所示。

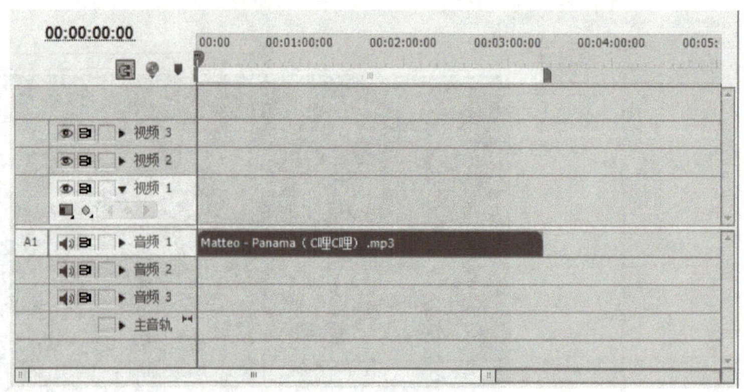

图 4-24

5）在时间轴左上角的播放指示器处单击鼠标，设置时间点为00:00:06:01，按<C>键或选中“剃刀”工具，在音频1的00:00:06:01时间点处单击鼠标将音频剪开。再使用选择工具选中剪开后的后半段音乐，按<Delete>键将多余的音频删除。如图4-25所示。

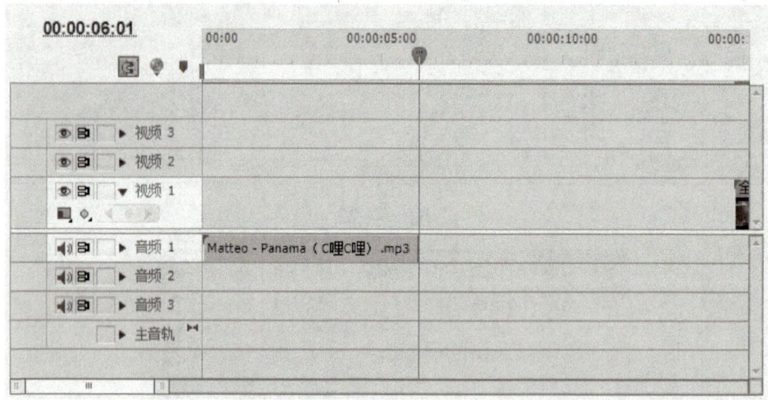

图 4-25

6）将第二首音乐“全部都是你”拖入到视频1轨道，展开音频1轨道，观察声音波形，设置时间点为00:01:26:06，再次使用“剃刀”工具，将音频剪开，如图4-26所示。删除多余部分后的效果如图4-27所示。

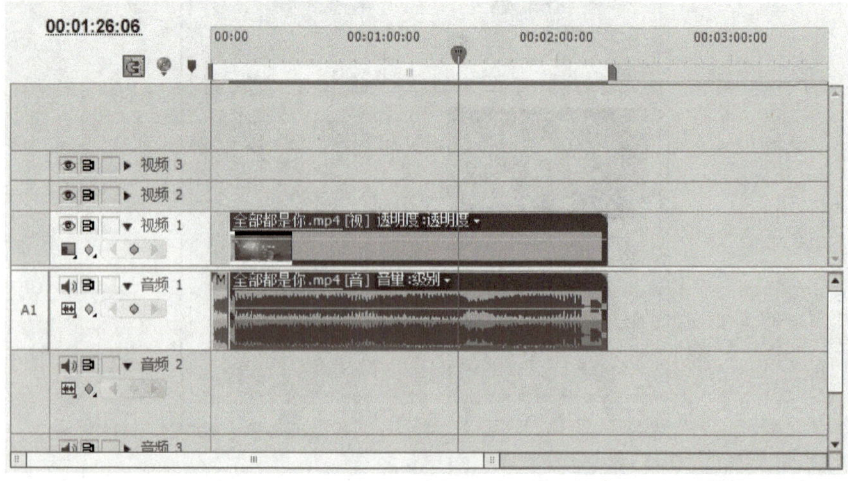

图 4-26

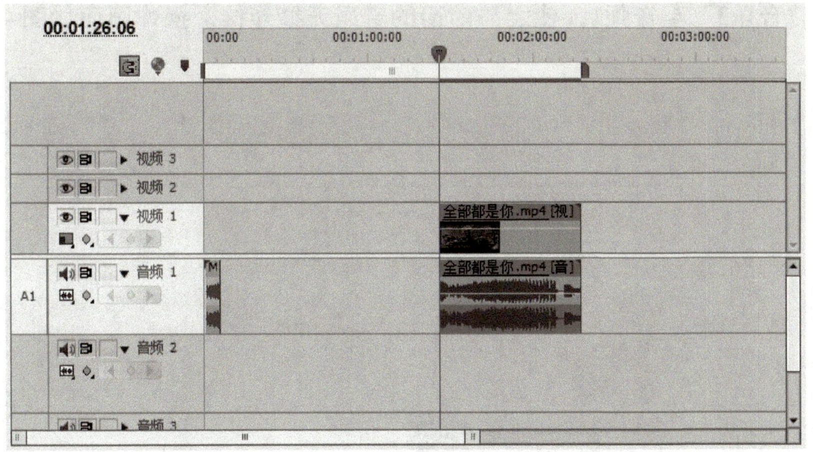

图 4-27

7）将音频1轨道上的两首音乐无缝结合，使两首音乐过渡自然。操作画面如图4-28所示。

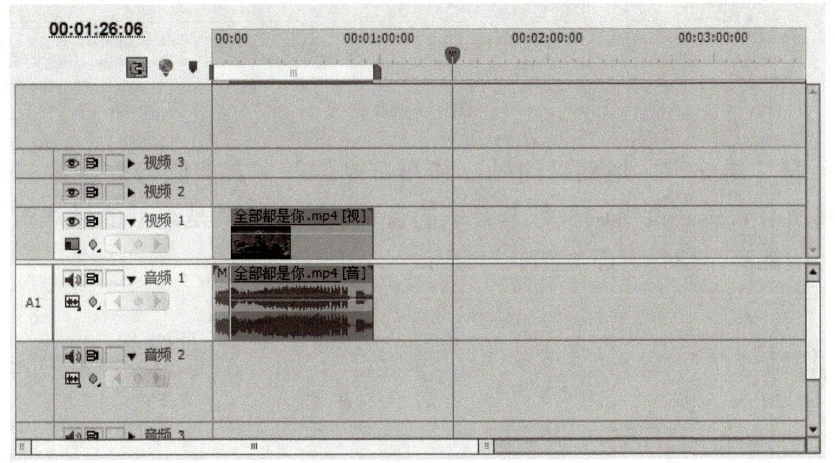

图 4-28

8）设置时间点为00:00:50:21，使用“剃刀”工具，将第二首音乐“全部都是你”再次剪开，删除后面的音频，操作画面如图4-29所示。

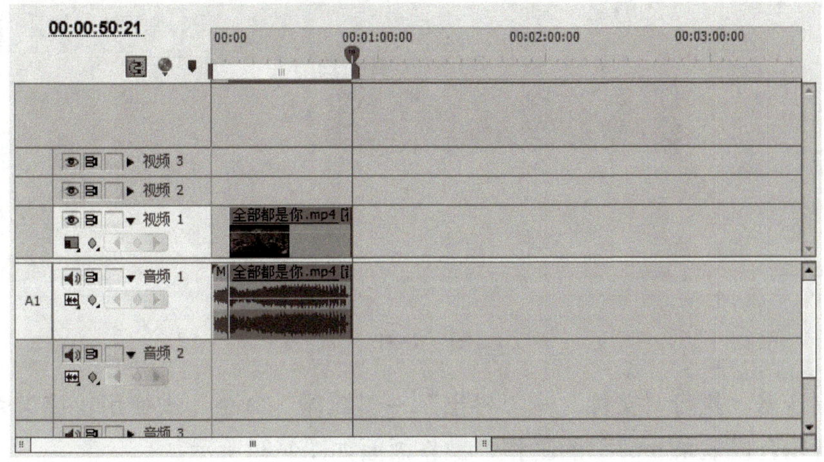

图 4-29

9）导入“音乐3”至音频1，使之与前面的音乐无缝连接，操作画面如图4-30所示。

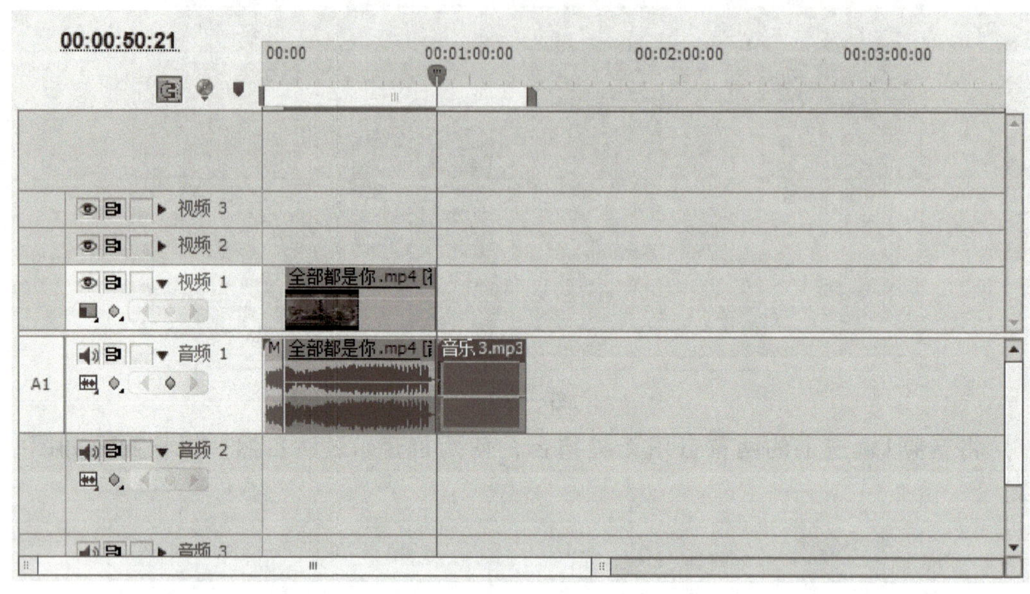

图 4-30

10）最后将“爆炸声”拖到时间轴，使用“剃刀”工具删除爆炸音效前面的空白部分，无缝连接所有音乐。适当调整每节音乐的音量大小，尤其是最后的爆炸声，要将音量调得比其他音乐都高。操作画面如图4-31所示。

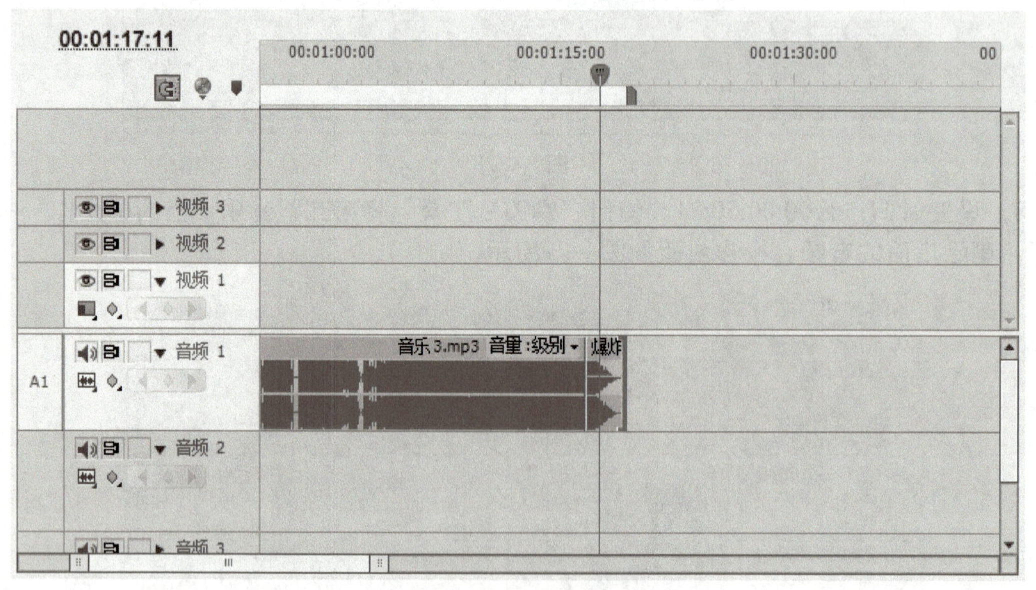

图 4-31

11）导出音乐，执行“文件”→“导出”→“媒体”命令，或使用快捷键<Ctrl+M>完成“入场式音乐合成效果.mp3”的制作，操作画面如图4-32所示。

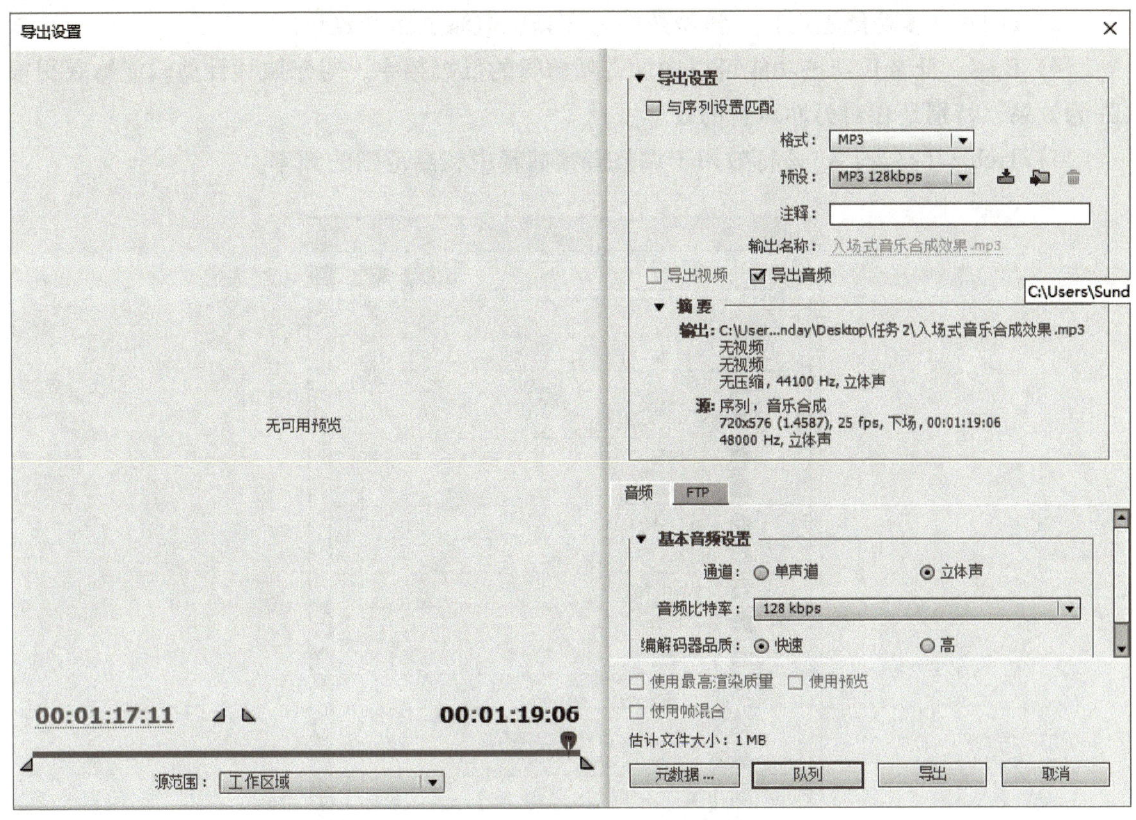

图 4-32

◆ 相关知识

一、Premiere软件使用技巧

Premiere是一款专业的视频处理软件，用户可以通过Premiere轻松对视频进行处理。

1. 素材的导入方法

在Premiere中导入素材有多种方法，具体方法如下：

1）使用“文件”→“导入”命令导入素材。

2）使用快捷键<Ctrl+I>导入素材。

3）双击项目面板的空白处，在弹出窗口中选择文件导入。

4）在项目面板的空白处右击选择菜单中的“导入”命令。

5）直接将素材拖到项目面板中。

2. 音频特效的添加

有些时候，录制出来的音频会带有一些杂音或者“嘶嘶”声。这时候可以通过使用音频特效来美化声音，如图4-33所示。这些特效的作用如下：

1）DeNoise（去噪）：该音频特效能够自动检测并移除音频中的“嘶嘶”声和杂音。

2）Reverb（混响）：该特效能为录制的音频增加“现场感”。使用该特效可以模拟较大房间内的声音效果。

3）Delay（多功能延迟）：该特效能为音频轨道添加回音效果。

4）Bass（低音）：该功能可以增加音频剪辑的低端频率。对于叙述性剪辑能够获得很好的效果，特别是在对男性声音的处理上。

5）Treble（高音）：该特效用于调整音频剪辑中较高范围的频率。

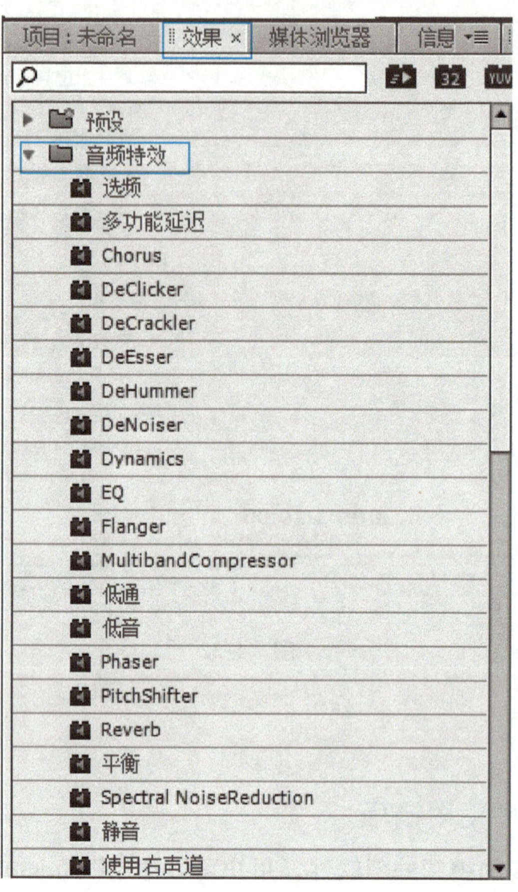

图 4-33

3. 声音的淡入和淡出效果

声音的淡入效果是指音乐开始时声音缓缓变大，淡出效果是指音乐结束时声音逐渐变小，不会让人感觉突然的出现与消失。淡入淡出使声音有过渡，让听着有心理准备来适应下一首歌曲，不因为曲风突然变化而导致不适。

添加淡入和淡出的方法如下：

1）打开视频编辑软件，把所要编辑的视频和音频导入。

2）把导入的视频和音频拖到时间轴，展开轨道，并将轨道高度拉高，以便看清楚音乐的波形，如图4-34所示。

3）淡入淡出设置

在音频轨道上，可以看到在声音轨道上有一条黄线，表示当前轨道的音量大小，可以单击调整该轨道上整个音频的音量大小。如果需要设置淡入淡出，需要在时间轴上定位鼠标，在音频轨道上添加关键帧，如图4-35所示，并调整音量高低。

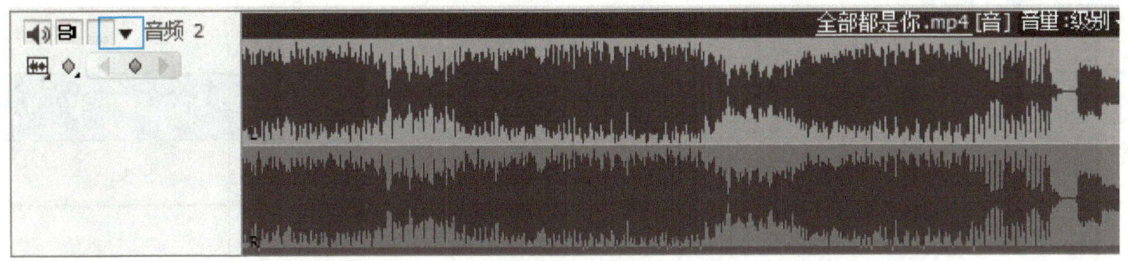

图 4-34

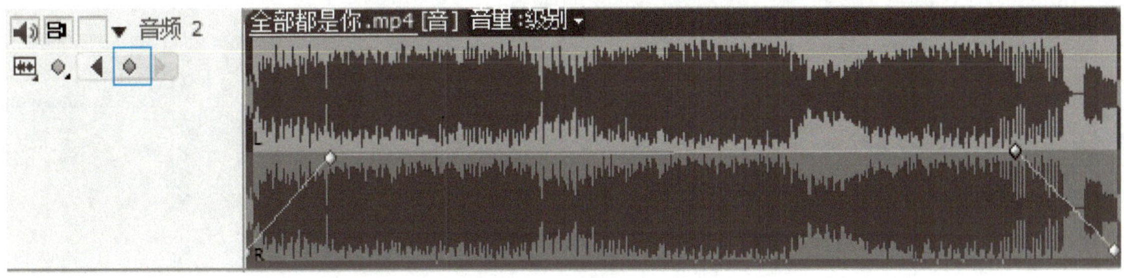

图 4-35

二、Adobe Audition

尽管Premiere中提供的工具能够完成大多数的音频编辑任务，但是它仍然无法与Adobe Audition相提并论，因为Adobe Audition是针对音频后期制作的专业应用程序。它提供了用于处理声音的非常神奇的工具包括光谱显示功能、高效的多轨道编辑器、高级音频特效和控制等。虽然Adobe Audition的功能已经很强大了，但音频软件不是万能的，例如，把混缩过的有配乐人声里的人声去掉就是不可能的。

如果要将Premiere中的序列发送到Adobe Audition中，可以执行以下步骤：

1）打开想要发送到Adobe Audition中的序列。

2）进入到“编辑”菜单，并选择“编辑”→“在Adobe Audition中编辑”→“序列”命令，设置新文件的保存名称和存储位置。

◆ 经验分享

5.1声道是指中央声道，前置左、右声道、后置左、右环绕声道及所谓的0.1声道——重低音声道，一套系统共可连接6个喇叭。5.1声道已广泛运用于各类传统影院和家庭影院中，一些比较知名的声音录制压缩格式，如杜比AC-3（Dolby Digital）、DTS等都是以5.1声音系统为技术蓝本的，其中0.1声道是一个专门设计的超低音声道，这一声道可以产生频率范围在20～120Hz的超低音。

Premiere 中的一个高级音频特性就是提供对5.1音频的支持，甚至可以处理5.1音频的剪辑以及对5.1音频进行相关的操控。但是，Adobe Audition具有更专业的环绕立体声混合器，它能够轻松快速地制作出5.1混合音效。如果想在序列中使用环绕立体声，可以考虑先在Premiere中完成对视频的编辑，然后再转换到Adobe Audition中进行混合。

任务评价

评价指标	音频提取	音频剪辑	音量调整	音频导出
自我评价				
小组评价				
教师评价				

任务三 视频素材处理

任务情境

感恩节马上要来临了，一般在这个时候，各个商家都会推出一系列回馈顾客的活动。对于影院来说，回馈的方式主要是打折电影票、充值优惠等，也有推出免费观看电影的活动。不管哪种活动方式，都需要对活动进行宣传以吸引顾客。天天影院也不例外，小蔡是该影院的员工，该影院的感恩节活动的形式就是将今年热播过的几部电影限时免费放映，影院请小蔡将本次活动放映的几部电影做一个混剪，让顾客清楚电影的内容。

任务分析

要完成这样一个电影混剪任务，首先需要制作者对电影内容非常熟悉，清楚要剪的画面是哪些，才可以更加吸引顾客；另一方面，混剪的画面，最好是电影比较有代表性的画面，再配以电影原声及背景音乐。在进行混剪的时候，不用将整个影片全部导入软件中。可以先使用“视频截取”类的软件把所需的各种视频按要求分段截取成小片段，分别保存，再将小片段导入软件中，做精确的剪辑。

任务实施

一、素材准备

1）收集电影海报，下载并保存。

2）打开Photoshop软件新建画布，大小为（1024×575）像素，挑选所需海报并排列整齐，效果如图4-36所示。

图 4-36

3）准备好视频制作所需的蒙版，效果如图4-37所示。

图 4-37

二、视频制作

1．新建项目

1）新建项目，项目名称为“感恩节电影混剪”，操作如图4-38所示。

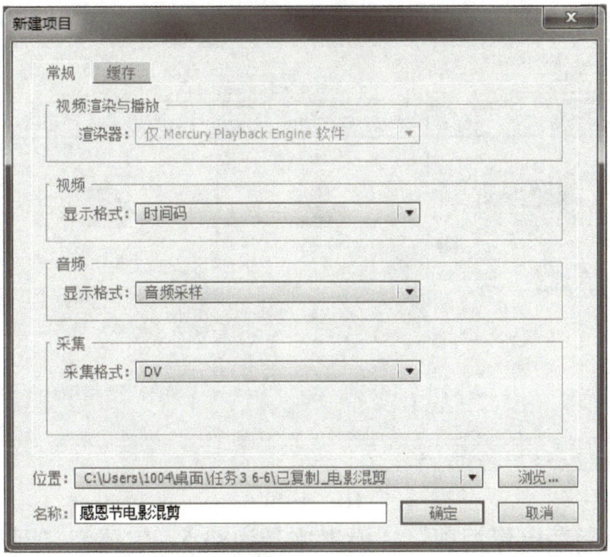

新建项目

常规 缓存

视频渲染与播放

渲染器：仅 Mercury Playback Engine 软件

视频

显示格式：时间码

音频

显示格式：音频采样

采集

采集格式：DV

位置：C:\Users\1004\桌面\任务3 6-6\已复制_电影混剪 浏览...

名称：感恩节电影混剪 确定 取消

图 4-38

2）新建序列，混剪（用于最后的合成）如图4-39所示。

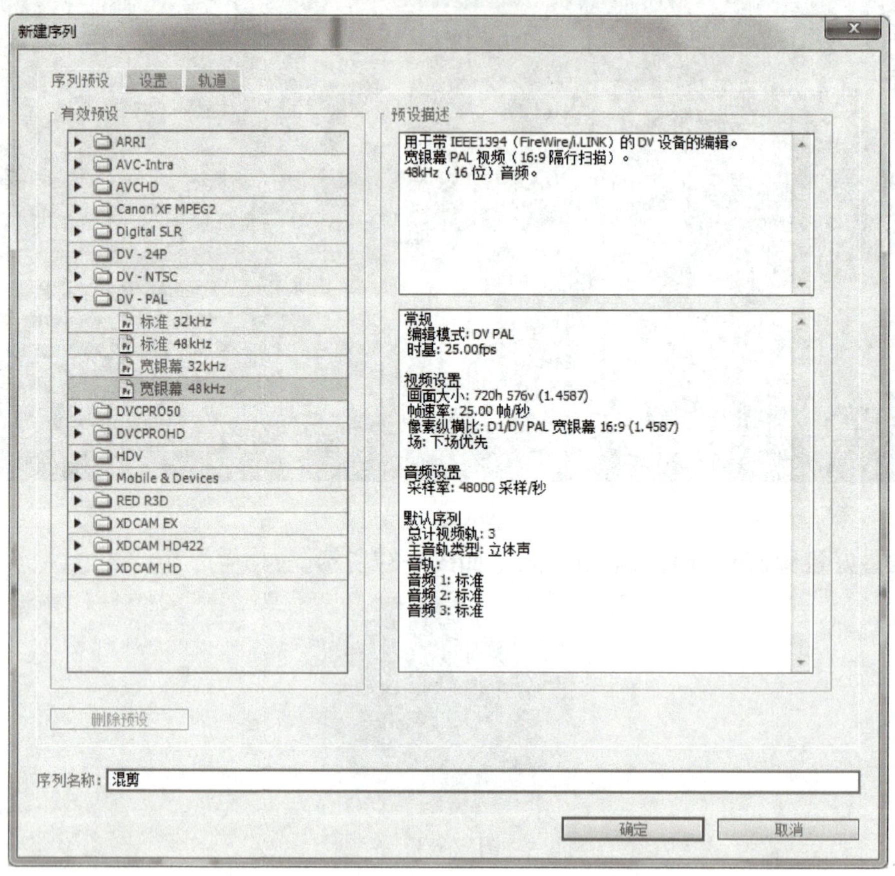

图 4-39

2. 新建字幕

1）做好字幕准备，新建文件夹，名称为“字幕”，用于存放项目中用到的所有字幕文件。如图4-40所示。

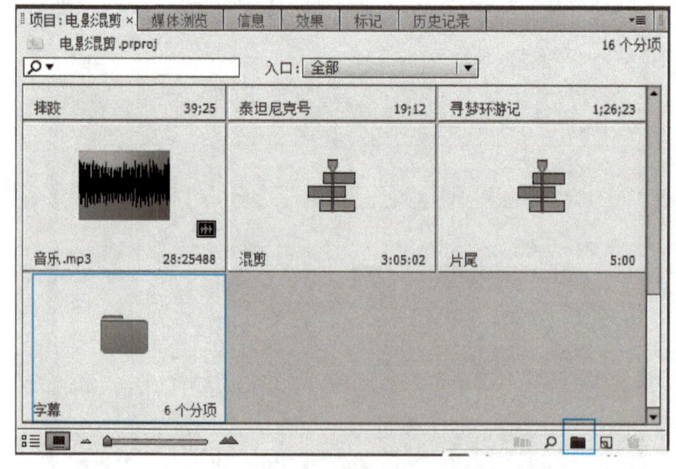

图 4-40

2）新建字幕“感恩节电影混剪”，设置字号为83.5，字体为“阿里巴巴普惠体”，文字倾斜30°，填充颜色为RGB（255，176，7），RGB（248，159，8），如图4-41所示。

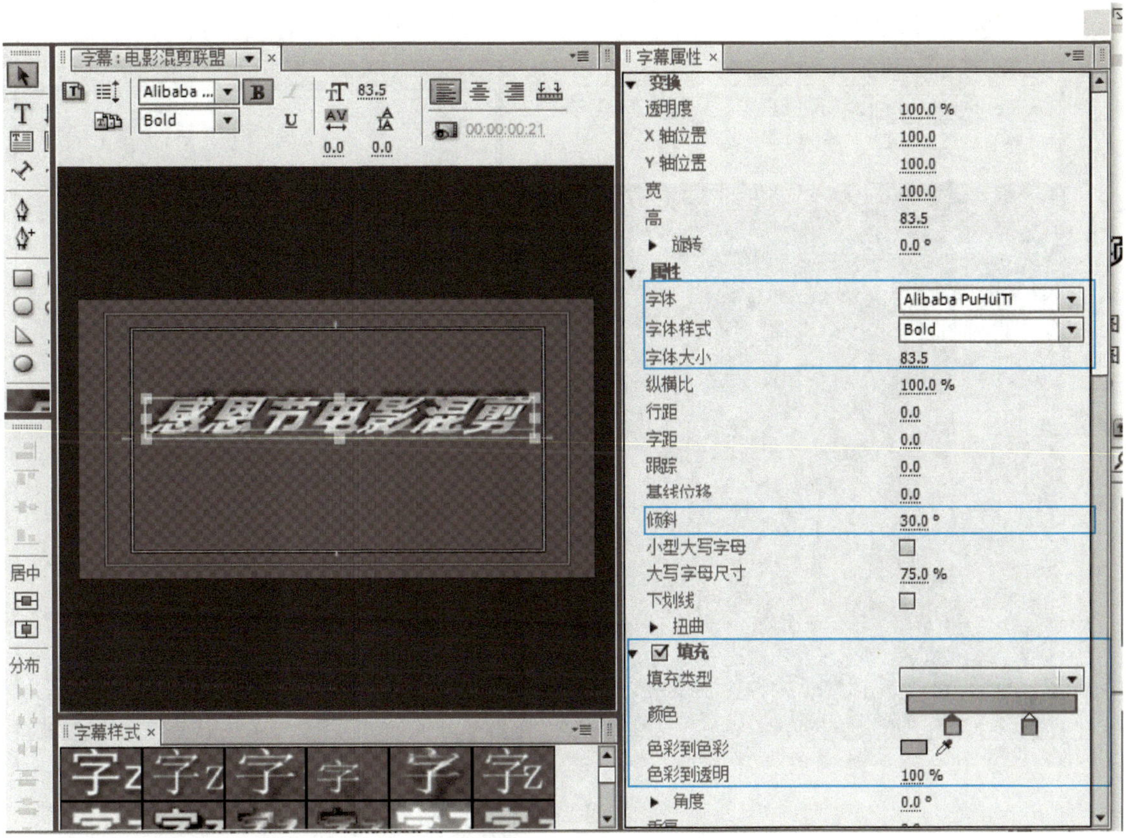

图 4-41

3）复制字幕5次，分别修改为以下内容，效果如图4-42所示。字幕的具体参数设置如图4-43～图4-47所示。

图 4-42

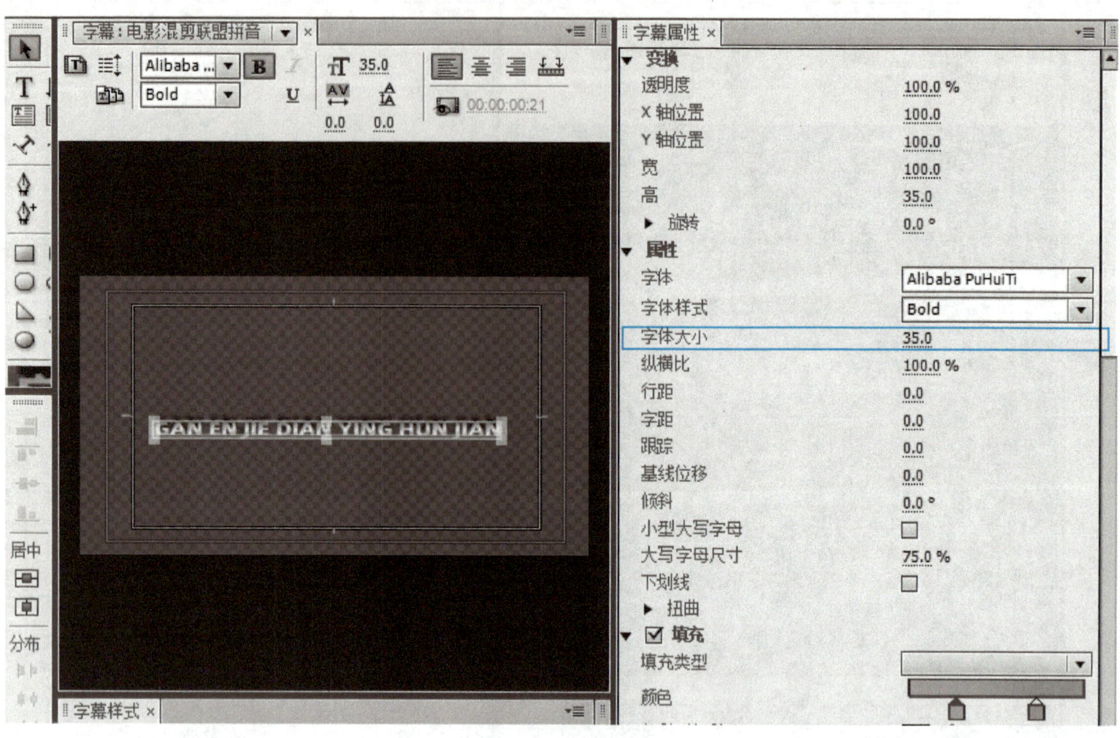

字幕：电影混剪联盟拼音
Alibaba ...
Bold
35.0
0.0
0.0
00:00:00:21
GAN EN JIE DIAN YING HUN JIAN
居中
分布
字幕样式
字幕属性
变换
透明度
100.0 %
X 轴位置
100.0
Y 轴位置
100.0
宽
100.0
高
35.0
旋转
0.0 °
属性
字体
Alibaba PuHuiTi
字体样式
Bold
字体大小
35.0
纵横比
100.0 %
行距
0.0
字距
0.0
跟踪
0.0
基线位移
0.0
倾斜
0.0 °
小型大写字母
大写字母尺寸
75.0 %
下划线
扭曲
填充
填充类型
颜色

字幕：精采回放
Alibaba ...
Bold
83.5
0.0
0.0
00:00:00:21
精彩回放
居中
分布
字幕样式
字幕属性
变换
透明度
100.0 %
X 轴位置
100.0
Y 轴位置
100.0
宽
100.0
高
83.5
旋转
0.0 °
属性
字体
Alibaba PuHuiTi
字体样式
Bold
字体大小
83.5
纵横比
100.0 %
行距
0.0
字距
0.0
跟踪
0.0
基线位移
0.0
倾斜
0.0 °
小型大写字母
大写字母尺寸
75.0 %
下划线
扭曲
填充
填充类型
颜色

图 4-43

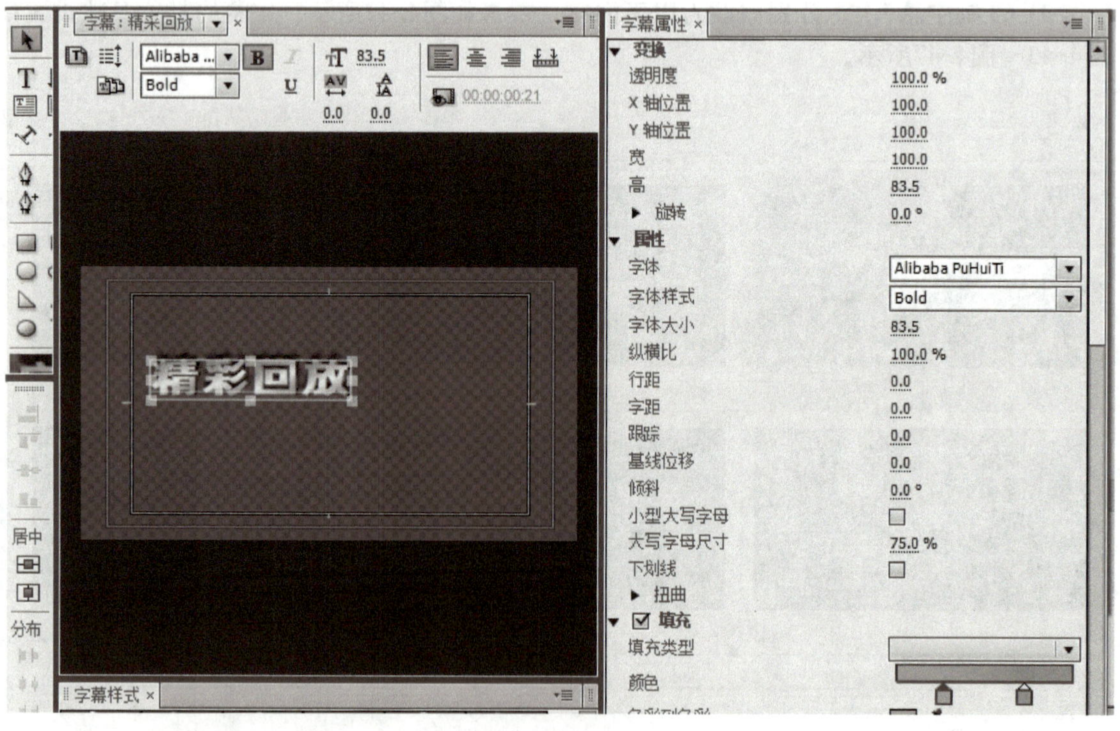

图 4-44

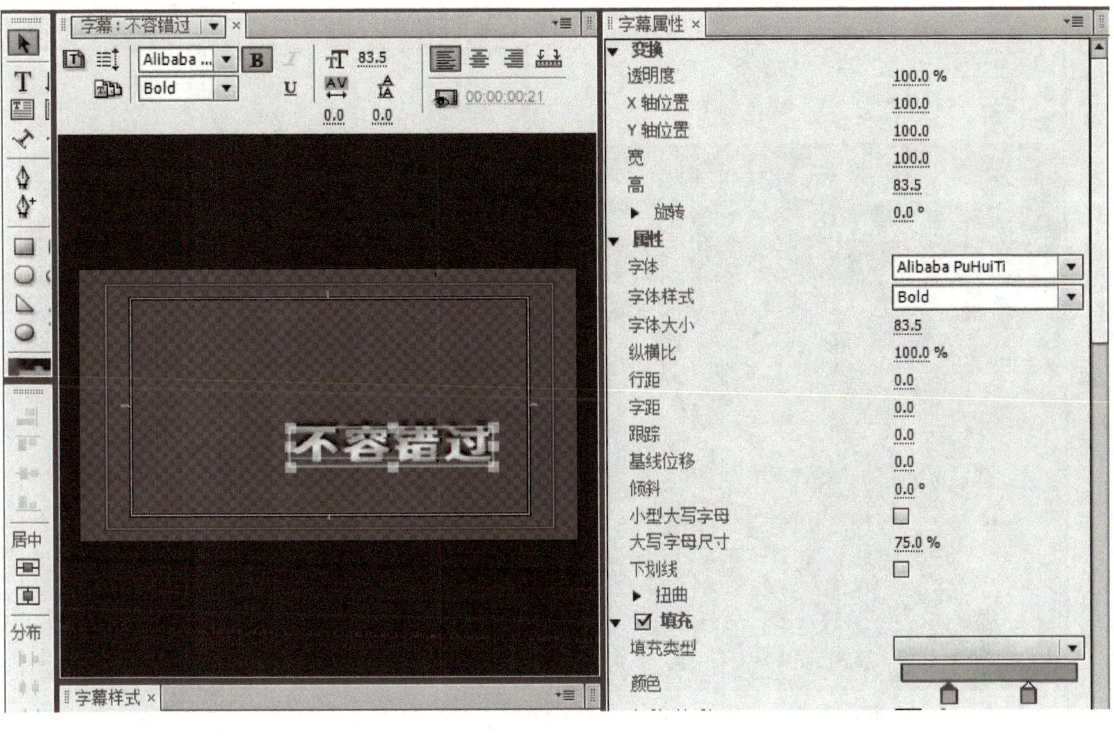

字幕：不容错过
Alibaba ...
Bold
83.5
0.0
0.0
00:00:00:21
不容错过
居中
分布
字幕样式
字幕属性
变换
透明度
100.0 %
X 轴位置
100.0
Y 轴位置
100.0
宽
100.0
高
83.5
旋转
0.0 °
属性
字体
Alibaba PuHuiTi
字体样式
Bold
字体大小
83.5
纵横比
100.0 %
行距
0.0
字距
0.0
跟踪
0.0
基线位移
0.0
倾斜
0.0 °
小型大写字母
大写字母尺寸
75.0 %
下划线
扭曲
填充
填充类型
颜色

字幕：混剪联盟
Alibaba ...
Bold
83.5
0.0
0.0
00:00:00:21
感恩节免费看
居中
分布
字幕样式
字幕属性
变换
透明度
100.0 %
X 轴位置
100.0
Y 轴位置
100.0
宽
100.0
高
83.5
旋转
0.0 °
属性
字体
Alibaba PuHuiTi
字体样式
Bold
字体大小
83.5
纵横比
100.0 %
行距
0.0
字距
0.0
跟踪
0.0
基线位移
0.0
倾斜
30.0 °
小型大写字母
大写字母尺寸
75.0 %
下划线
扭曲
填充
填充类型
颜色

图 4-45

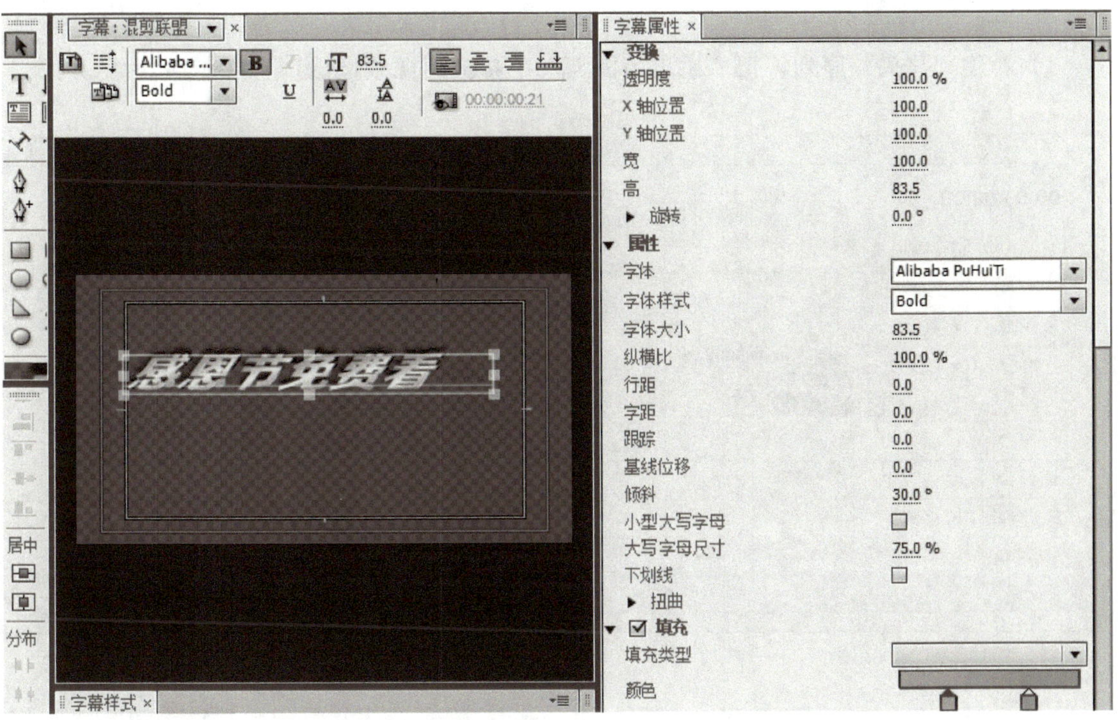

图 4-46

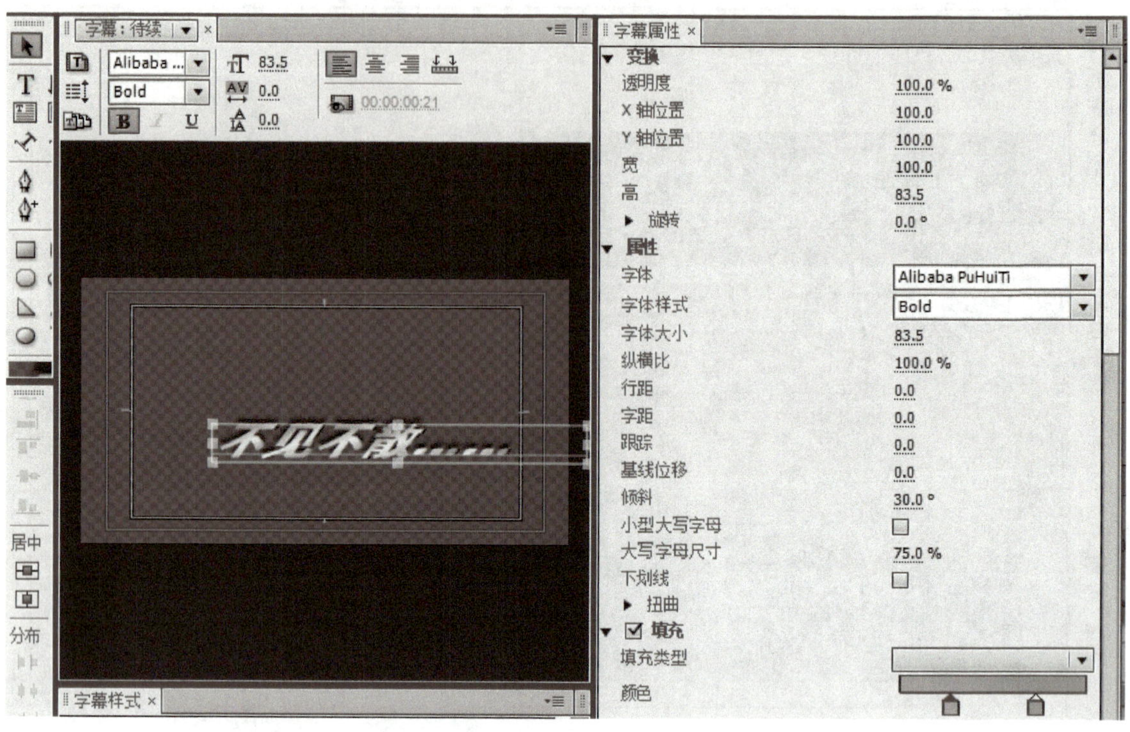

图 4-47

3. 制作片头序列

1）新建“片头”序列，把“感恩节混剪”字幕拖到视频1轨道，如图4-48所示。

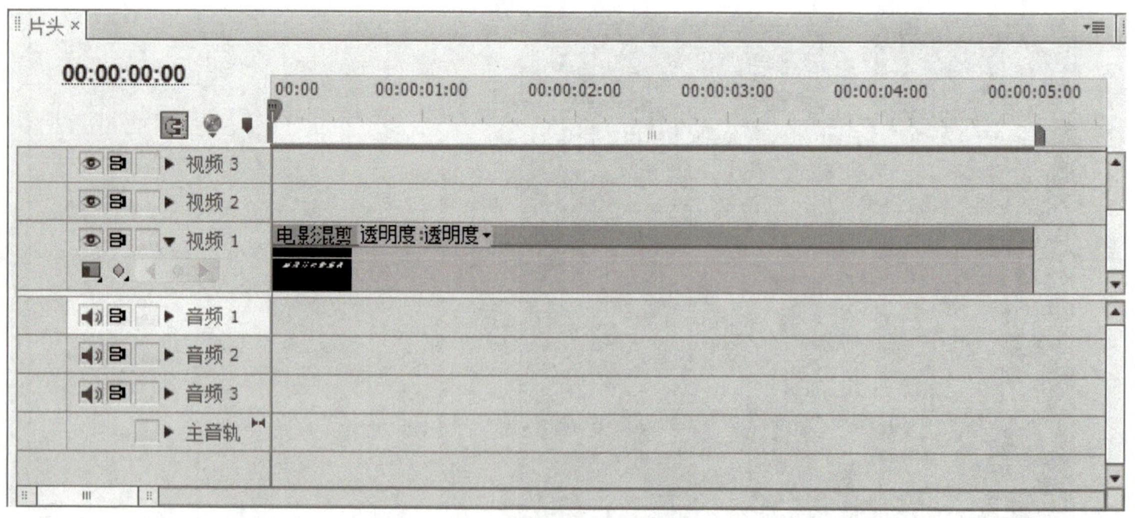

图 4-48

2）给字幕添加特效：镜头光晕、定向模糊，参数如图4-49所示。

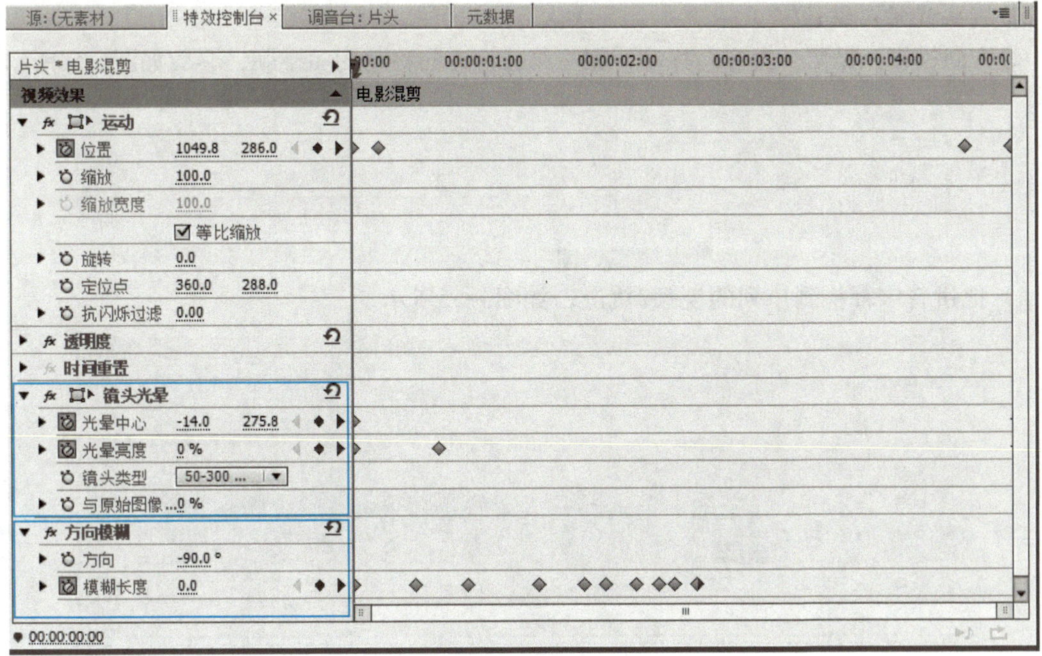

图 4-49

3）特效控制台参数：

① 位置：

时间：00:00:00:00，参数设置如图4-50所示。

图 4-50

时间：00:00:00:05，参数设置如图4-51所示。

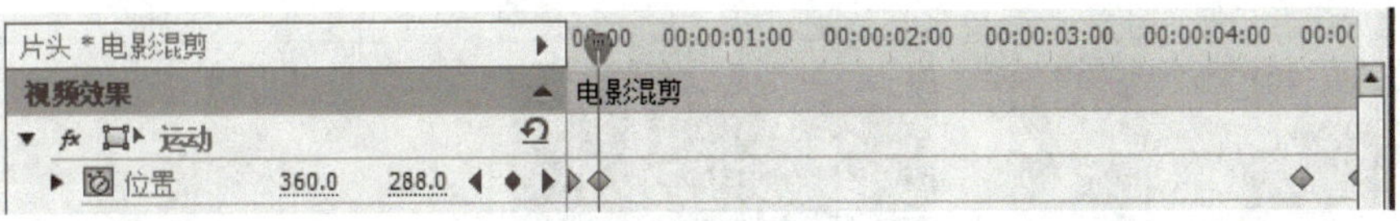

图 4-51

时间：00:00:04:15，参数设置如图4-52所示。

图 4-52

时间：00:00:04:25，参数设置如图4-53所示。

图 4-53

② 镜头光晕：默认

③ 方向模糊：保留一次方向移动，删除第二次方向移动的关键帧，参数如图4-54所示。

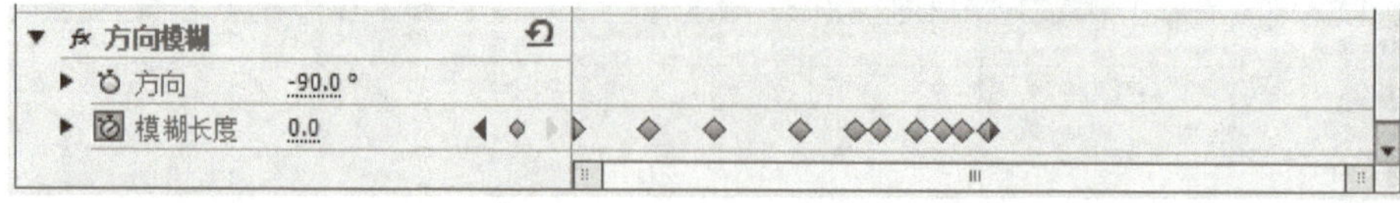

图 4-54

4）把拼音字幕拖到序列的视频2轨道，如图4-55所示。

图 4-55

5）复制视频1轨道的内容，在视频2轨道右击选择“粘贴属性”，使拼音字幕与上一字幕有相同的特效，注意改变位置参数。

4. 新建序列

1）新建素材文件夹，命名为“电影海报拼接”，在文件夹中导入素材“电影海报拼接”“圆圈蒙版”。如图4-56所示。

图 4-56

2）将图片“电影海报拼接”拖到视频1轨道，给视频1添加特效“快速模糊”，调整模糊量参数如图4-57所示。

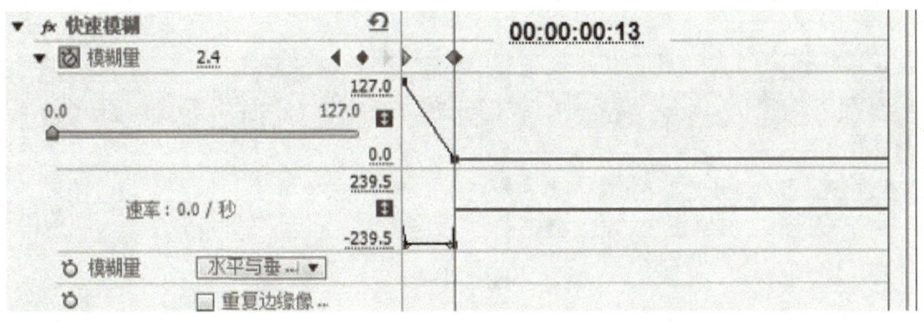

图 4-57

3）设置旋转动画：

时间：00:00:00:00，旋转角度为5°，参数如图4-58所示。

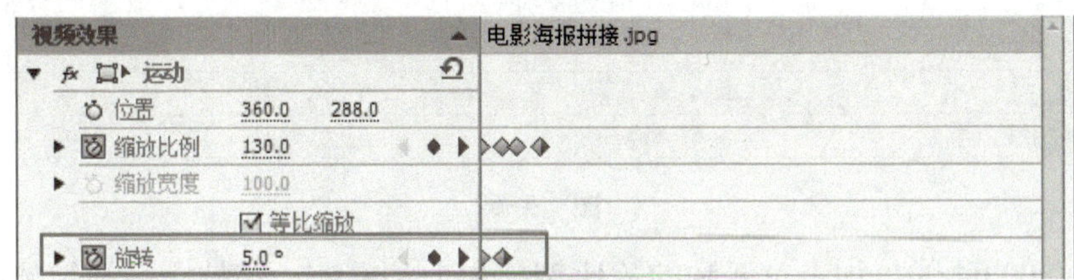

图 4-58

时间：00:00:00:05，旋转角度为0°，参数如图4-59所示。

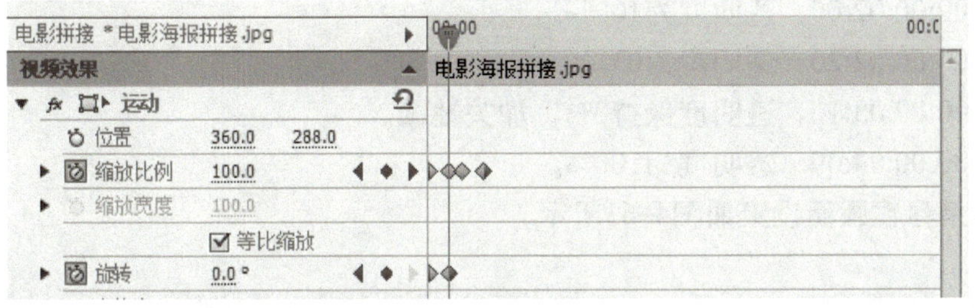

图 4-59

4）设置缩放效果：

时间：00:00:00:00，缩放值为130。

时间：00:00:00:05，缩放值为100。

时间：00:00:00:08，缩放值为110。

时间：00:00:00:13，缩放值为100。

5）将素材“圆圈蒙版”拖到视频轨道2，如图4-60所示。

图 4-60

6）设置视频2的动画：

时间：00:00:00:00，蒙版图片位置在画面左边以外，缩放比例为100，参数如图4-61所示。

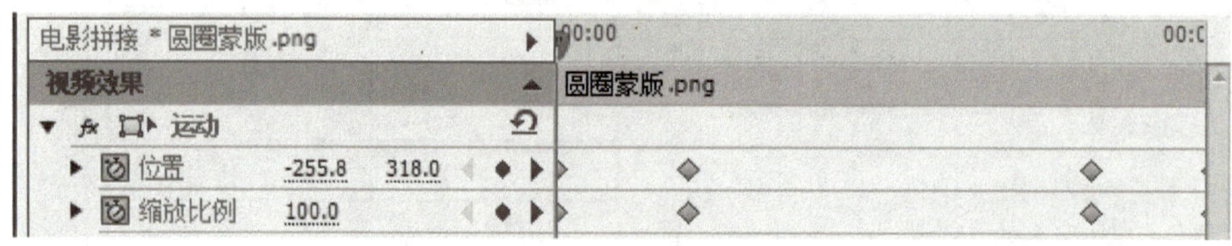

图 4-61

时间：00:00:01:00，蒙版图片位置在画面右边以外，缩放比例为600，参数如图4-62所示。

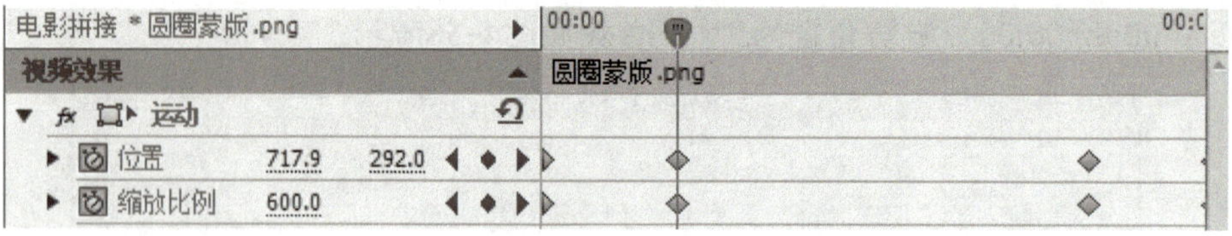

图 4-62

时间：00:00:04:00，加上位置和缩放比例都加上关键帧，保持上一关键帧的参数。

时间：00:00:04:23，蒙版图片位置回到画面左边以外，缩放比例为100，位置为（-255，318）。

时间：00:00:02:00，透明度为100%。

时间：00:00:02:20，透明度为0%。

时间：00:00:03:10，透明度保持0%，加关键帧。

时间：00:00:04:00，透明度为100%。

视频效果参数画面设置如图4-63所示。

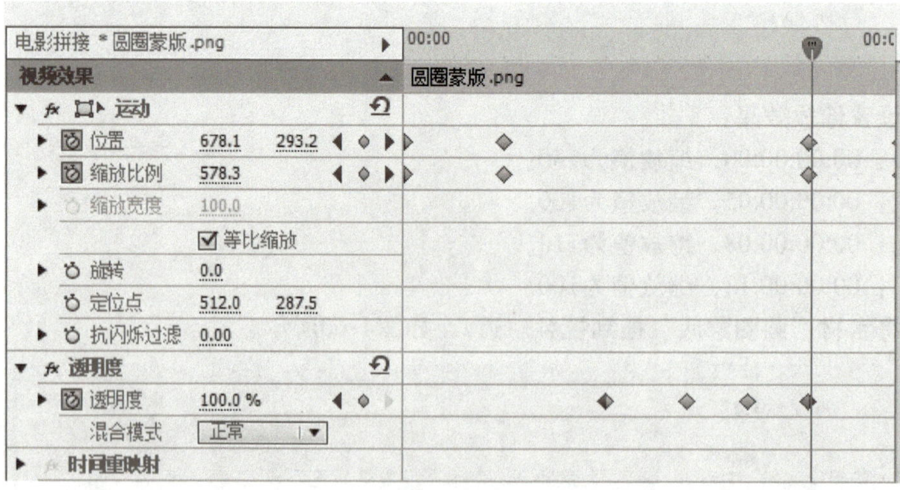

图 4-63

7）单击视频1轨道，加特效“轨道遮罩键”，视频1的遮罩轨道设置为“视频2”，即“圆圈蒙版”，注意，一般作为遮罩蒙版的轨道要在被遮的轨道之上。参数如图4-64所示。

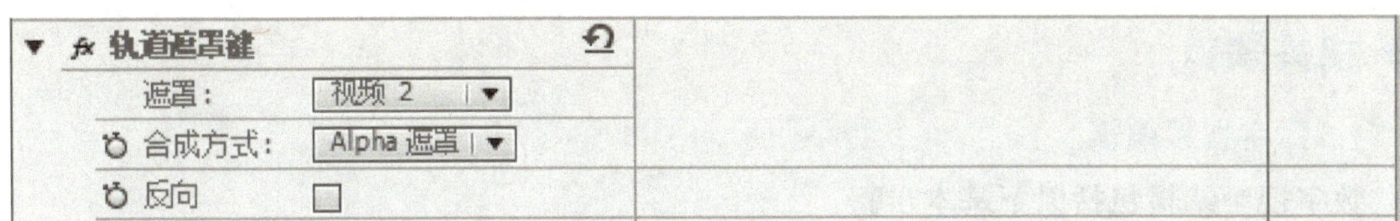

图 4-64

8）将时间点设置为00:00:02:00，把字幕“精彩回放”“不容错过”分别拖到视频4和视频3轨道，并给两个字幕分别添加视频切换特效“交叉伸展”，两个字幕的切换运动方向是相反的，参数如图4-65所示。

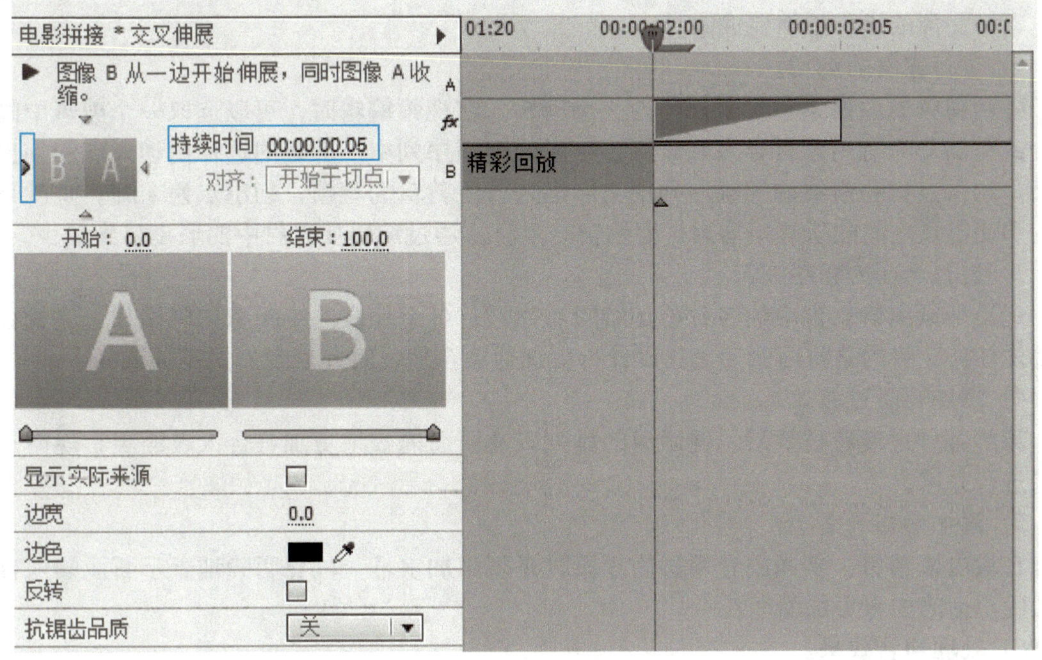

图 4-65

5. 各部电影的剪辑

分别给各部电影新建序列，并根据需要展示的画面，使用“剃刀”工具进行剪辑。

6. 片尾制作

1）复制片头序列，命名为“片尾”。

2）按住<Alt>键将字幕“感恩节免费看”拖到视频1轨道，替换原字幕。

3）按住<Alt>键将字幕“不见不散”拖到视频2轨道，替换原字幕。

提示：按住<Alt>键拖动素材到视频轨道，可以在替换轨道素材的同时保留原有的动画设置效果。

7. 合并所有序列

1）双击打开“混剪”序列，按顺序将“片头”“电影海报拼接”“爱乐之城”“摔跤吧爸爸”“泰坦尼克号”“寻梦环游记”“片尾”依次拖入视频1轨道，给序列之间添加“交叉叠化”的视频切换特效。

2）将“音乐”素材拖入音频2轨道，并适当剪辑。

◆ 相关知识

1. 数字视频编辑

数字视频编辑包括以下基本步骤：

1）准备素材文件。

依据具体的视频剧本以及提供或准备好的素材文件可以更好地组织视频编辑的流程。素材文件包括通过采集卡采集的数字视频AVI文件、由Premiere或其他视频编辑软件生成的AVI和MOV文件、WAV格式的音频数据文件、无伴音的动画FLC或FLI格式文件以及各种格式的静态图像，包括BMP、JPG、PCX、TIF等。电视节目中合成的综合节目就是通过对基本素材文件的操作编辑完成的。

2）进行素材的剪切。

各种视频的原始素材片断都称为一个剪辑。在视频编辑时，可以选取一个剪辑中的一部分或全部作为有用素材导入到最终要生成的视频序列中。剪辑的选择由切入点和切出点定义。切入点指在最终的视频序列中实际插入该段剪辑的首帧，切出点为末帧。也就是说切入和切出点之间的所有帧均为需要编辑的素材，通过编辑使素材中的瑕疵降到最少。

3）进行画面的粗略编辑。

运用视频编辑软件中的各种剪切编辑功能进行各个片段的编辑剪切等操作，完成编辑的整体任务。目的是将画面的流程设计得更加通顺合理，时间表现形式更加流畅。

4）添加画面过渡效果。

添加各种过渡特技效果，使画面的排列以及画面的效果更加符合人眼的观察规律，进一步进行完善。

5）添加字幕（文字）。

在做电视节目、新闻或者采访的片段时必须添加字幕，以更明确地表示画面的内容，使人物说话的内容更加清晰。

6）处理声音效果。

在片段的下方进行声音的编辑（在声道线上），可以调节左右声道或者调节声音的高低、渐近，淡入淡出等效果。这项工作可以减轻编辑者的负担，减少了使用其他音频编辑软件的麻烦，并且制作效果也相当不错。

一般情况下，如果添加的视频轨道自带音频，那么在时间线内可以看到其视频轨道和音频轨道是相关联的。如果需要进行声音处理，可以在视频轨道上右击，选择“解除视频与音频的链接”，这样就可以分开编辑了。

7）生成视频文件。

对建造窗口中编排好的各种剪辑和过渡效果等进行最后生成结果的处理称为编译，经过编译才能生成最终的视频文件。最后编译生成的视频文件可以自动地放置在一个剪辑窗口中进行控制播放，生成的视频文件不仅可以在编辑机上播放，还可以在任何装有播放器的机器上操作观看。生成的视频格式一般为AVI、MP4等。

2. 视频的剪辑技巧

1）单击时间轴与项目栏中间的“剃刀”工具（或者按<C>键），可以看到光标变成了一把小剃刀，单击时间轴上的视频即可剪切分段。把光标换成选择工具，可以对分段的视频进行移动。

2）还可以双击项目栏里的视频，在左上角的源用“{”与“}”对视频进行裁剪，裁剪好后拖动胶卷图标到时间轴即可。如图4-66所示。

图 4-66

3）单击时间轴上的磁铁图标能快速地把视频粘贴。还可以在两个视频之前空白的位置右击选择“波纹”命令删除，快速地把两个视频的首尾连接。

4）为视频添加过渡效果。Premiere自带很多视频过渡效果，单击左下角窗口的“效果”→“视频过渡”命令并拖拽里面的效果到视频的头、尾或者两视频之间，就能实现过渡效果（为音频添加过渡效果的方法与视频相像）。

5）做好的特效可以复制、粘贴到其他视频对象中。例如，有一段视频或图片已经设置好了一个或多个视频特效，那么可以在该视频轨道上右击选择“复制”命令，再到其他视频上右击选择“粘贴属性”命令，这样就不用重复设置特效。

6）轻松替换素材。例如，已经做好的视频效果，如果希望效果不变，只改变图片素材或视频素材，那么可以按住<Alt>键，用鼠标把新的素材直接拖到轨道上相应的视频处再松开鼠标，这样素材就可以轻松地被替换了。

3. Premiere制作快慢镜头特效

在视频轨道上右击视频，找到“素材速度/持续时间”并单击。默认的播放速度是100%，可以把播放速度减小，视频持续时间就会变长，这就是慢镜头特效了。反之，如果把播放速度增大，持续时间就会变短，这就是快镜头特效了。

如果勾选了“倒放速度”则视频会按倒序来播放。如图4-67所示。

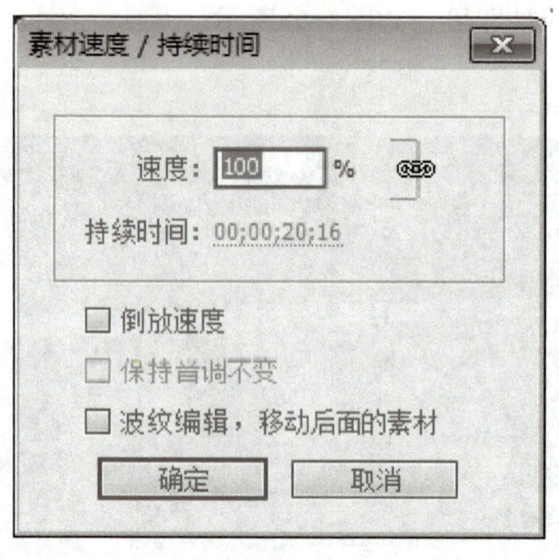

图 4-67

◆ 经验分享

格式工厂的使用

不是所有的音频和视频格式都能正常导入Premiere项目中，如果遇到素材无法导入的情况，可以下载格式工厂，将所需的素材进行格式转换，界面如图4-68所示。

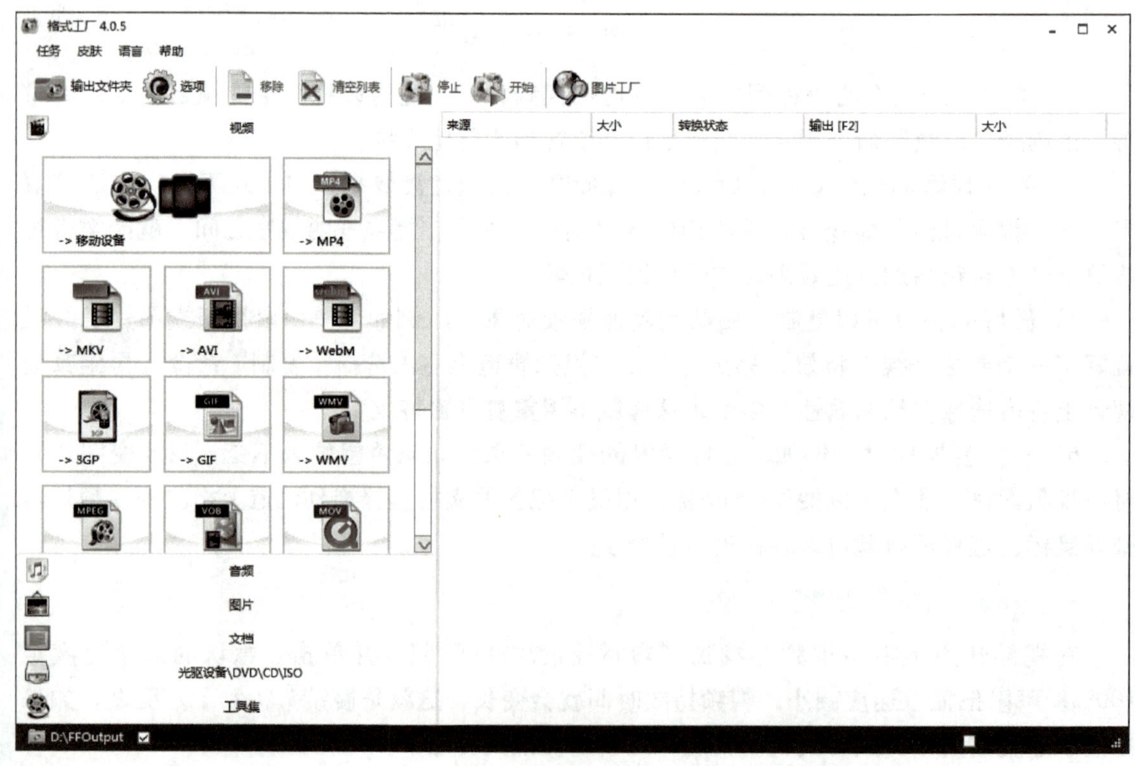

图 4-68

具体步骤如下：

1）将素材拖入格式工厂的窗口，在弹出的窗口中选择所需转换的格式类型，如图4-69所示。

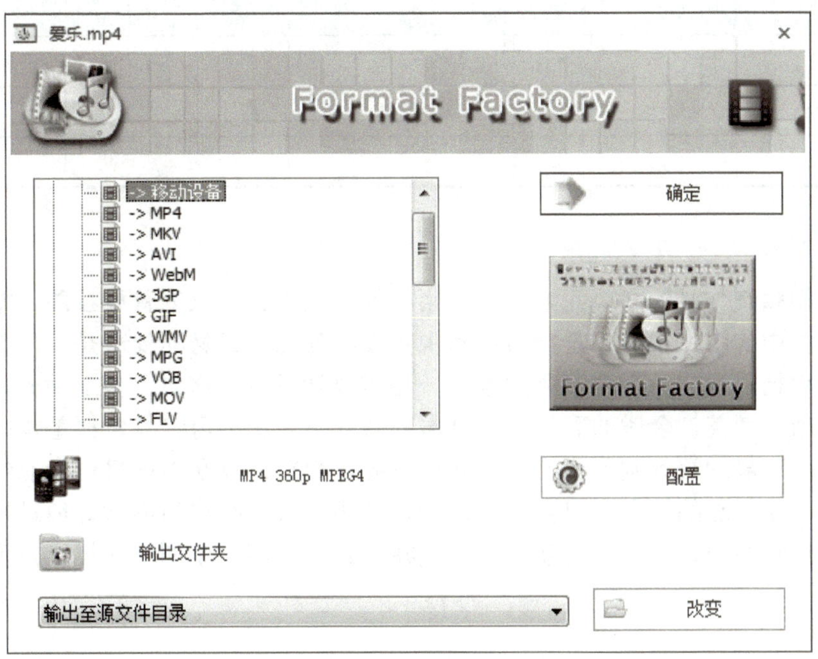

图 4-69

2）单击“开始”按钮转换文件，并存放到原来的目录中。如图4-70所示。

图 4-70

任务评价

评价指标	特效运用	切换运用	视频剪辑	字幕处理
自我评价				
小组评价				
教师评价				

项目小结

素材是视频制作时的必要元素，学会素材处理是制作视频的首要技能。本项目介绍了视频制作过程中的图片素材、音频素材和视频素材处理。素材的处理是一门复杂的课程，所涉及的知识技能远非一个章节所能概括，还需要学习者在这方面多下功夫，才能为视频制作提供清晰、精美、合适的素材。通过本项目的学习，学习者能掌握基本的音频和视频的编辑方法。一般的视频制作中，音频处理主要是剪辑，故在本项目中没有针对音频的特效展开讲解，感兴趣的读者可以自己尝试制作音频特效。在视频素材处理过程中，要对项目内的素材进行归类，对复杂的项目尽量按模块建立不同的序列，这样能方便后期的修改与编辑。

项目五

后期制作

知识要点

- After Effects （AE）合成组的概念及预设参数
- 图层的属性
- 关键帧
- 父子级的概念
- 遮罩的概念
- 预设动画
- 视频渲染及输出的相关参数
- Premiere序列

学习目标

1. 掌握AE合成组的创建及设置
2. 掌握图层属性的设置及关键帧动画的制作
3. 理解并掌握父子级的关系及应用，灵活应用父子级关系制作关键帧动画
4. 能根据要求设置并输出规定格式的视频
5. 掌握Premiere视频编辑合成技术
6. 为视频配置解说词并实现音画同步
7. 能够根据解说词快速制作字幕
8. 完成综合实训的实例制作

任务一《天鹅泡芙》

任务情境

小周在一家广播影视传媒制作公司工作，公司接到一单为大型酒店宣传的项目，拍摄制作的重点是为该酒店的特色品牌点心制作一个视频专辑，前期的策划及拍摄已经结束，现在需要进行后期制作。

任务分析

某市皇冠假日酒店的西式点心——天鹅泡芙是首推的品牌点心，为进一步推广本酒店的西点品牌，要求影视制作公司把点心的制作流程精心打造成精美的视频宣传片，广告宣传视频制作的好坏，直接影响着整个酒店的形象及品牌的销售。作为后期制作人员，对于前期策划及中期拍摄应该适度参与，充分与前期策划及拍摄人员进行沟通，了解企业真实的想法及策划人员的创意，这样才能顺利完成后期合成的任务。

任务实施

一、天鹅泡芙——片头

步骤1：

1）在AE中新建一个总合成层，命名为“片头”，尺寸为（1280×720）px；预设为

“自定义”；像素纵横比为“方形像素”；帧速率为25；持续时间为0:00:06:00，如图5-1所示。

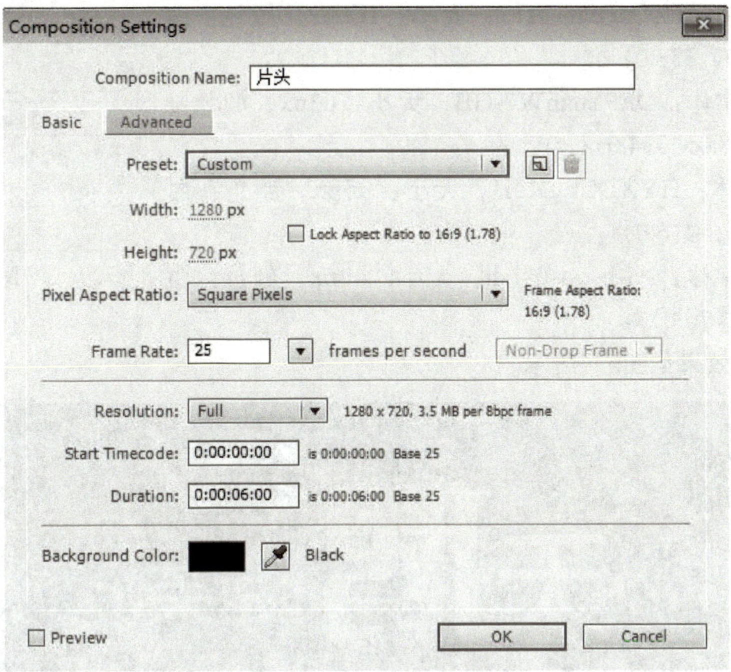

图 5-1

2）再新建一个合成层，命名为“Pre-comp 1”，尺寸为（1280×720）px；预设为“自定义”；像素纵横比为“方形像素”；帧速率为25；持续时间为0:00:06:00，如图5-2所示。

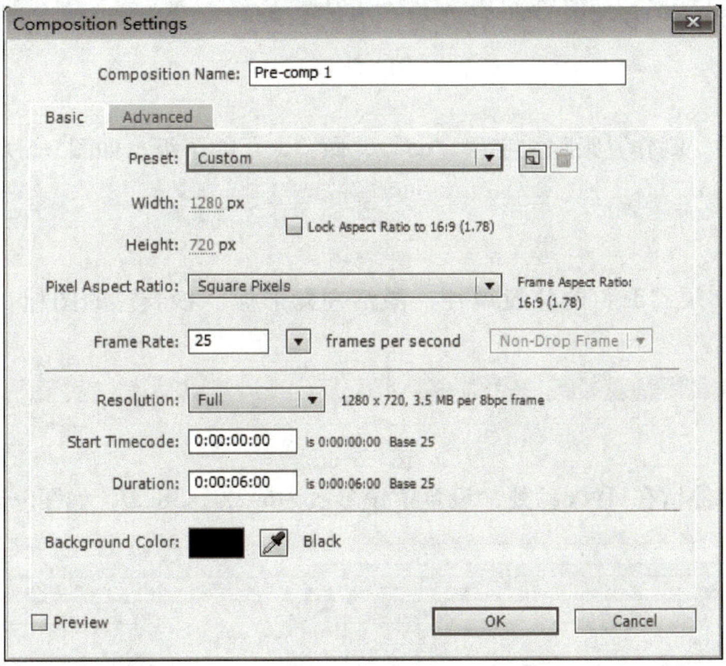

图 5-2

3）在“Pre-comp 1”合成层中，用文字工具分别输入“天”（字体：DFPYuanW7-

GB，大小：122px，颜色：白色，位置：488.0，319.0），如图5-3所示。

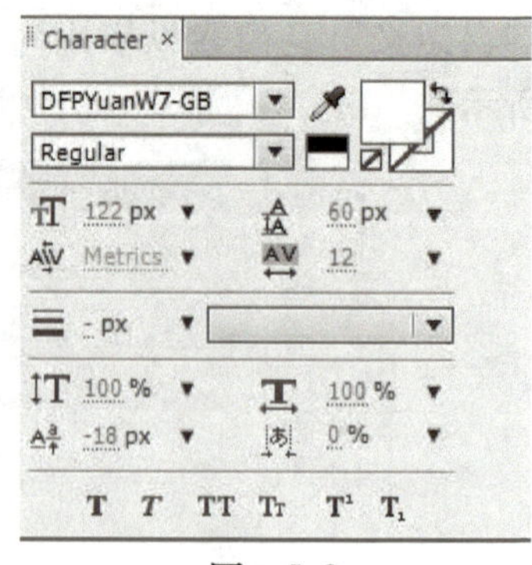

图 5-3

“鹅”（字体：FZCuQian-M17，大小：166px，颜色：白色，位置：625.0，338.0）；

“泡芙”（字体：DFPYuanW7-GB，大小：63px，颜色：白色，位置：798.0，334.0）；

“de”（字体：HYXiXingKaiJ，大小：95px，颜色：白色，位置：642.0，416.0）；

“制作”（字体：-G-h-e-i-0-1-h，大小：42px，颜色：白色，位置：43.0，26.0）；

编辑完成后效果如图5-4所示。

图 5-4

步骤2：

1）将文字层“制作”跟踪文字层“de”，做“de”的子级，如图5-5所示。

图 5-5

2）打开文字层“de”的位置属性，激活左侧形似“秒表”的图标，开始添加关键帧，如图5-6所示。

图 5-6

3）把时间线停留在1秒06帧处，设置位置参数为642.0，382.0，如图5-7所示。

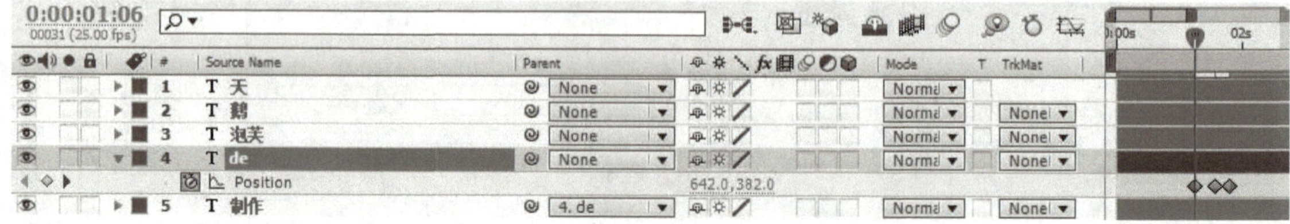

图 5-7

4）将时间线停留在1秒14帧处，设置位置参数为642.0，408.0，最后将时间线停留在1秒20帧处，设置位置参数为642.0，416.0。

5）打开“片头”合成层，使用钢笔工具沿着样片勾画出一个白色的形似“左括号”的形状图层“Shape Layer 1”，如图5-8和图5-9所示。

图　5-8

图　5-9

6）复制形状图层“Shape Layer 1”，复制后的形状图层命名为“Shape Layer 2”，如图5-10所示。

图　5-10

7）选中形状图层“Shape Layer 2”，然后右击找到“Transform（变化）”→“Flip Horizontal（水平翻转）”并选中，如图5-11所示，反转方向后如图5-12所示。

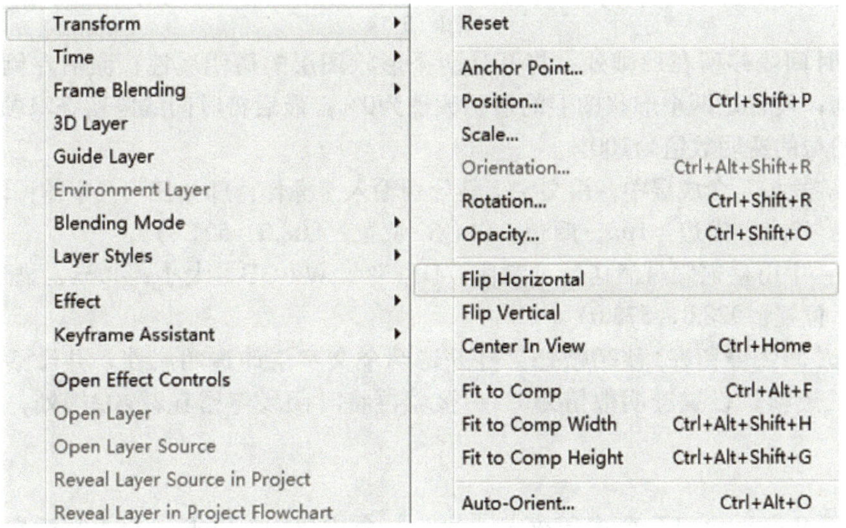

图　5-11

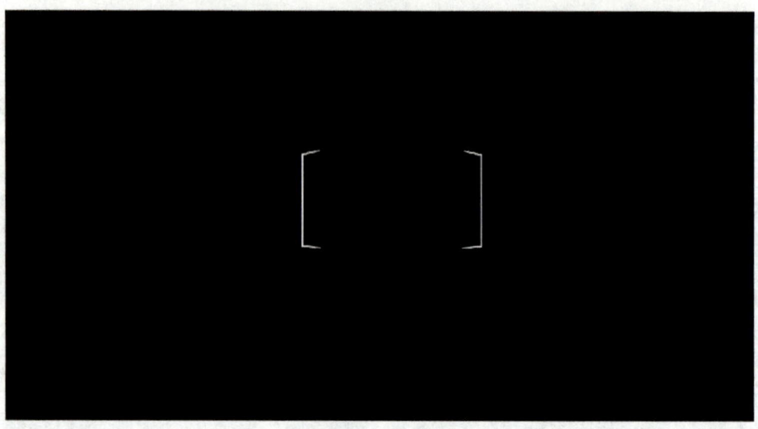

图　5-12

步骤3：

1）打开形状图层“Shape Layer 1”和形状图层“Shape Layer 2”的位置属性，分别设置这两个形状图层的位置数值（做位移效果）。把时间线停留在21帧处，将这两个形状图层左侧的形似“秒表”的图标激活，并开始添加关键帧；位置数值分别为639.0，327.0和643.0，327.0；然后把时间线停留在1秒19帧处，设置位置数值分别为389.0，327.0和947.0，327.0，位移效果就完成了。如图5-13和图5-14所示。

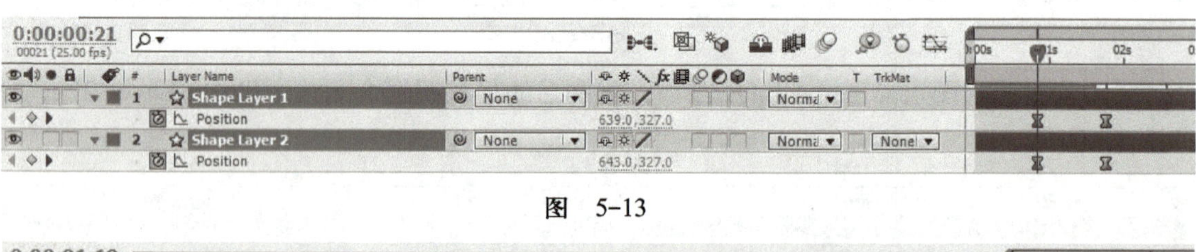

图　5-13

图　5-14

2）将时间线停留在13帧处，打开这两个形状图层的透明属性，激活左侧图标，开始添加关键帧；设置这两个形状图层的透明数值为0%；最后将时间线停留在21帧处，设置这两个形状图层的透明数值为100%。

3）在“片头”合成层中，用文字工具分别输入“操作：邝如任”（字体：DFPYuanW7-GB，大小：43px，描边：1px，颜色：白色，位置：808.0，521.0）；

“单位：中山皇冠假日酒店”（字体：DFPYuanW7-GB，大小：40px，描边：1px，颜色：白色，位置：928.0，573.0）；

4）将时间线停留在1秒20帧处，打开这两个文字层的透明属性，并激活左侧图标，开始添加关键帧；设置透明数值为0%；接着再将时间线停留在2秒02帧处，设置透明数值为100%。

步骤4：

1）将“Pre-comp 1”合成层放入“片头”合成层中，并画一个大小适宜的遮罩，如图5-15所示。

图　5-15

2）将时间线停留在22帧处，按<M>键打开“形状遮罩”并激活左侧图标，添加一个关键帧，如图5-16所示。

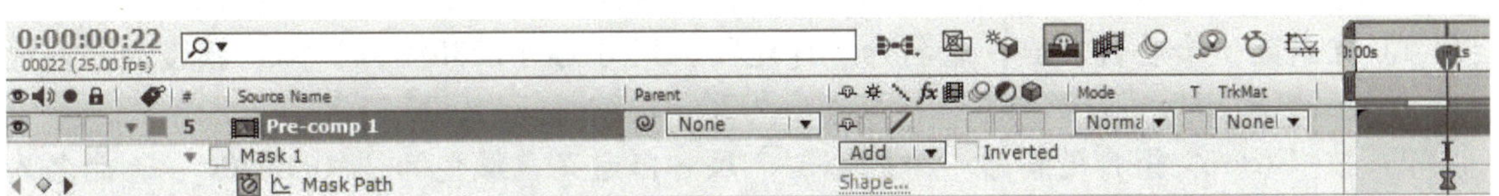

图　5-16

3）单击右侧“shape…”按钮调节数值，上：192px，下：458px，左：640.9px，右：640.9，如图5-17所示。

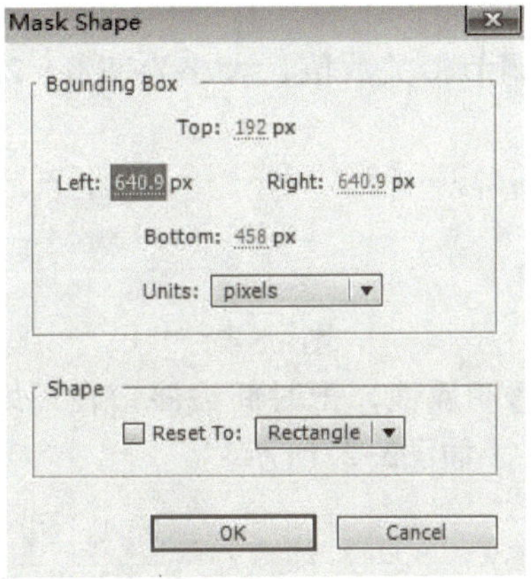

图　5-17

4）将时间线停留在1秒15帧处，添加一个关键帧，如图5-18所示。

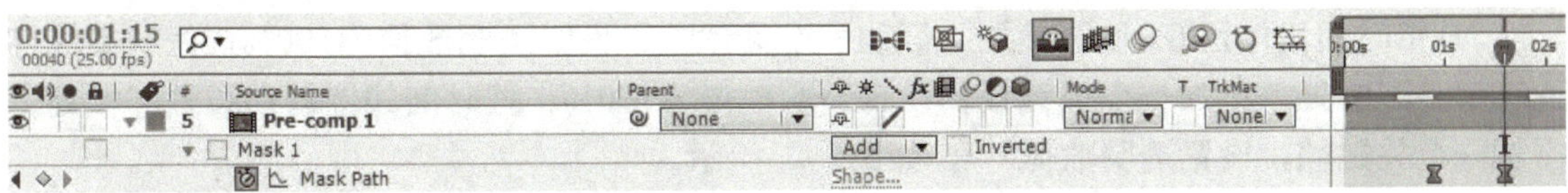

图　5-18

5）单击“shape…”按钮调节数值，上：192px，下：468px，左：432px，右：874px，如图5-19所示。

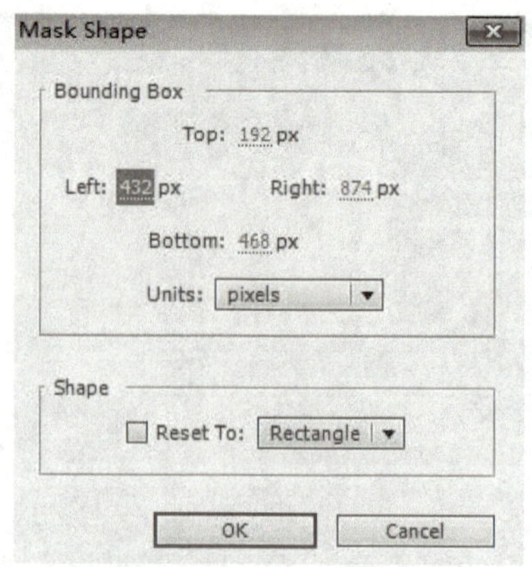

图 5-19

6）最后将“片头背景.mp4”放入“片头”总合成即完成片头。

二、天鹅泡芙——片尾

步骤1：

1）先新建一个总合成层，命名为“片尾”，尺寸为（1280×720）px；预设为“自定义”；像素纵横比为“方形像素”；帧速率为25；持续时间为0:00:31:22。

2）按<Ctrl+Y>组合键新建一个固态层，尺寸自定义，颜色为“#0D0B0C”，命名为“背景”，用作背景层，如图5-20所示。

图 5-20

步骤2：

1）导入“花絮.mp4”并调节相关数值，大小为29.0，29.0，位置为400.0，360.0，如图5-21所示。

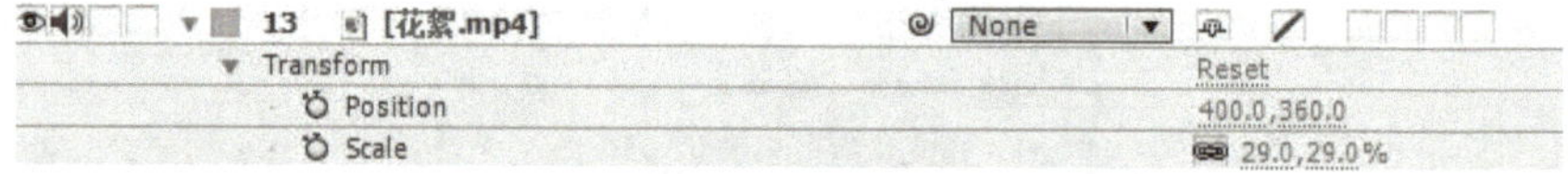

图 5-21

2）打开“花絮.mp4”的透明属性，把时间线停留在1秒处，并激活左侧图标，添加一个关键帧，设置透明数值为0%，如图5-22所示。

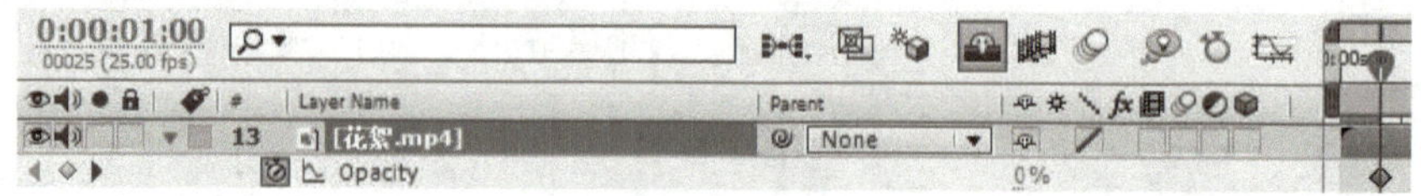

图 5-22

3）把时间线停留在2秒04帧处，添加一个关键帧，设置透明数值为100%；把时间线停留在25秒24帧处，添加一个关键帧，设置透明数值为100%；把时间线停留在27秒09帧处，添加一个关键帧，设置透明数值0%，如图5-23所示。

图 5-23

步骤3：

1）使用文字工具，分别输入“总监”（字体：-G-h-e-i-0-1-m，大小：22px，颜色：白，位置：966.0，324.0）；“胡训华”（字体：-G-h-e-i-0-1-m，大小：33px，颜色：白，位置：975.0，369.0，描边：1px），文字效果如图5-24所示，位置如图5-25所示。

图 5-24

图 5-25

2）打开“总监”“胡训华”这两个文字层的透明属性，然后把时间线停留在4秒21帧处，添加一个关键帧，设置透明数值为0%；接着选中这两个文字层，然后按<Alt+[>键将这两个文字层剪切，如图5-26所示。

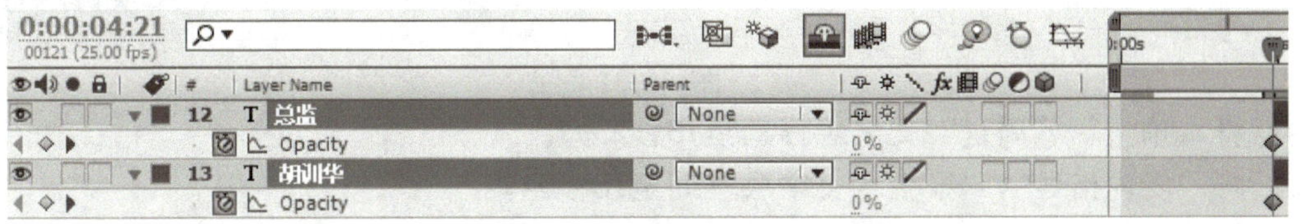

图 5-26

3）把时间线停留在5秒16帧处，添加一个关键帧，设置透明数值为100%；把时间线停留在8秒12帧处，添加一个关键帧，设置透明数值为100%，如图5-27所示。

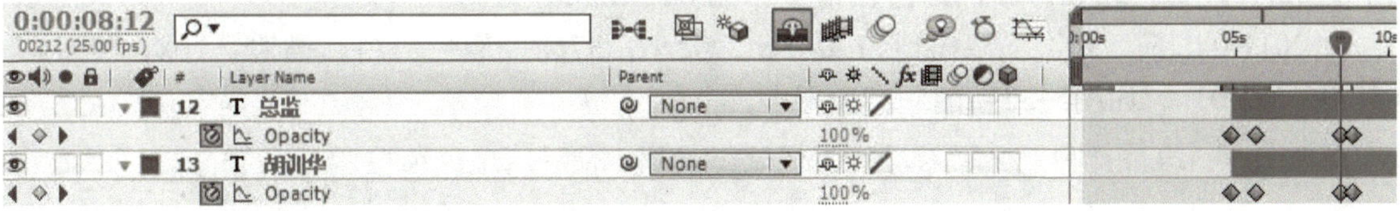

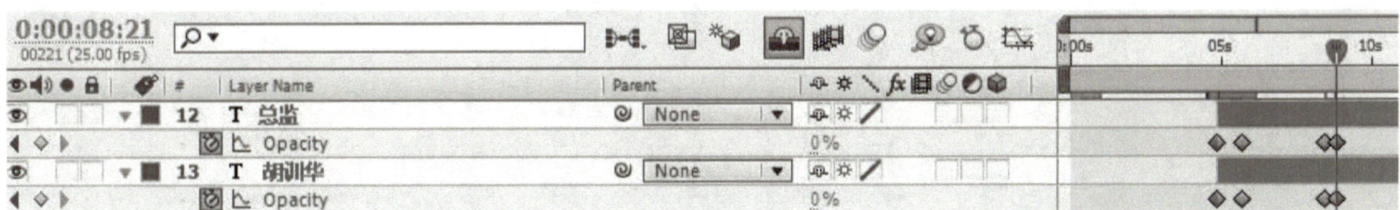

图 5-27

4）把时间线停留在8秒21帧处，添加一个关键帧，设置透明数值为0%，如图5-28所示。

图 5-28

步骤4：

1）按<Ctrl+D>组合键，将“总监”“胡训华”文字层复制4遍，如图5-29所示。

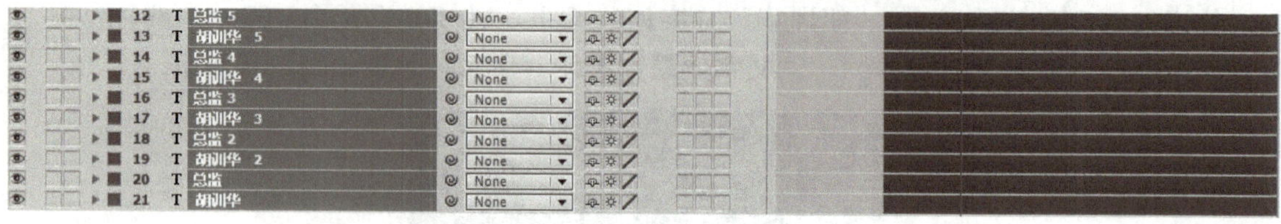

图 5-29

2）将复制后的文字层分别改成：

“导演”“周童”（位置：956.0，333.0；947.0，380.0。除位置改变外其余数值不变，下面的文字层也是如此），如图5-30所示。

图 5-30

“拍摄”“周童”（位置：973.0，332.0；959.0，369.0）。

“场内指导”“张生”（位置：978.0，331.0；973.0，371.0）。

“技术顾问”“林彩霞”（位置：978.0，331.0；973.0，371.0）。

3）将“导演”“周童”文字层移动至9秒09帧，如图5-31所示。

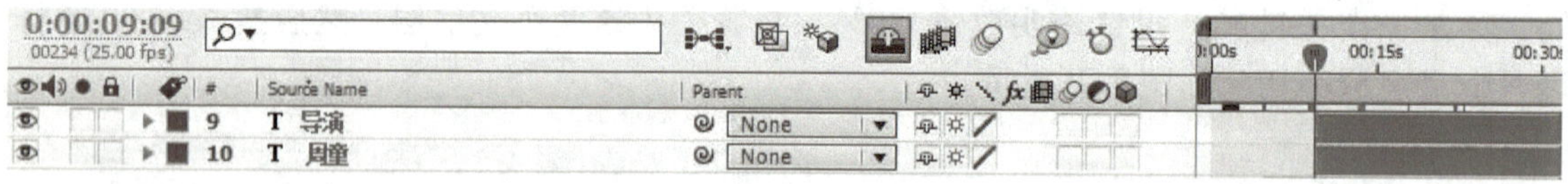

图 5-31

4）将“拍摄”“周童”文字层移动至13秒23帧。

5）将“场内指导”“张生”文字层移动至18秒04帧。

6）将“技术顾问”“林彩霞”文字层移动至22秒23帧。

步骤5：

1）使用文字工具，分别输入“广东省中山市建斌中等职业技术学校”（字体：-G-h-e-i-0-1-m，大小：32px，颜色：白，位置：634.0，305.0）；

“2017.04.25”（字体：-G-h-s-n-0-0-m，大小：37px，颜色：白，描边：1px，位置：628.0，382.0），如图5-32和图5-33所示。

2 T 2017.04.25 Position 628.0,382.0

图 5-32

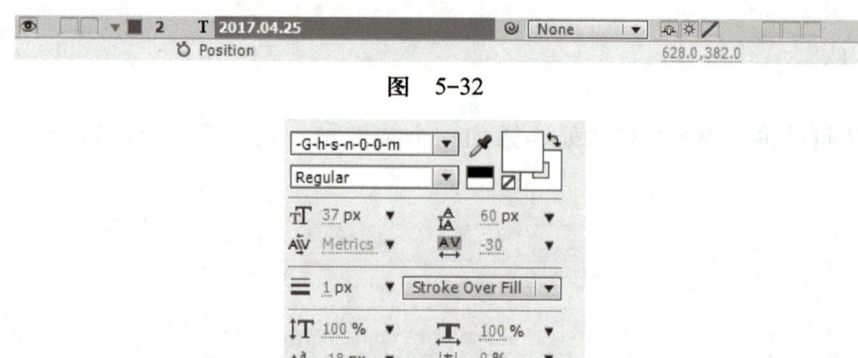

图 5-33

2）打开“广东省中山市建斌中等职业技术学校”的透明属性，把时间线停留在27秒12帧处，并激活左侧图标，添加一个关键帧，设置透明数值为0%；把时间线停留在28秒04帧处，设置透明数值为100%；把时间线停留在31秒03帧处，设置透明数值为100%；把时间线停留在31秒12帧处，设置透明数值为0%，如图5-34所示。

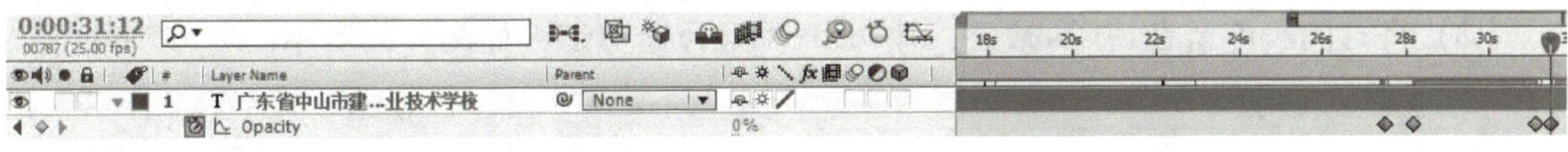

图 5-34

步骤6：

打开“2017.04.25”的透明属性，把时间线停留在27秒14帧处，并激活左侧图标，添加一个关键帧，设置透明数值为0%；把时间线停留在28秒04帧处，设置透明数值为100%；把时间线停留在31秒06帧处，设置透明数值为100%；把时间线停留在31秒14帧处，设置透明数值为0%；片尾即完成，如图5-35所示。

图 5-35

三、天鹅泡芙——主片AE部分

片中部分内容要导入Premiere中，所以不用导出，所有的合成都不需要背景。

1. 片中t1

步骤1：

1）先新建一个合成层，命名为“片中t1”，尺寸为（1280×720）px；预设为“自定义”；像素纵横比为“方形像素”；帧速率为25；持续时间为0:00:15:21，如图5-36所示。

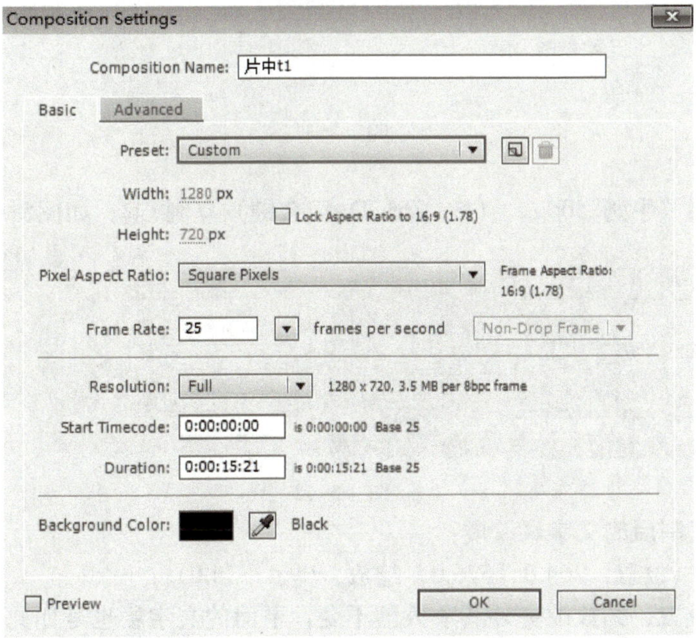

图 5-36

2）使用文字工具输入“牛奶 500g”（字体：DFPYuanW3-GB，大小：54px，颜色：黑，缩放:74.0，74.0，位置：292.0，576.0），如图5-37所示。

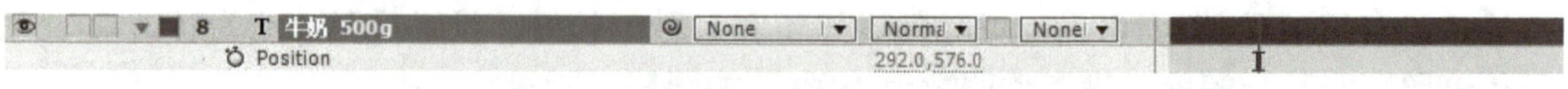

图 5-37

3）将时间线停留在1秒24帧处，按<Alt+[>组合键剪切，如图5-38所示。

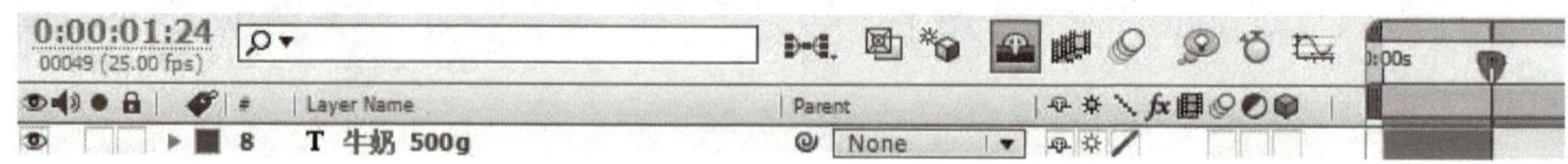

图 5-38

4）在特效窗口搜索（预设）“foggy”，然后将它拖到“牛奶 500g”文字层上，如图5-39和图5-40所示。

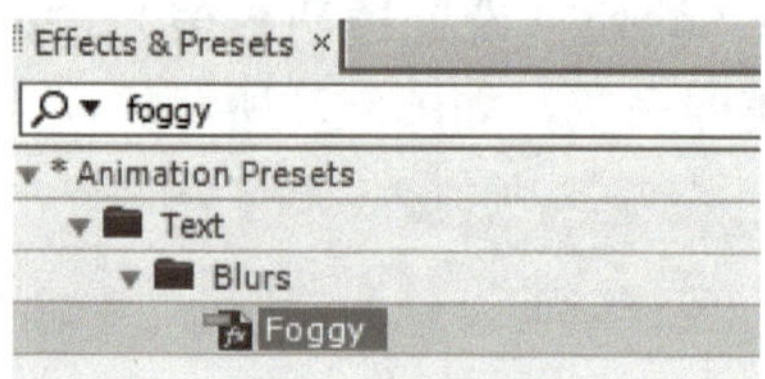

图 5-39

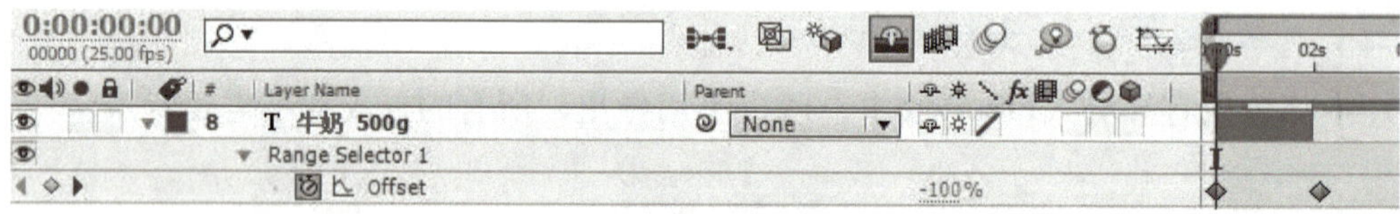

图 5-40

5）把这个特效的第2个关键帧，移到第12帧的位置，如图5-41所示。

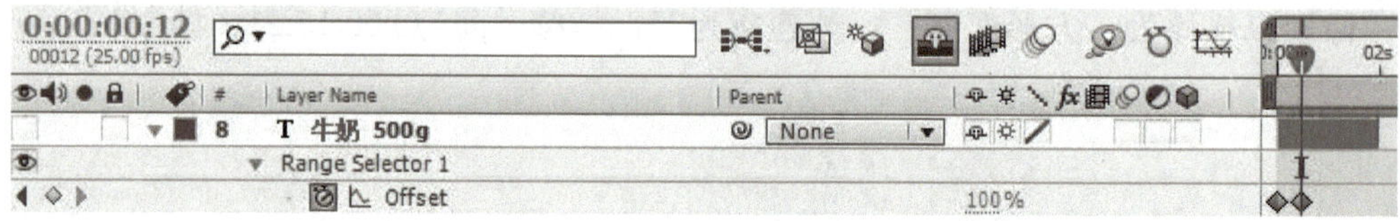

图 5-41

步骤2：

1）将文字层“牛奶 500g”（按<Ctrl+D>组合键）复制7遍，如图5-42所示。

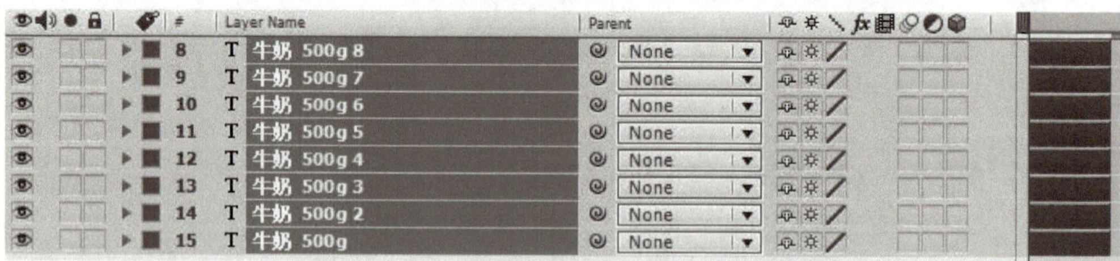

图 5-42

2）分别将复制后的文字层改成：

“水 500g”（位置：264.0，576.0，缩放：69.4，74.0）；

（备注：除位置、缩放改变外其余数值不变，下面的文字层也是如此。）

“黄油 500g”（位置：292.0，574.0，缩放：74.0，74.0）；

"低筋面粉 500g"（位置：338.0，576.0，缩放：74.0，74.0）；
"吉士粉 100g"（位置：298.0，576.0，缩放：74.0，74.0）；
"细砂糖 20g"（位置：302.0，576.0，缩放：71.7，74.0）；
"盐 20g"（位置：250.0，576.0，缩放：69.4，74.0）；
"鸡蛋 18个"（位置：286.0，576.0，缩放：68.9，74.0）；
预览效果如图5-43所示，位置属性如图5-44所示，缩放属性如图5-45所示。

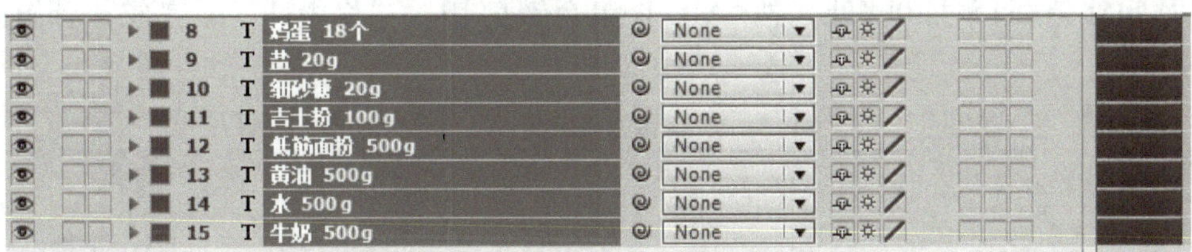

图 5-43

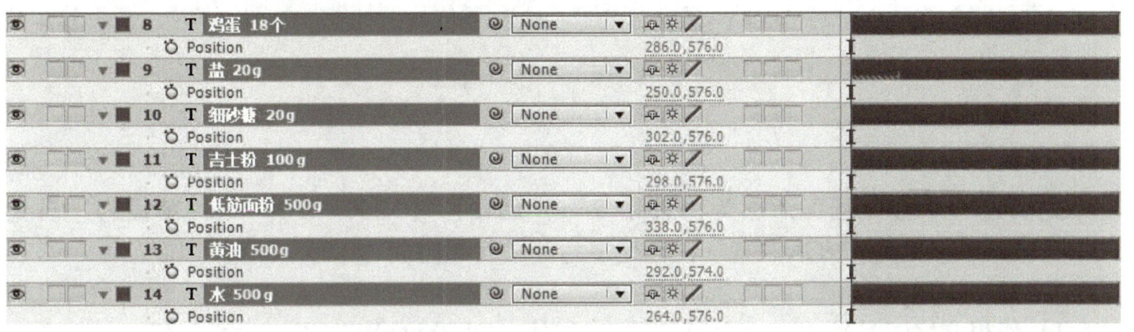

图 5-44

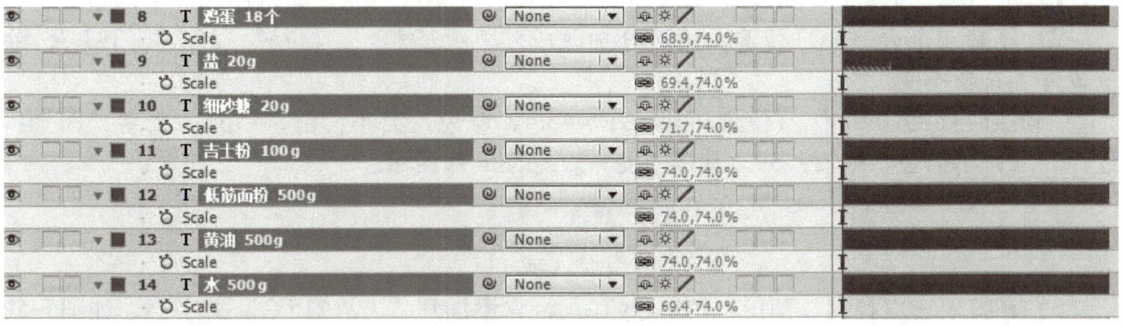

图 5-45

步骤3：

1）将文字层"水 500g"移至2秒01帧处，然后将时间线停在4秒03帧处，按<Alt+]>组合键剪切，如图5-46和图5-47所示。（备注：如果文字层不够长，请自行拉长。）

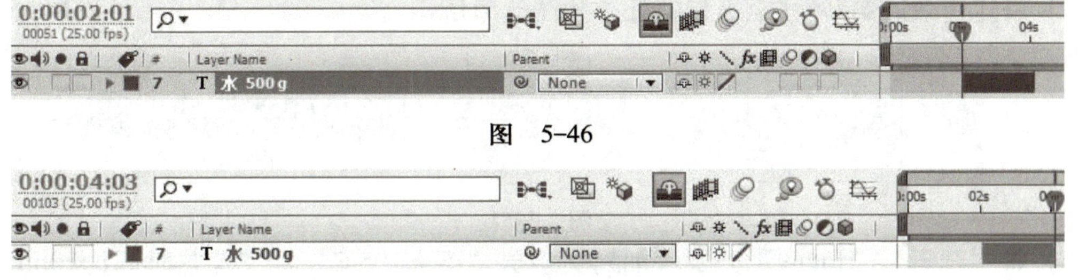

图 5-46

图 5-47

2）将文字层“黄油 500g”移至4秒04帧处，然后将时间线停在6秒03帧处，按<Alt+]>组合键剪切。将文字层“低筋面粉 500g”移至6秒04帧处，然后将时间线停在8秒09帧处，按<Alt+]>组合键剪切。将文字层“吉士粉 100g”移至8秒09帧处，然后将时间线停在10秒13帧处，按<Alt+]>组合键剪切。将文字层“细砂糖 20g”移至10秒14帧处，然后将时间线停在12秒12帧处，按<Alt+]>组合键剪切。将文字层“盐 20g”移至12秒12帧处，然后将时间线停在13秒24帧处，按<Alt+]>组合键剪切。将文字层“鸡蛋 18个”移至14秒处，然后将时间线停在15秒20帧处，按<Alt+]>组合键剪切。“片中t1”即完成，预览效果如图5-48所示。

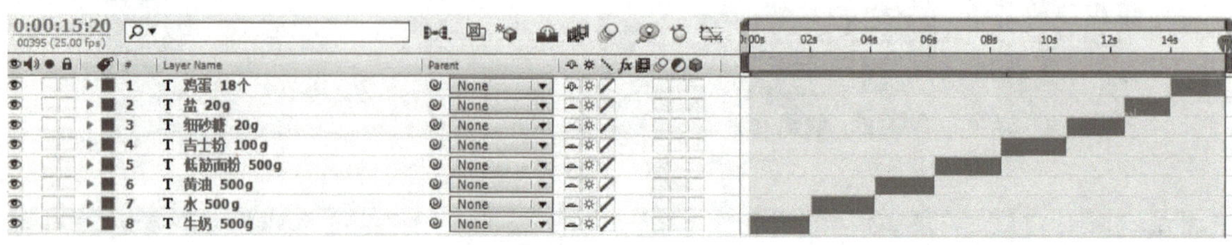

图 5-48

2. 片中t2

步骤1：

先新建一个合成层，命名为“片中t2”，尺寸为（1280×720）px；预设为“自定义”；像素纵横比为“方形像素”；帧速率为25；持续时间为0:00:07:16。

步骤2：

1）使用文字工具输入“上火215℃”（字体：DFPYuanW7-GB，大小：43px，颜色：白，描边：1px，位置：318.7，319.7，其中“215”大小：54px，颜色：红，不描边）。

2）复制“上火215℃”2遍，然后分别改成“下火195℃”（位置：320.7，387.7，除位置外，其余不变）。

“预热时间约10min”（位置：330.9，445.4，颜色及大小：白，44px；文字“10”：红，54px；不描边，缩放：59，其余不变），如图5-49所示。

图 5-49

3）在特效窗口找到（预设）“foggy”，将它添加到“上火215℃”文字层，如图5-50所示。

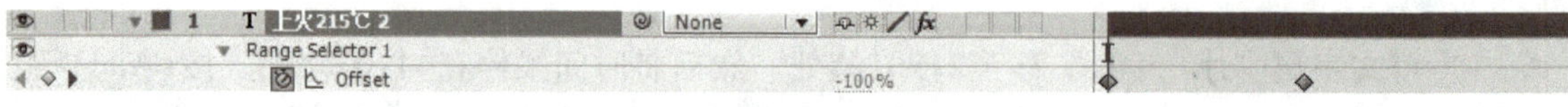

图 5-50

4）将这特效的第2帧移至第13帧处，如图5-51所示。

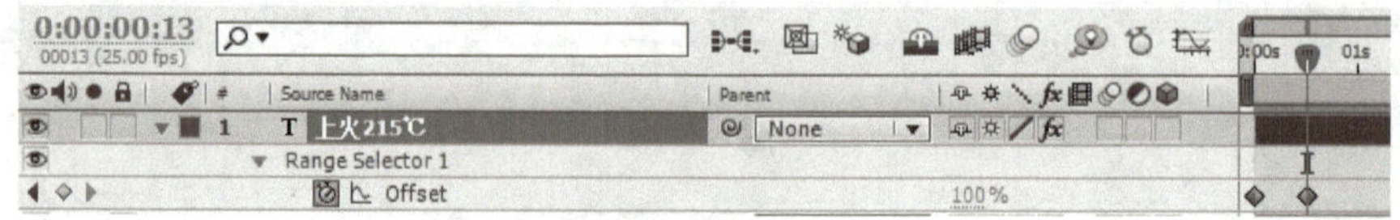

图 5-51

5）将（预设）“foggy”分别添加到文字层“下火195℃”和“预热时间约10min”，如图5-52所示。

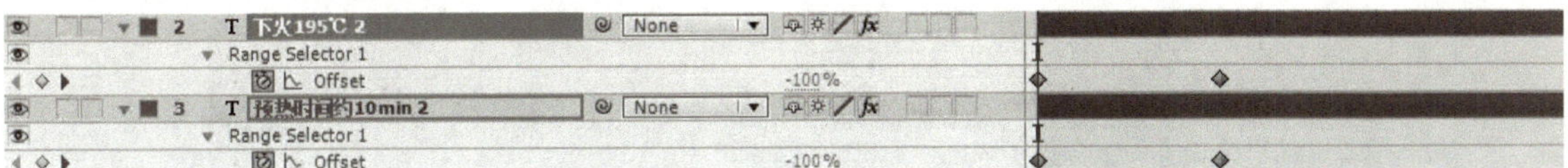

图 5-52

6）将文字层“下火195℃”预设（foggy）帧调节，如图5-53和图5-54所示。

第一帧：2秒09；第二帧：2秒22。

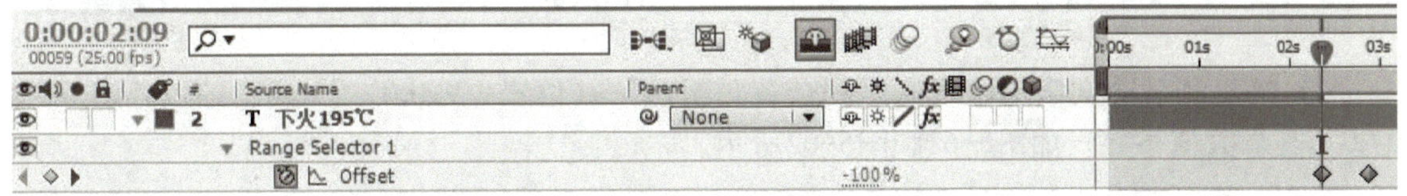

图 5-53

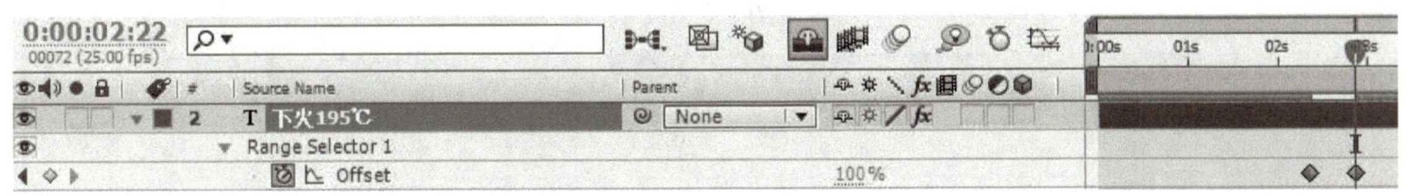

图 5-54

7）将文字层“预热时间约10min”预设（foggy）帧调节，如图5-55和图5-56所示。

第一帧：4秒23；第二帧：5秒11。片中t2即完成。

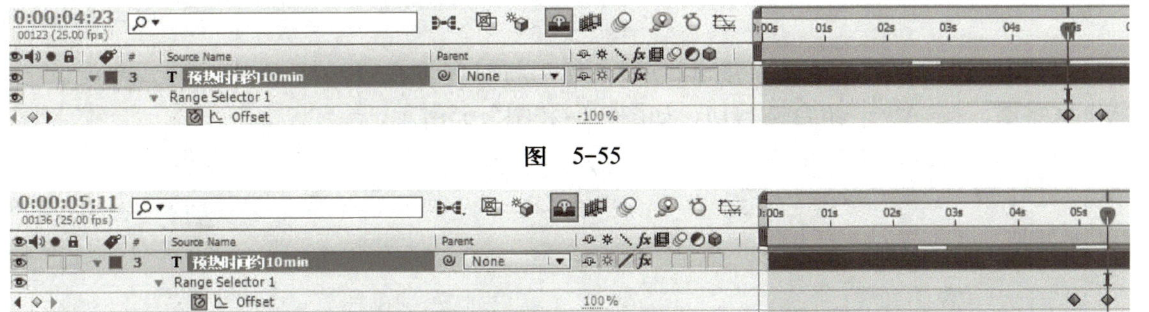

图 5-55

图 5-56

3. 片中t3

步骤1：

新建一个合成组，命名为“片中t3”，尺寸为（1280×720）px；预设为“自定义”；像素纵横比为“方形像素”；帧速率为25；持续时间为0:00:19:23。

步骤2：

1）使用文字工具输入“烤制20分钟”（字体：DFPYuanW5-GB，大小：53px，颜色：白，位置：352.0，380.0，缩放：68.9，74.0），如图5-57和图5-58所示。

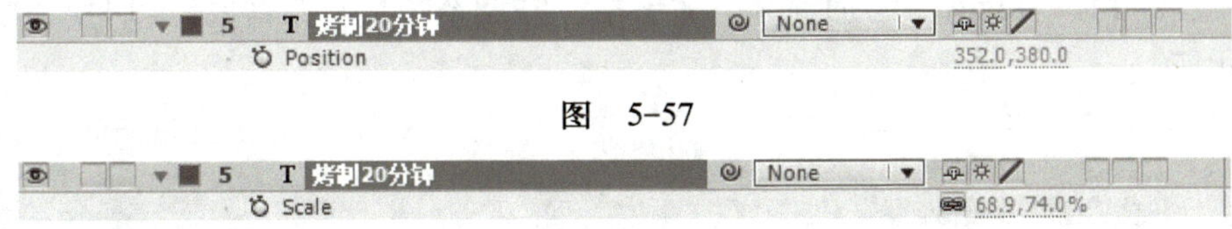

图 5-57

图 5-58

2）将（预设）“foggy”添加到这个文字层，将第2帧移至12帧处，如图5-59所示。

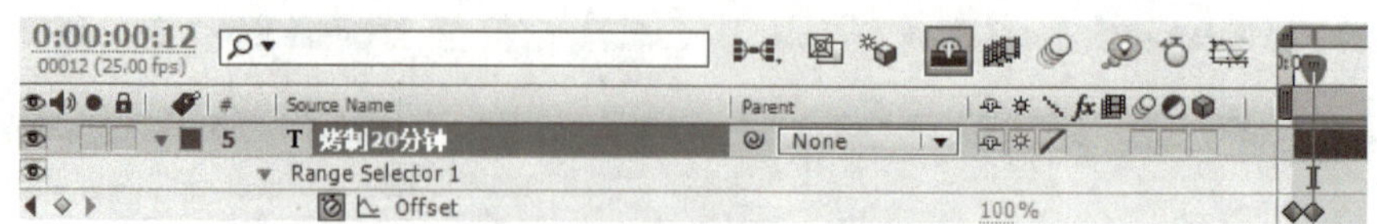

图 5-59

3）按<Ctrl+D>键复制这个文字层，如图5-60所示。

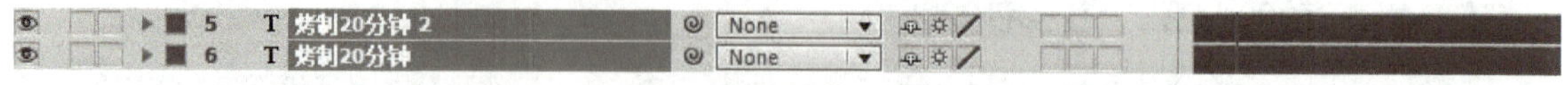

图 5-60

4）将复制后的文字层改成“烤到金黄色至熟”（位置：990.0，216.0，缩放：61.9，67.0，其余数值不变）如图5-61和图5-62所示。

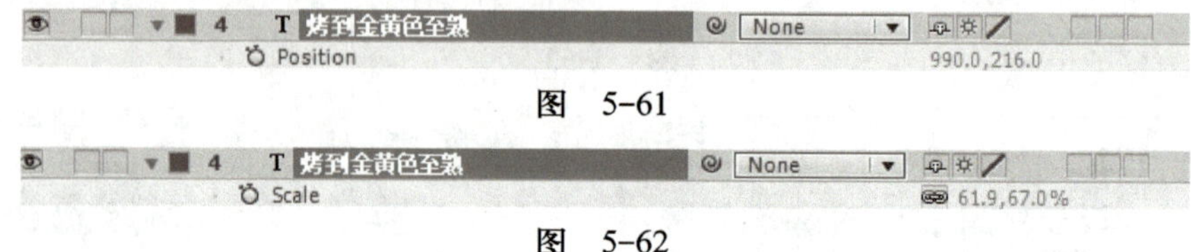

图 5-61

图 5-62

步骤3：

1）将时间线停在1秒03处，按<Alt+]>组合键剪切，如图5-63所示。

图 5-63

2）将“烤到金黄色至熟”移至2秒17，然后将时间停在9秒01，选中“烤到金黄色至熟”文字层，按<Alt+]>组合键剪切，如图5-64和图5-65所示。

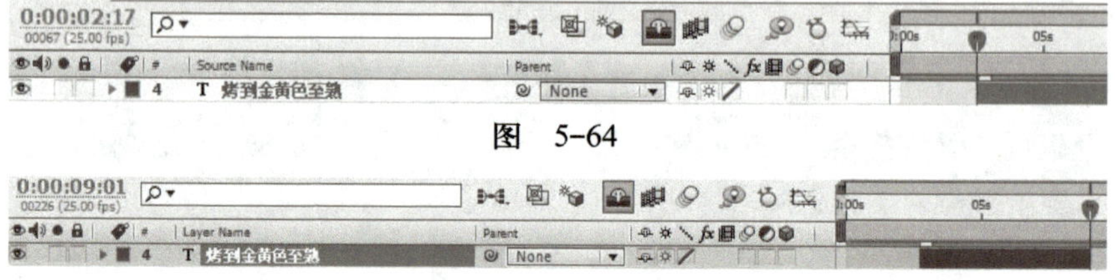

图 5-64

图 5-65

步骤4：

1）新建文字层“即溶吉士粉 300g”（字体：DFPYuanW3-GB，大小：54px，颜色：黑，位置：310.0，534.0，缩放：59.0，59.0），将它移至14秒01处，如图5-66所示。

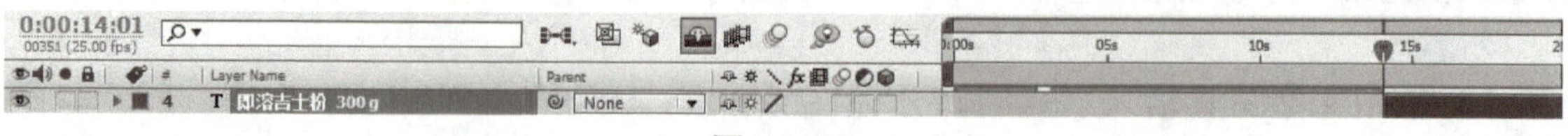

图 5-66

2）将（预设）“foggy”添加到这个文字层，并调节帧，将第2帧移至14秒15帧处，如图5-67所示。

图 5-67

3）将这个文字层复制2遍，并把它改成“牛奶 1000g”（位置：262.0，534.0，其余不变），将它移至16秒09；“淡奶油 1000g”（位置：282.0，532.0，其余不变），将它移至18秒02；将时间停在18秒02，选中文字层“牛奶 1000g”，并用<Alt+]>组合键剪切；预览输入效果，如图5-68所示。片中t3即完成。

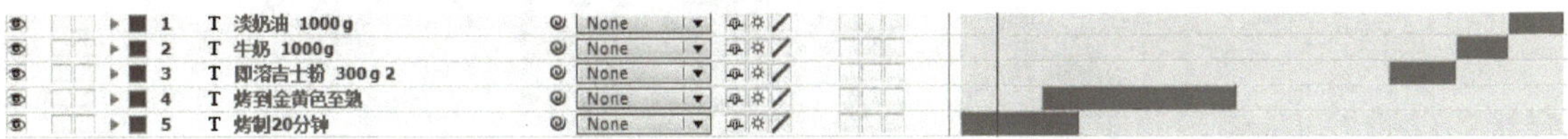

图 5-68

四、主片视频剪辑

1）新建大小为（1280×720）px的Premiere文件，命名为“天鹅泡芙”，如图5-69和图5-70所示。

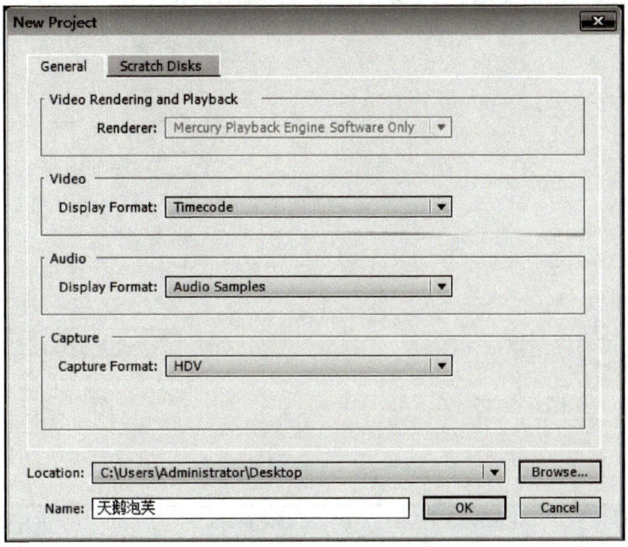

图 5-69

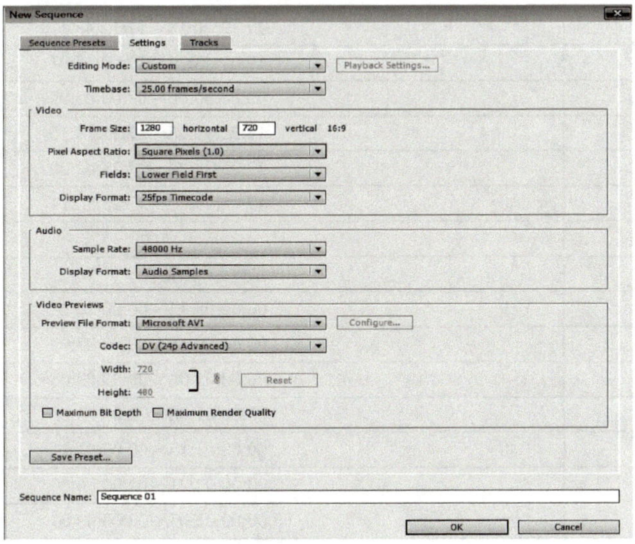

图 5-70

2）将需要的素材导入，然后开始剪辑，如图5-71所示。

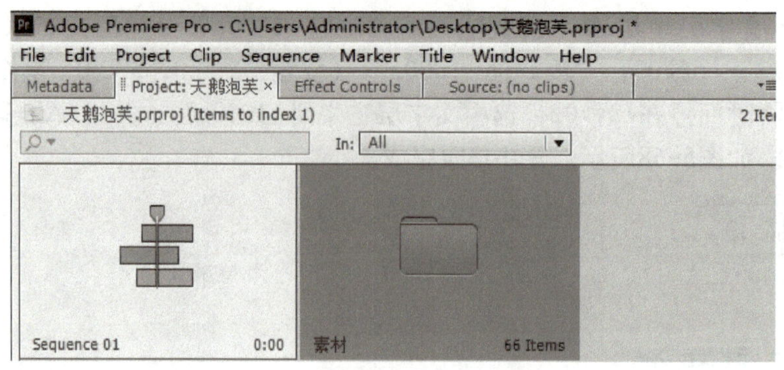

图 5-71

3）视频剪辑顺序见表5-1。（素材如果过长或过短请自行加速或减速，如图5-72和图5-73所示，视频大小及位置请自行参照原样片调节。）

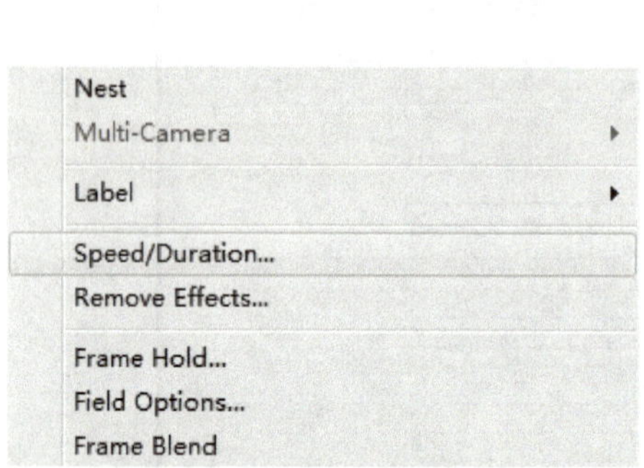

图 5-72

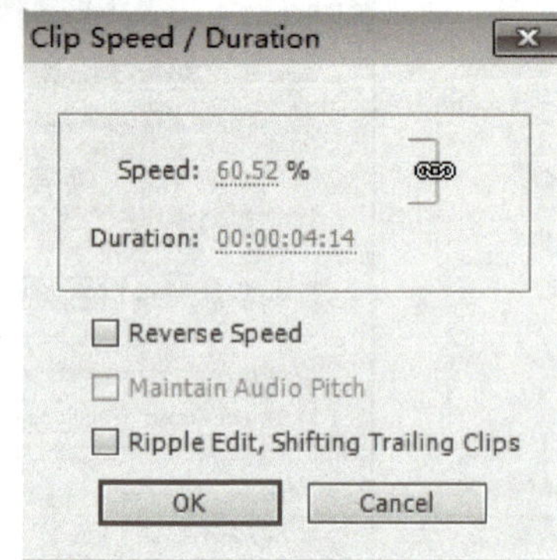

图 5-73

表5-1 视频剪辑顺序

素材编号	素材剪切时间
1	17:10:06:29～17:10:09:15
2	17:11:26:20～17:11:28:09
3	17:12:40:18～17:12:43:11
4	17:00:43:14～17:00:45:01
5	00:00:00:00～00:00:03:09
6	17:25:12:06～17:25:13:15
7	17:25:38:24～17:25:42:00
8	17:25:46:00～17:25:50:14
9	整段
10	整段
11	00:00:08:17～00:00:10:21
12	00:00:00:15～00:00:03:07
13	00:00:01:06～00:00:03:08
14	00:00:01:08～00:00:03:08
15	00:00:01:15～00:00:03:21
15	00:00:03:21～00:00:06:00
16	00:00:01:05～00:00:03:04
17	00:00:01:06～00:00:02:19
18	00:00:01:12～00:00:03:07

（续）

素材编号	素材剪切时间
19	00:00:16:08～00:00:17:10
20	00:00:12:14～00:00:13:15
21	00:00:01:09～00:00:04:20
21	00:00:27:10～00:00:29:08
21	00:01:03:09～00:01:05:01
21	00:01:40:09～00:01:42:01
22	整段
22	整段
22	整段
23	00:00:04:00～00:00:08:18
21	00:02:00:01～00:02:02:04
24	00:01:13:13～00:01:18:08
25	00:00:07:18～00:00:13:22
26	00:00:01:13～00:00:03:13
26	00:00:40:18～00:00:41:23
27	00:00:00:00～00:00:01:04
28	00:00:03:22～00:00:08:00
29	00:00:02:10～00:00:06:04
30	整段
31	16:58:34:08～16:58:36:16
31	16:58:46:12～16:58:48:05
32	00:00:26:17～00:00:30:07
32	00:00:43:03～00:00:47:15
33	00:00:07:10～00:00:13:18
34	00:00:08:14～00:00:11:09
35	00:00:08:11～00:00:10:01
36	00:00:15:15～00:00:18:06
37	00:00:04:16～00:00:09:23
38	00:00:06:02～00:00:08:03
39	00:00:01:21～00:00:03:16
40	00:00:02:05～00:00:03:18
41	00:00:01:20～00:00:08:18
42	00:02:48:17～00:02:50:23
43	00:00:00:00～00:00:02:10
15	00:00:00:03～00:00:02:21
44	00:00:00:20～00:00:02:14
45	00:00:02:19～00:00:04:14
46	00:03:02:04～00:03:09:13
47	00:00:11:20～结束
48	00:00:00:12～00:00:02:23
49	00:03:14:07～00:03:16:24
50	00:00:04:02～00:00:08:14
51	00:15:46:02～00:15:49:10
52	00:00:05:13～00:00:08:01
53	00:02:45:07～00:02:47:02

（续）

素材编号	素材剪切时间
54	00:00:00:00～00:00:01:21
54	17:22:43:09～17:22:46:20
54	17:22:56:21～17:22:57:18
54	17:22:59:22～17:23:02:09
54	17:23:19:24～17:23:21:22
54	17:23:26:24～17:23:28:10
54	17:23:43:03～17:23:44:02
54	17:24:21:23～17:24:23:08
55	17:24:37:02～17:24:37:19
56	00:05:00:02～00:05:05:01
57	17:25:10:08～17:25:13:22
9	00:00:28:15～00:00:31:24
58	17:26:15:01～17:26:18:23
59	17:26:31:04～17:26:32:03
59	17:26:34:12～17:26:36:08
59	17:26:50:07～17:26:54:13
60	00:00:13:00～00:00:18:12
61	00:00:00:01～00:00:04:23
62	00:11:25:06～00:11:35:03

预览效果如图5-74所示。

图 5-74

4）“主片AE部分”（片中）不用导出，直接在Premiere中打开。双击空白部分，如图5-75所示。

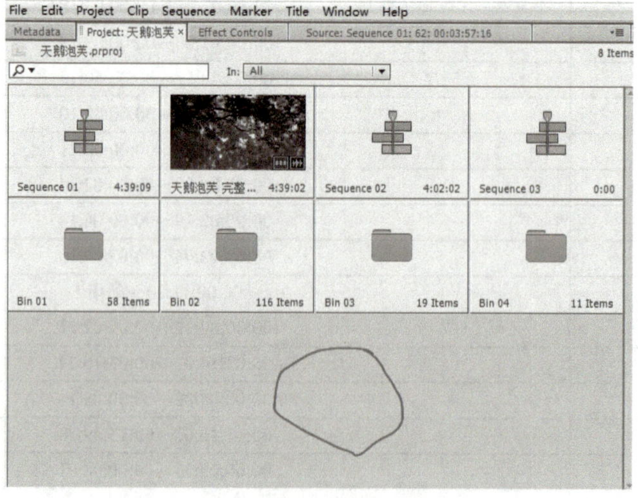

图 5-75

走进数字媒体

5）找到有“主片AE部分”的AE文件并双击，如图5-76所示。

图 5-76

然后在列表中找到“片中t1”“片中t2”和“片中t3”，双击并分别把它们导进来，如图5-77和图5-78所示。

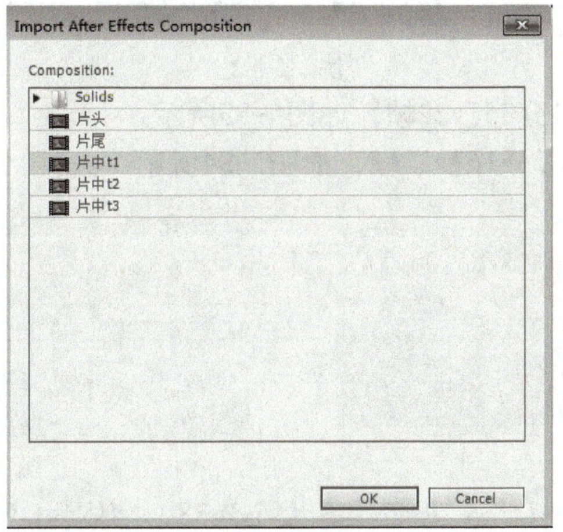

图 5-77

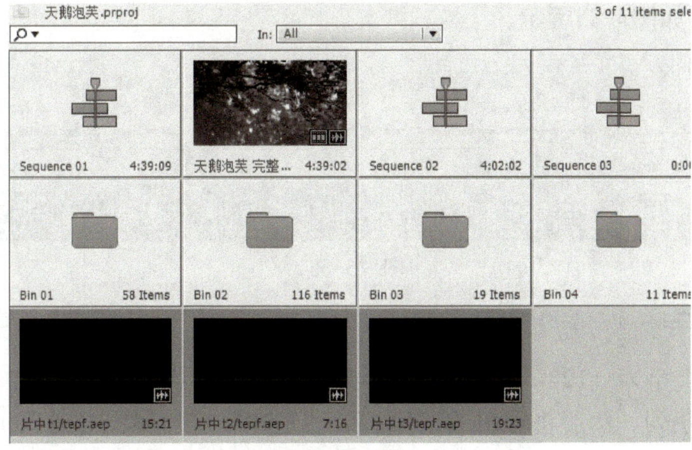

图 5-78

6）将“片中t1”“片中t2”和“片中t3”合成并拖进编辑区，如图5-79所示。

7）选中3个合成并右击，选择“Unlink（解除视音频链接）”命令将音频删掉，如图5-80和图5-81所示。

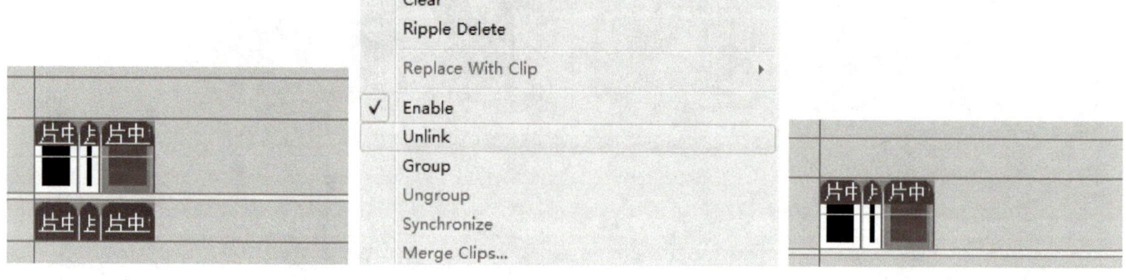

图 5-79　　图 5-80　　图 5-81

8）将“片中t1”拖至34秒03帧，如图5-82所示。

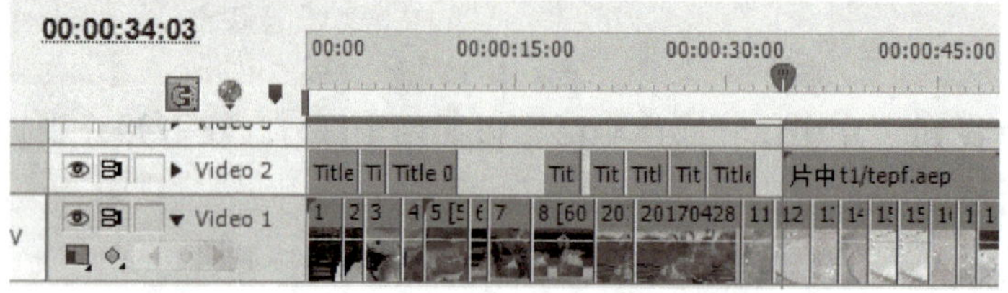

图 5-82

9）将“片中t2”拖至1分35秒22帧，如图5-83所示。

10）将“片中t3”拖至2分16秒23帧，如图5-84所示。

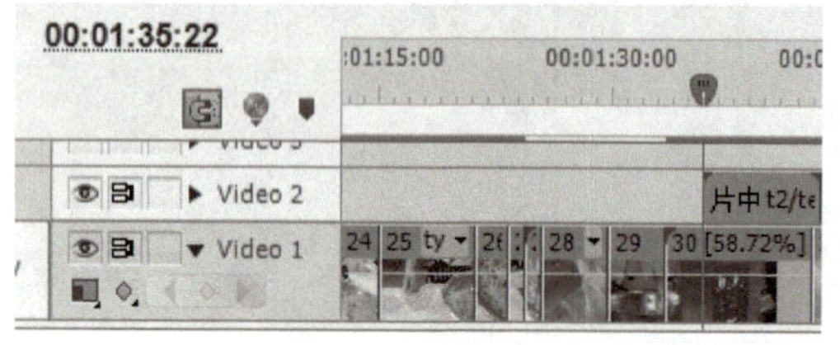

图 5-83

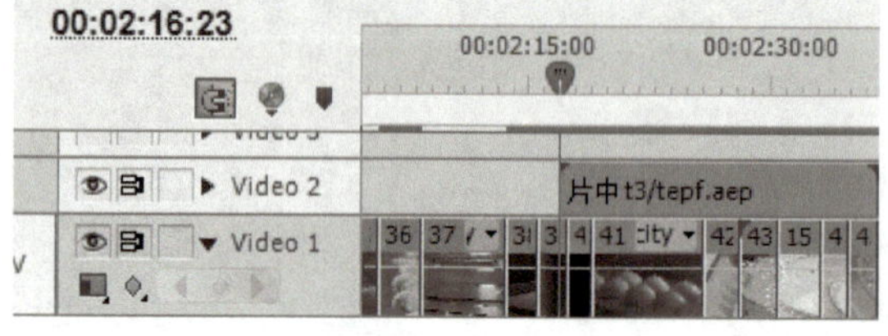

图 5-84

11）添加转场“交叉叠化”；设置字幕大小为38，字体为DFKai-SB；配音和字幕请按照样片时间剪辑。

12）预览效果如图5-85所示。

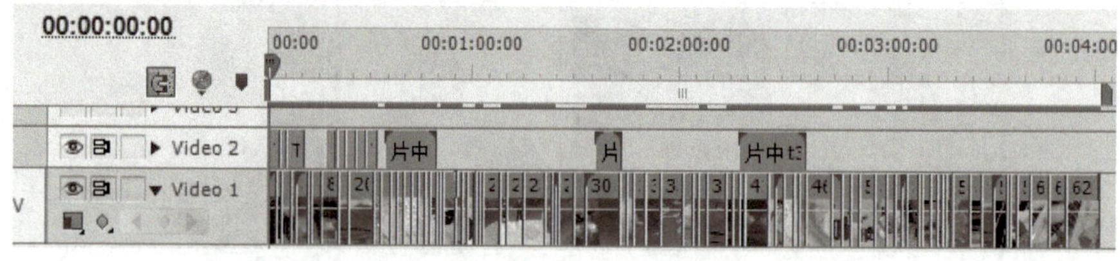

图 5-85

五、天鹅泡芙——成片部分

1）新建一个大小为（1280×720）px的序列，命名为“成片”，如图5-86所示。

2）打开这个序列，然后将导出的“片头”“主片”“片尾”导进Premiere，按顺序拖进这个序列，并为视频之间添加“交叉叠化”转场特效，完成成片制作，如图5-87所示。

3）保存并渲染MP4格式视频，如图5-88所示。

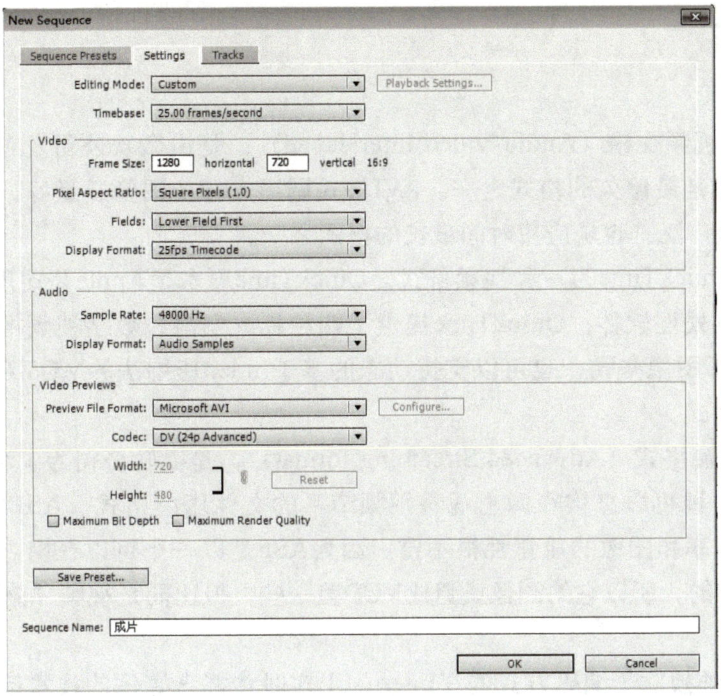

图 5-86

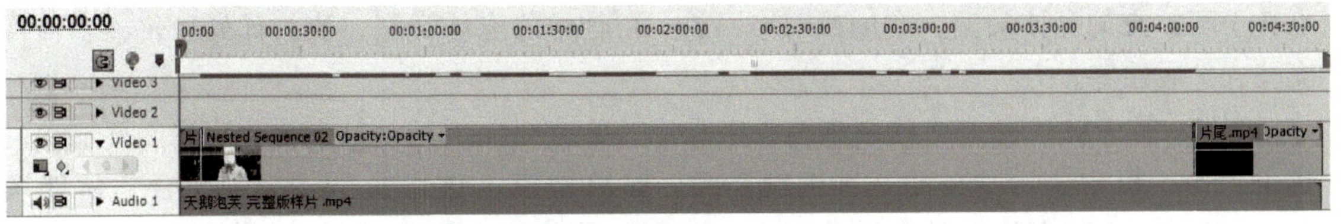

图 5-87

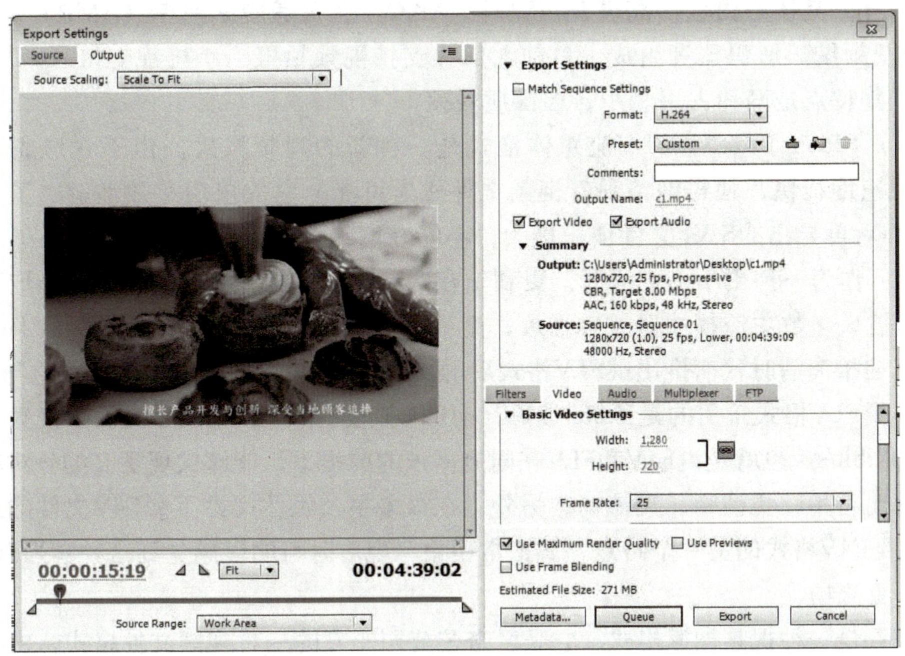

图 5-88

相关知识

1. 视频格式

AVI：音频视频交错（Audio Video Interleaved），是由微软公司发布的视频格式，在视频领域可以说是最悠久的格式之一。AVI格式调用方便、图像质量好，压缩标准可任意选择，是应用最广泛、也是应用时间最长的格式之一。

MOV：是QuickTime的一种视频格式。QuickTime原本是Apple公司用于Mac计算机上的一种图像视频处理软件。QuickTime提供了两种标准图像和数字视频格式，既可以支持静态的PIC和JPG图像格式，也可以支持动态的基于Indeo压缩法的MOV和基于MPEG压缩法的MPG视频格式。

ASF：高级流格式（Advanced Streaming format），是微软公司为了和Real Player竞争而发展出来的一种可以直接在网上观看视频节目的文件压缩格式。ASF使用了MPEG4的压缩算法，压缩率和图像的质量都很不错。因为ASF是以一个可以在网上即时观赏的视频“流”格式存在的，所以它的图像质量比VCD差一些，但比同是视频“流”格式的RAM格式要好。

WMV：一种独立于编码方式的在Internet上实时传播多媒体的技术标准，微软公司希望用其取代QuickTime之类的技术标准以及WAV、AVI之类的文件扩展名。WMV的主要优点在于可扩充的媒体类型、本地或网络回放、可伸缩的媒体类型、流的优先级化、多语言支持、扩展性等。

3GP：是一种3G流媒体的视频编码格式，主要是配合3G网络的高传输速度而开发的，也是目前手机中最为常见的一种视频格式。简单地说，该格式是“第三代合作伙伴项目”（3GPP）制定的一种多媒体标准，使用户能使用手机享受高质量的视频、音频等多媒体内容。其核心由包括高级音频编码（AAC）、自适应多速率（AMR）和MPEG-4和H.263视频编码解码器等组成，目前大部分支持视频拍摄的手机都支持3GPP格式的视频播放。其特点是网速占用较少，但画质较差。

FLV：Flash Video，FLV流媒体格式是一种新的视频格式。由于它形成的文件极小、加载速度极快，使得网络观看视频文件成为可能。它的出现有效地解决了视频文件导入Flash后再导出的SWF文件体积庞大，不能在网络上很好的使用等问题。

F4V：作为一种更小、更清晰、更利于在网络传播的格式，F4V已经逐渐取代了传统的FLV，被大多数主流播放器兼容播放，而不需要通过转换等复杂的方式。F4V是Adobe公司为了迎接高清时代而推出继FLV格式后的支持H.264的F4V流媒体格式。它与FLV的主要区别在于FLV格式采用的是H.263编码，而F4V则支持H.264编码的高清晰视频，码率最高可达50Mbit/s。也就是说F4V和FLV在同等体积的前提下，能够实现更高的分辨率，并支持更高的比特率，更清晰、更流畅。另外，在很多主流媒体网站下载F4V文件的后缀名为FLV，这是F4V格式的另一个特点，属正常现象，观看时可明显感觉到这种实为F4V的FLV更清晰、更流畅。

QSV：是一种视频加速格式。它是爱奇艺公司研发的一种视频文件格式，由于爱奇艺全面保护正版视频，因此QSV格式只能使用奇艺播放器（爱奇艺影音）播放。由于正版视频需要版权保护以及QSV文件是一种缓存文件，所以不能用常规的格式转换软件（格式工厂等）进行转换。

2. H.264

H.264是ITU-T的VCEG（视频编码专家组）和ISO/IEC的MPEG（活动图像编码专家组）的联合视频组（JVT，Joint Video Team）开发的一个数字视频编码标准。

H.264标准的主要目标：与其他现有的视频编码标准相比，在相同的带宽下提供更加优秀的图像质量。通过该标准，在同等图像质量下的压缩效率比以前的标准（MPEG2）提高了2倍左右。

◆ 经验分享

在完成视频拍摄以后就进入了剪辑阶段，拍摄阶段的脚本其实就是导演对于整个片子的构思，编辑阶段的解说词是将整个片子所涉及的素材串联起来，因此，对于素材进行粗略剪辑筛选后，先准备好解说词再进行整个视频的编辑更为恰当。

◆ 任务评价

评价指标	素材剪辑	转场特效	音画同步	整体效果
自我评价				
小组评价				
教师评价				

任务二《时尚芭莎》

◆ 任务情境

《时尚芭莎》是一款服务于我国社会女性精英阶层的杂志，计划于近期推出一组关于《时尚芭莎》的广告宣传，在宣传视频中能够体现我国流行最前线的优雅、尊贵、时尚，并且能给观众留下深刻印象。

◆ 任务分析

时尚芭莎宣传片要采用动静结合的方式，既要用到一些体现时尚的唯美时尚大片带给观众强烈的视觉冲击，又要考虑到名人效应并兼顾画面美感，最重要的是要体现出时尚。时尚从来都是变化多端的，因此，片中图片部分切换要紧凑，节奏要快。

◆ 任务实施

一、时尚芭莎——片头部分

1）新建合成组：打开AE，单击“新建合成组”按钮，在弹出的对话框中设置合成组名称为“1”，大小为（1280×720）px，“帧速率”为25，持续时间为0:00:14:04，单击“确定”按钮。按<Ctrl+S>组合键保存项目，项目命名为“片头”，如图5-89所示。

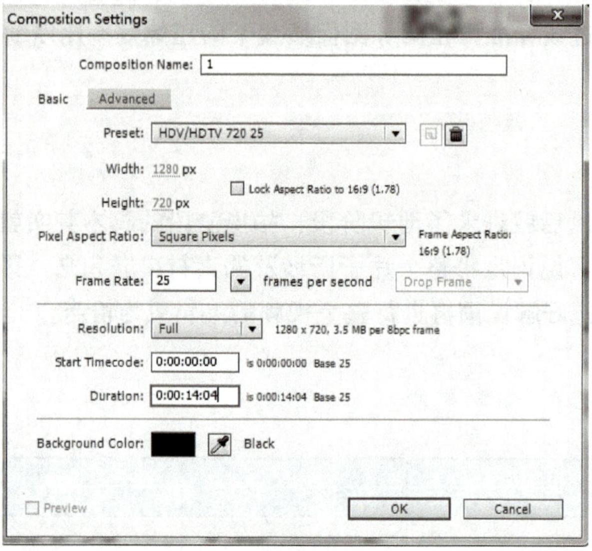

图 5-89

2）新建固态层，命名为“bj”，颜色为黑色，大小为（1280×720）px，如图5-90所示。

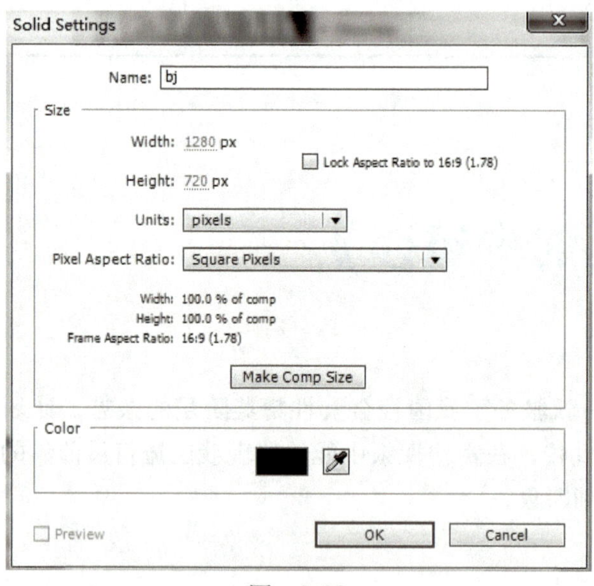

图 5-90

3）新建固态层，命名为“1”并调整颜色，用“吸管”工具取色，如图5-91所示，位置如图5-92所示。

4）打开图片“1”，打开3d开关并设置三维的旋转关键帧动画，起始帧为261，0，0；24帧为0，0，0。在27帧处添加缩放关键帧276，262，100；1秒15帧为327.7，310.2，

118.4。如图5-93所示。

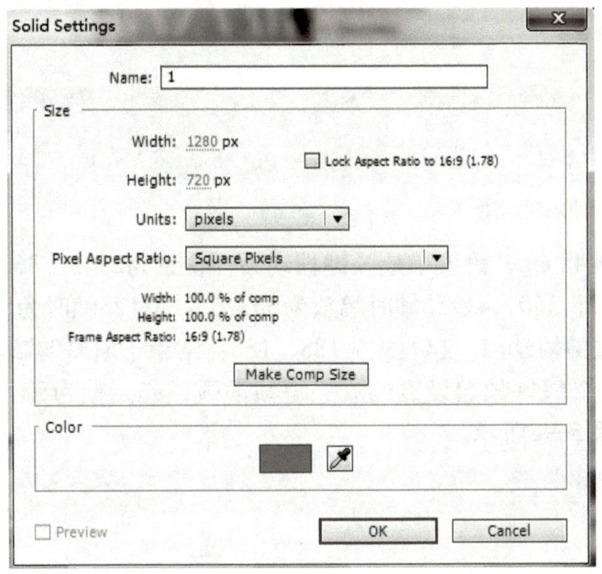

图 5-91

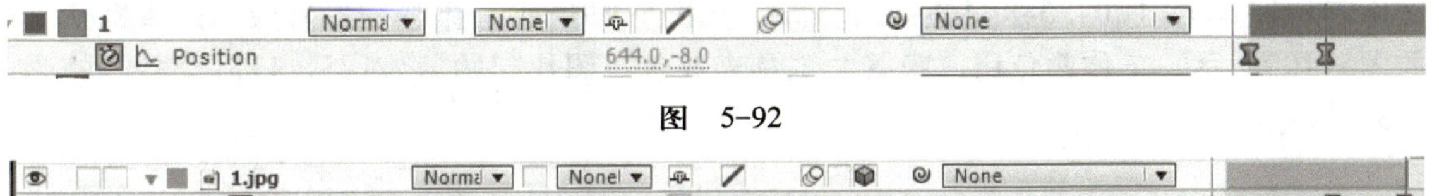

图 5-92

1.jpg Normal None None Scale 327.7,310.2,118.4% Orientation 0.0°,0.0°,0.0°

图 5-93

5）1秒16帧后出现51.jpg，设置位置缩放关键动画，起始帧缩放为106.7，106.7；1秒25帧时设置结束帧缩放为150，150。如图5-94所示。

图 5-94

6）1秒16帧出现内容为“BRDTCHINA FASHION”文本。设置缩放关键帧动画，1秒16帧缩放为51，51；2秒11帧时为100，100；结束帧2秒24帧为441，441。为字体添加阴影效果，如图5-95所示。

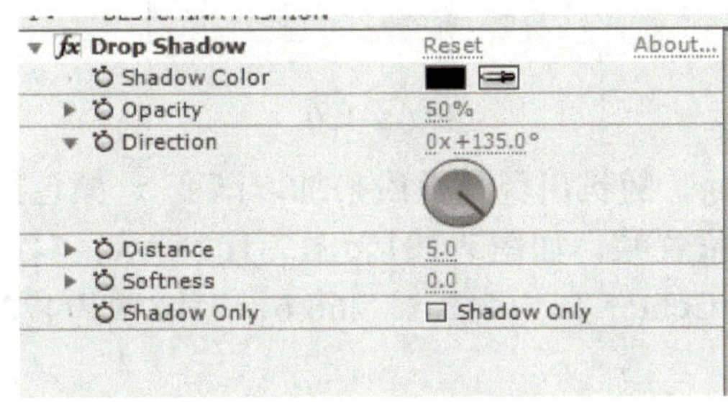

图 5-95

7）2秒处出现43.jpg，设置缩放关键帧动画，起始帧为142.2，142.2，如图5-96所示；2秒2帧处为300.2，300.2；添加百叶窗效果1秒25帧为100；2秒11帧为0，如图5-97所示。

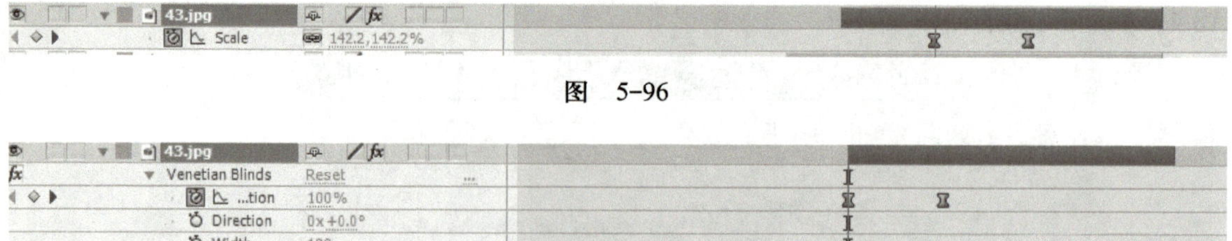

图 5-96

图 5-97

8）2秒23帧处出现48.jpg，设置缩放关键帧动画，位置为2941，360、缩放为156，156；3秒21帧位置缩放为657，360；4秒16帧时缩放为65，65；4秒28帧时为80，80；在4秒29处出现图4.jpg，设置缩放关键帧动画，起始帧为188，188；结束于5秒10帧缩放为234，234。

9）“权威引领者”5秒4帧起设置缩放关键帧动画，起始帧为82，82；结束于5秒10帧缩放为145，145，如图5-98所示。

图 5-98

10）5秒11帧处出现图71.jpg以及文字“高品位”，为文字图层设置缩放关键帧动画，文字起始帧100，100；5秒24帧193，193；如图5-99所示。添加阴影特效，效果默认，如图5-100所示，字体颜色用“吸管”工具来取色，图片起始帧为125，125；5秒24帧为193，193。

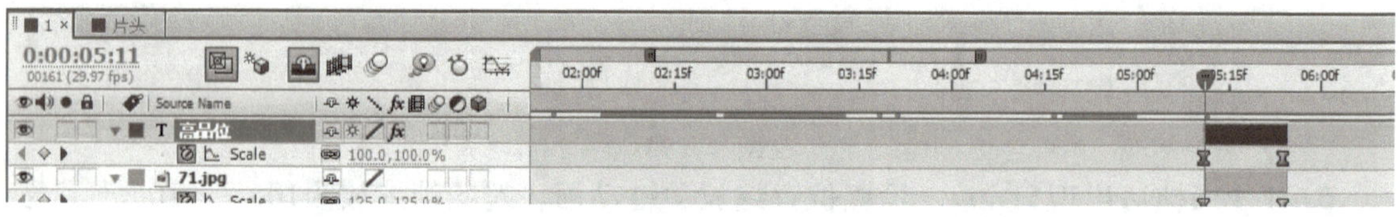

图 5-99

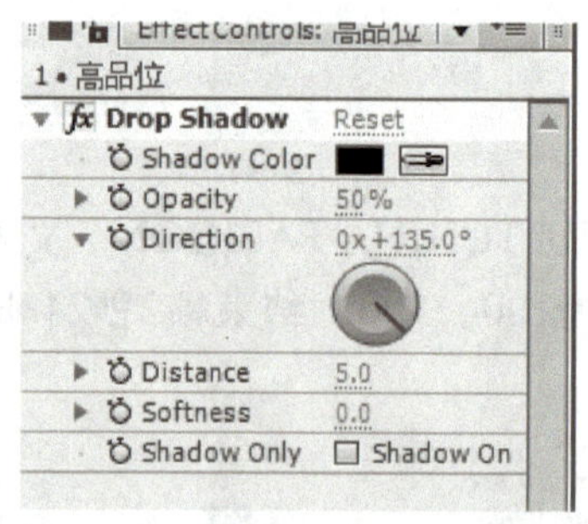

图 5-100

11）5秒21帧出现63.jpg，随机出现几根线条加以渐变，颜色按照原样片取色。根据样片添加透明度关键帧以及位置帧，如图5-101和图5-102所示，5秒25帧处为图片上加offset（位移）特效。设置Shift Center To为442.0，266.6，7秒8帧为472.7，1279.3，如图5-103所示。

12）在7秒15帧出现21.jpg，设置缩放关键帧动画，7秒15帧缩放为130，130；7秒25帧时缩放为199，199；同时出现设置栏，如图5-104所示，添加键控以及阴影效果数值直至结束。

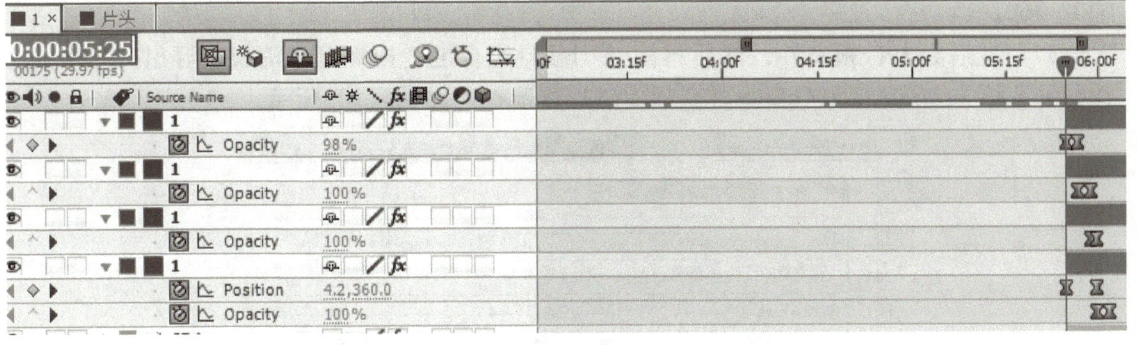

图 5-101

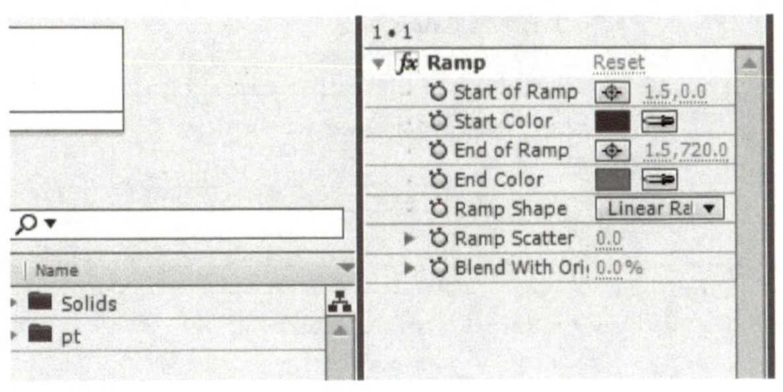

图 5-102

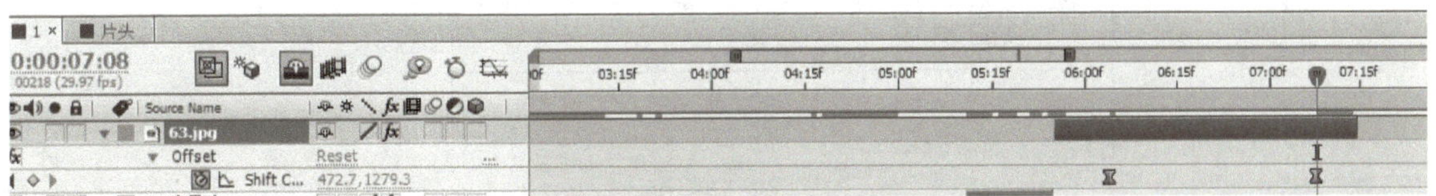

图 5-103

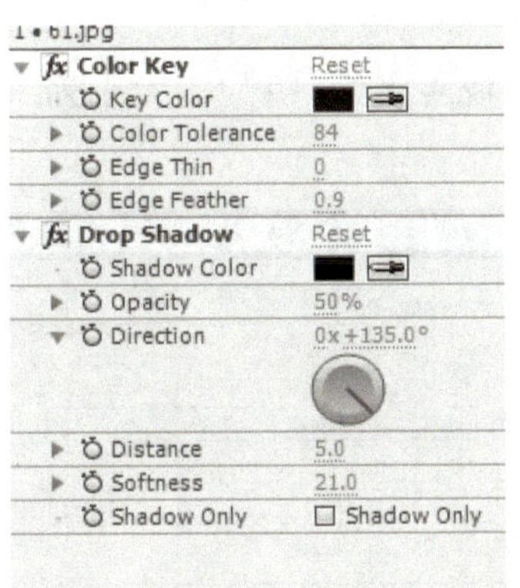

图 5-104

13）7秒24帧出现64.jpg，设置缩放关键帧动画，在7秒28帧时缩放为274，274；8秒9帧时缩放为342，342。

14）8秒10帧出现52.jpg，设置缩放关键帧动画，在8秒10时帧缩放为195，192；8秒22帧时缩放为260，254。

15）8秒23帧出现图53.jpg，设置缩放关键帧动画，8秒23帧时缩放为232，200；位置为624，352；9秒8帧时缩放为328，327；位置为624，428。

16）9秒10帧处出现图13.jpg，设置缩放及位置关键帧动画，9秒10帧时缩放为220，187；10秒15帧时缩放为400，395、位置为620，352；12秒23帧大小为250，250、位置为

640，360。

17）最后导入音频文件，然后再按<Ctrl+M>组合键，根据题目的要求导出MP4格式文件，并在下方勾选Audio Output（音频输出）复选框，如图5-105所示。

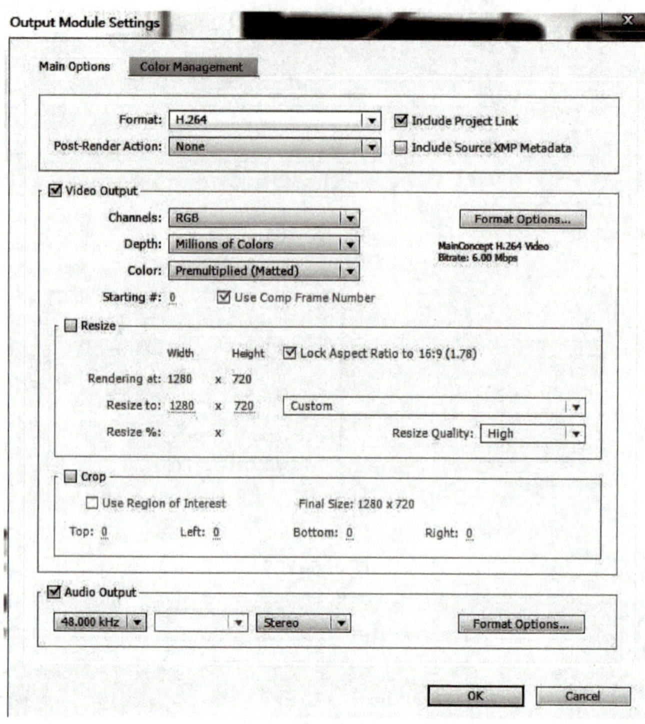

图 5-105

二、时尚芭莎——片尾

1）打开AE新建合成组，合成更名为“1”，大小为（1280×720）px，帧率为25，颜色为默认，如图5-106所示。

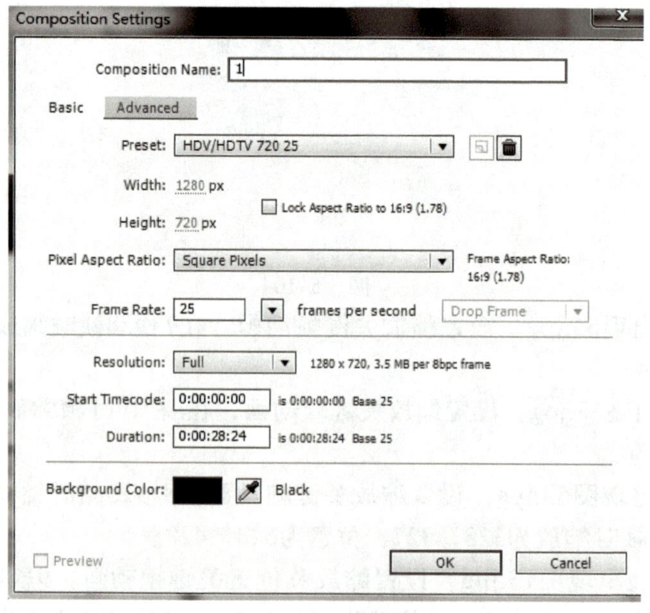

图 5-106

2）导入所需要的素材备用（“唐嫣”“郭富城”素材）。分别新建两个固态层“1”和“2”，大小为（1280×720）px，颜色吸取原样片，如图5-107和图5-108所示。

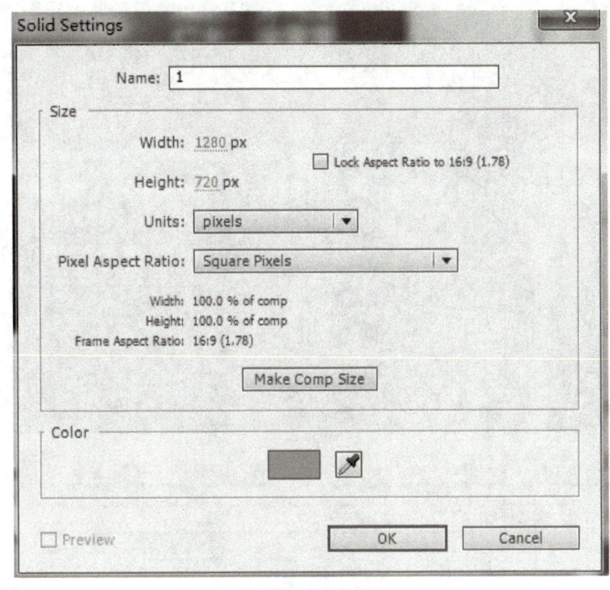

图　5-107

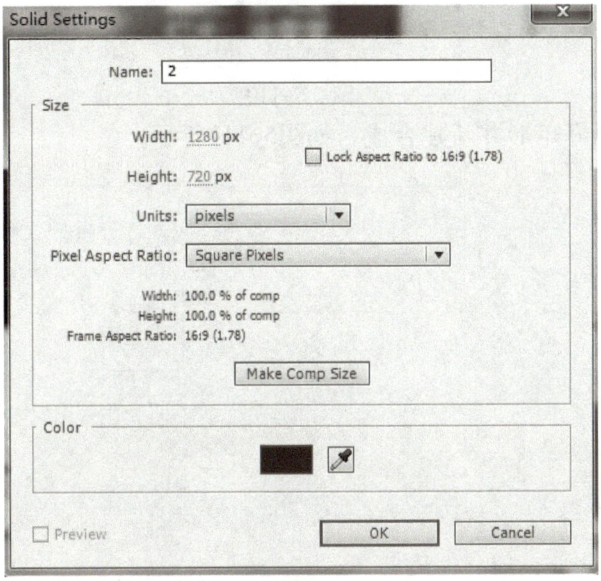

图　5-108

3）在第3帧处在图层1设置位置关键帧，位置为1927，360；第17帧处位置为-640，360；图层2在9帧设置位置关键帧，位置为1927，360，第27帧位置为-640，360；分别新建两个文字图层“时尚芭莎”和“时尚芭莎2”大小分别为150和80，应用父子级关系，前者引导图层1，后者引导图层2，如图5-109所示。

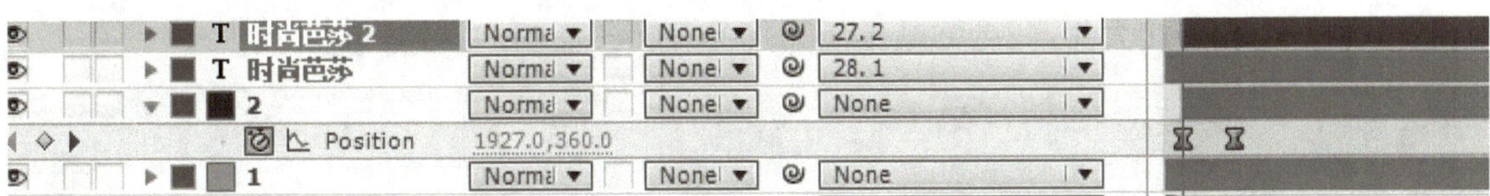

图　5-109

4）新建合成，根据原样片剪辑视频，如图5-110所示。

图 5-110

5）根据原样片画好矩形并新建合成，如图5-111所示。

图 5-111

形状1：1秒28帧透明度为0；1秒29帧透明度为100，如图5-112所示。

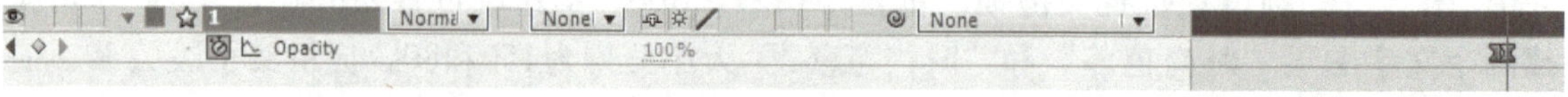

图 5-112

形状2：缩放为100，0；2秒05帧缩放为100，100，如图5-113所示。

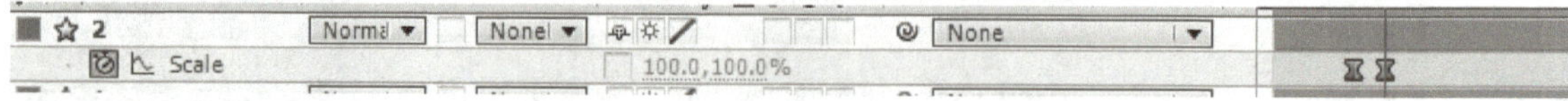

图 5-113

1秒17帧位置为936，342；2秒06帧位置为936，302；3秒02帧位置为936，302；3秒12帧位置为936，424。如图5-114所示。

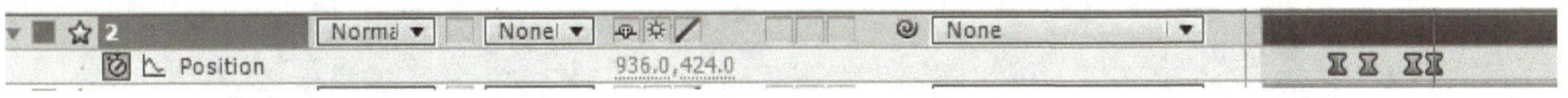

图 5-114

形状3：1秒17帧缩放为100，0；2秒05帧缩放为100，100，如图5-115所示。

图 5-115

1秒17帧位置为1028，342；2秒06帧位置为1028，302；3秒02帧位置为1028，302；3秒16帧位置为938，426，如图5-116所示。

图 5-116

形状4：1秒17帧缩放为100，0、大小为100，100，如图5-117所示。

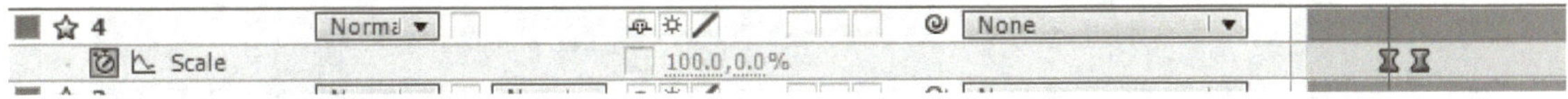

图 5-117

1秒17帧的位置为978，342；2秒06帧位置为982，302；3秒02帧位置为982，302；3秒16帧位置为982，424，如图5-118所示。

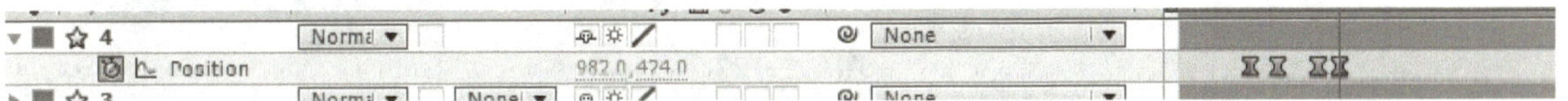

图 5-118

再将这个合成放入第一个合成，在1秒14帧处出现，2秒09帧时设定旋转帧为0；2秒27帧处为90，如图5-119所示。

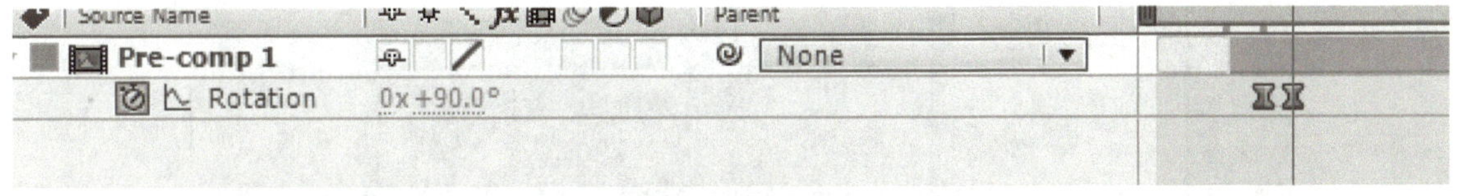

图 5-119

6）把剪辑的合成放入第一个新建的合成中，第13帧添加高斯模糊特效为0；1秒17帧为30，如图5-120所示。

图 5-120

7）新建字体字体形状为DFPBudingW12-GB、大小为50、颜色为白色。

导演：3秒06帧位置为1211，188；3秒20帧为1046，118，透明度为3秒07帧0；3秒23帧透明度为80。

编剧：位置为1121，236；3秒28帧位置为1037，236，透明度为0；4秒02帧透明度为80。

灯光：位置为1136，284；3秒28帧位置为1046，284，透明度为0；3秒17帧透明度为80，整体效果如图5-121所示。

图层/属性	值	Parent
T 灯光：涂雯雯		None
Position	1136.0,284.0	
Opacity	0%	
T 编剧：芳伟龙		None
Position	1121.0,236.0	
Opacity	0%	
T 导演：程迪华		None
Position	1211.0,188.0	
Opacity	0%	

图 5-121

8）复制图层1和2以及两个文字图层并调整关键帧时间位置，复制前面做的矩形调整位置与运动时间并根据样片调整运动的位置，如图5-122所示。

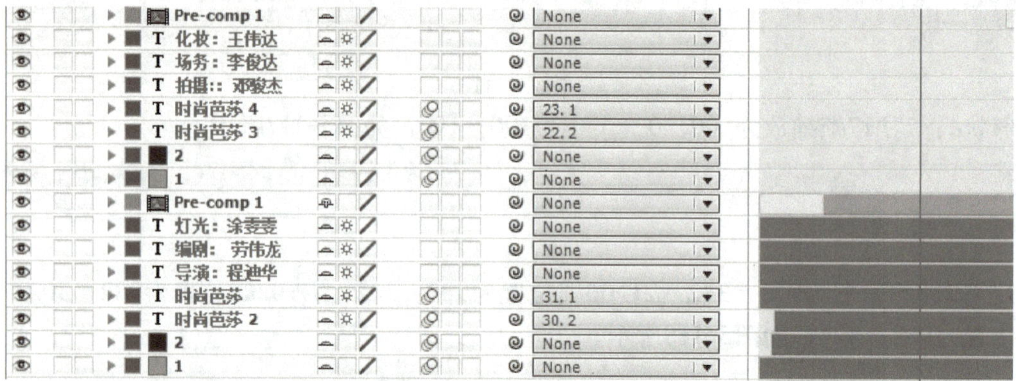

图 5-122

9）在20秒07帧添加“唐嫣”素材在时间线面板，选取样片中运用的视频部分（新建一个矩形，添加高斯模糊特效为18来遮盖右上方的水印，保持到结束），如图5-123所示。

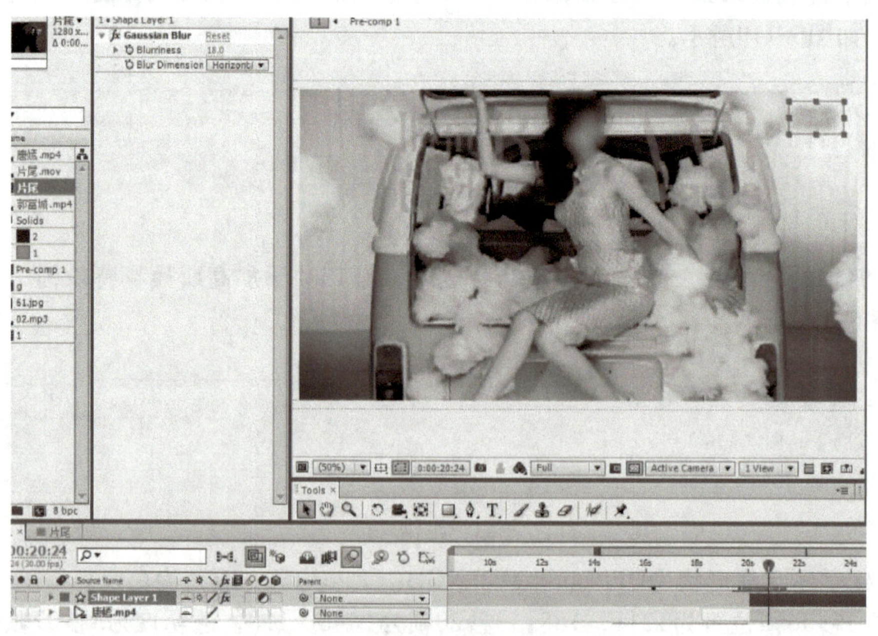

图 5-123

10）再复制两个图层以及两个文字层并调整关键帧位置，如图5-124所示。

图　5-124

11）添加“61.jpg”，为其添加键控抠图以及阴影特效数值，如图5-125所示。

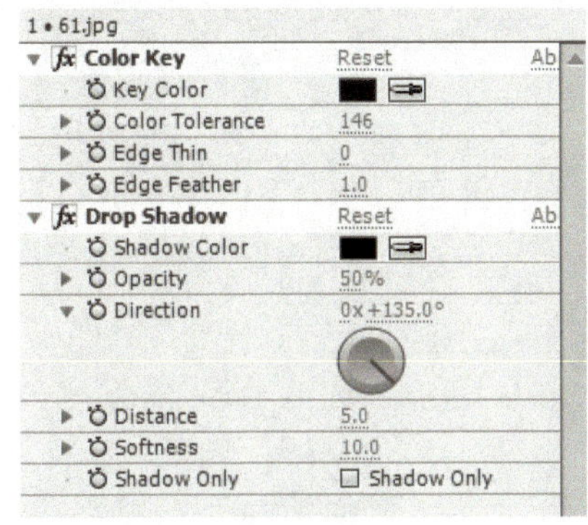

图　5-125

设20秒05帧透明度为0；22秒02帧透明度为100；20秒12帧大小为50，50；24秒17帧大小为64，64。如图5-126所示。

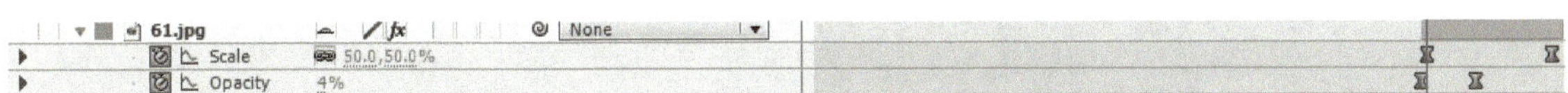

图　5-126

12）根据题目的要求导出视频，如图5-127所示。

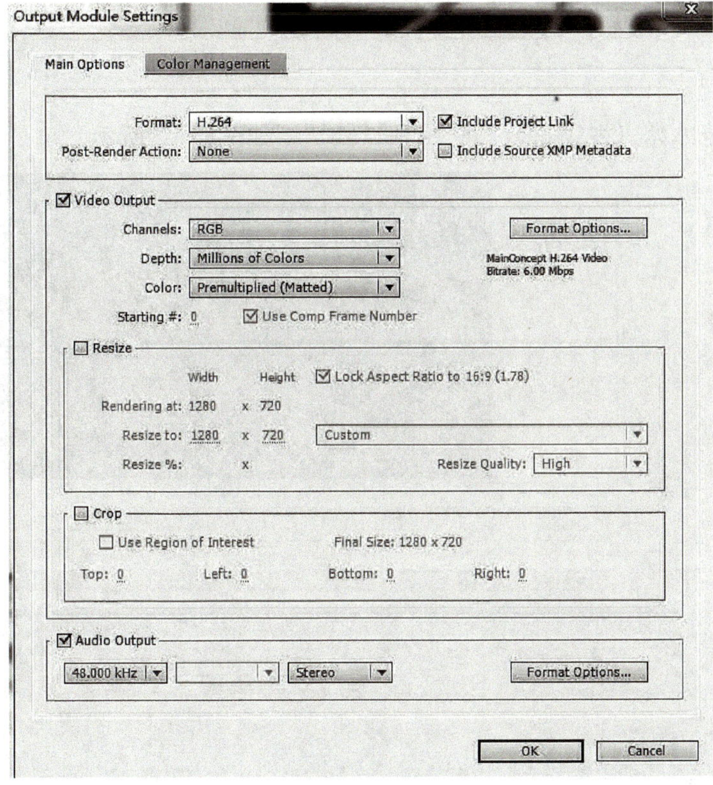

图　5-127

三、时尚芭莎——主片

1）打开PR新建序列命名“01”，大小为（1280×720）px，并导入所需要的素材。如图5-128所示。

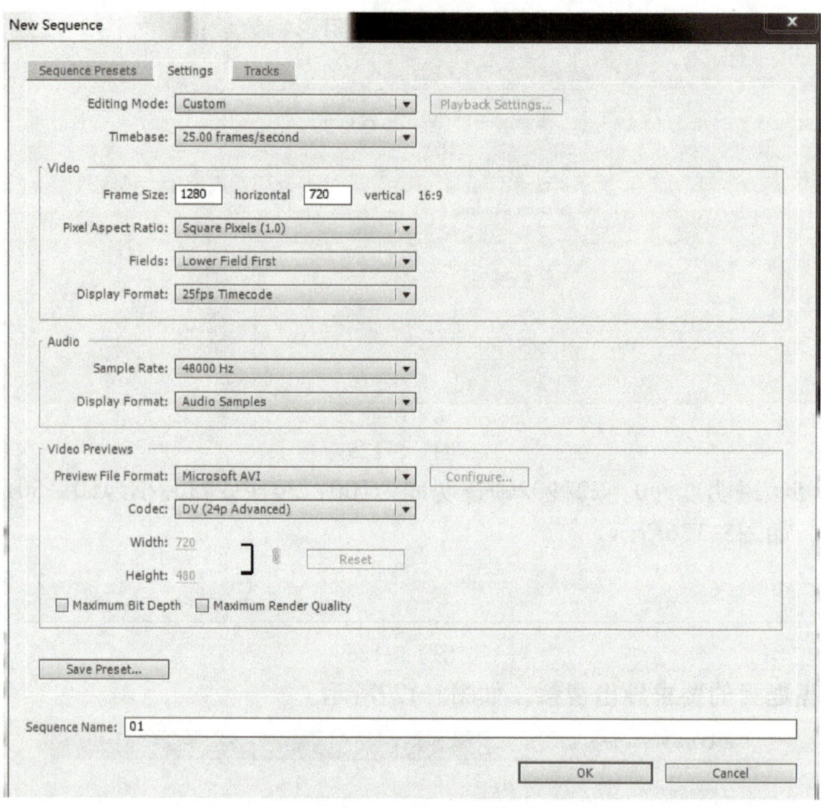

图 5-128

2）顺序：范冰冰（视频1秒17帧～4秒11帧），如图5-129所示。

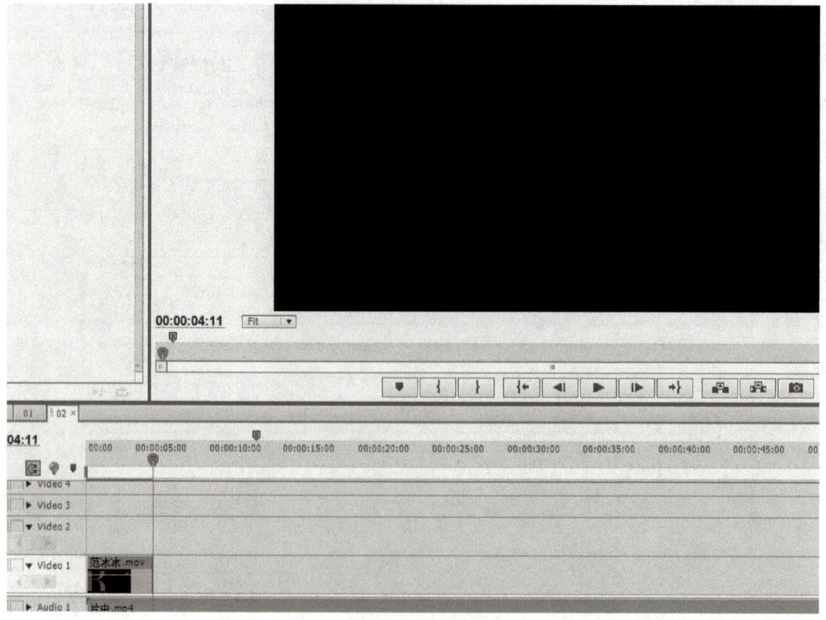

图 5-129

（抖动叠化）图片6→（擦除）图片50→（螺旋盒装）图片22→（带状滑动）图片28（交叉缩放），如图5-130所示。

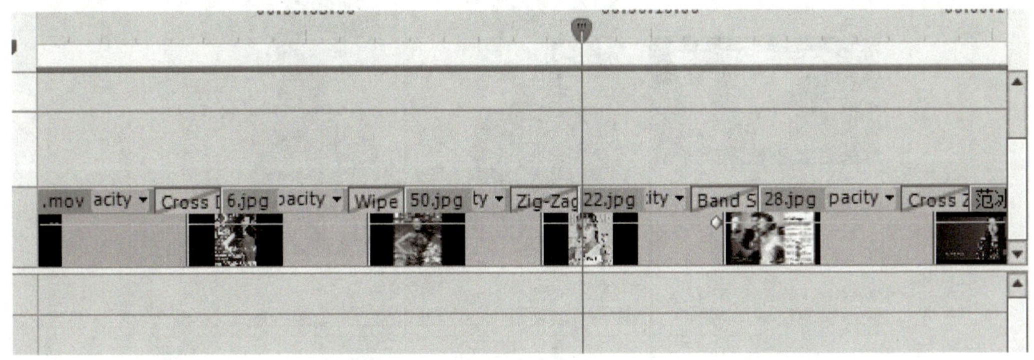

图 5-130

范冰冰（视频4秒12帧～6秒01帧）→范冰冰（33秒13帧～33秒18帧）→范冰冰（11秒6帧～16秒01帧）→李冰冰（7秒7帧～10秒2帧）→范冰冰（27秒13帧～30秒）→郭富城（3秒～6秒20帧），如图5-131所示。

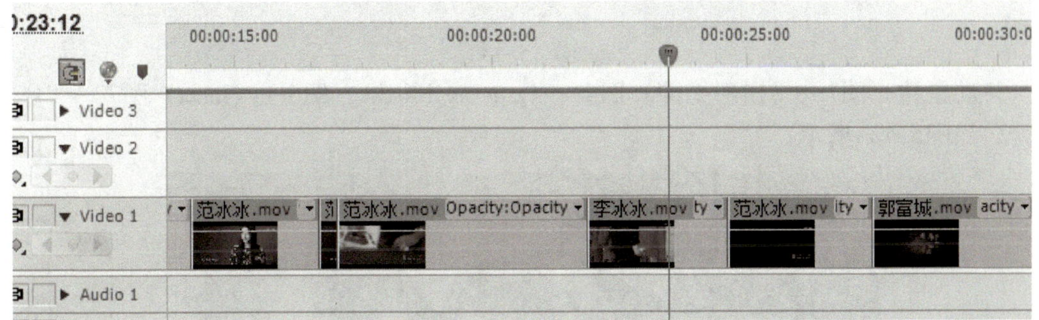

图 5-131

（抖动叠化）图8→（纸风车）图29→（Z形块）图23→（翻转卷页）图21，如图5-132所示。

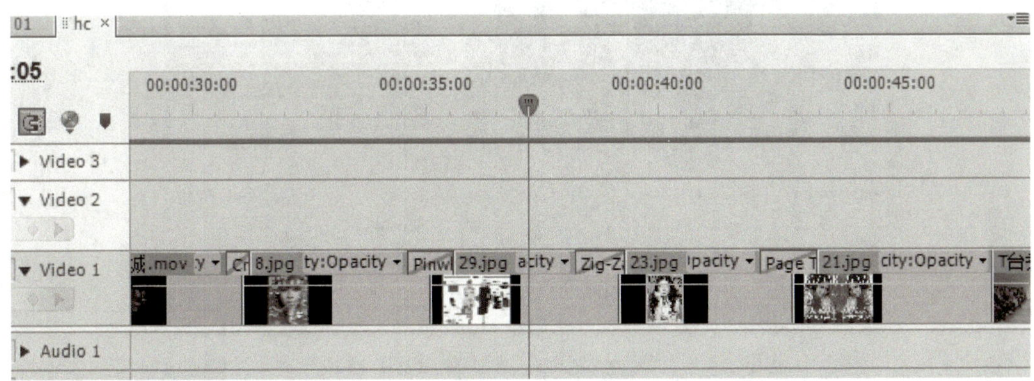

图 5-132

（胶片叠化）T台秀（42秒11帧～46秒24帧）→无素材（原样片）→范冰冰（3秒13帧～6秒20帧）→李冰冰（3秒17帧～6秒15帧）→李冰冰（11秒22帧～13秒08帧）→李冰冰（2秒02帧～3秒01帧）→李冰冰（16秒15帧～17秒08帧）→李冰冰（37秒06帧～38秒18帧）→李冰冰（40秒03帧～41秒18帧），如图5-133所示。

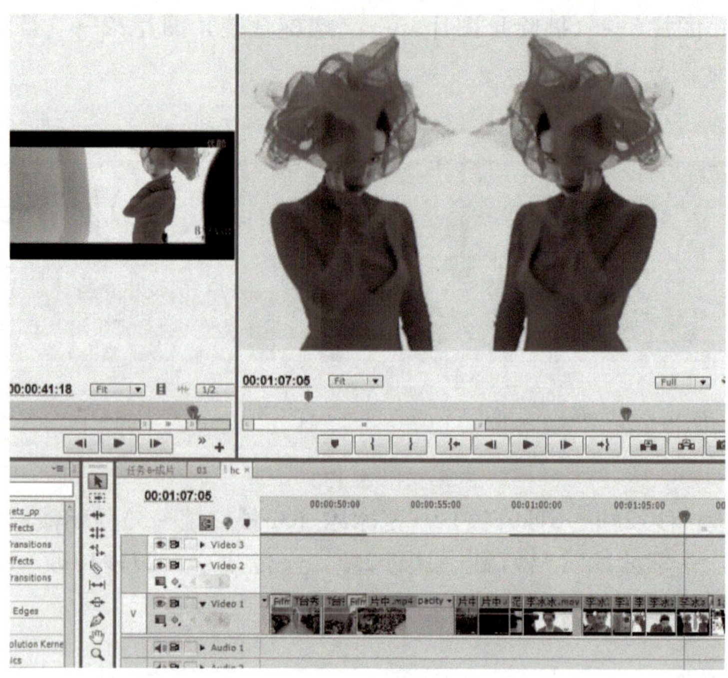

图　5-133

（抖动叠化）图1→（楔形擦除）图4→（zig-zag blocks）图5→（inset）图77→T台秀→T台秀，如图5-134所示。

图　5-134

芭莎慈善夜（1分8秒01帧～1分12秒14帧）→芭莎慈善夜（1分29秒～1分32秒04帧）→T台秀（58秒22帧～1分1秒）→T台秀（1分6秒17帧～1分8秒10帧）→无素材（原样片）→（抖动叠化）芭莎慈善夜（1分14秒08帧～1分16秒04帧），如图5-135所示。

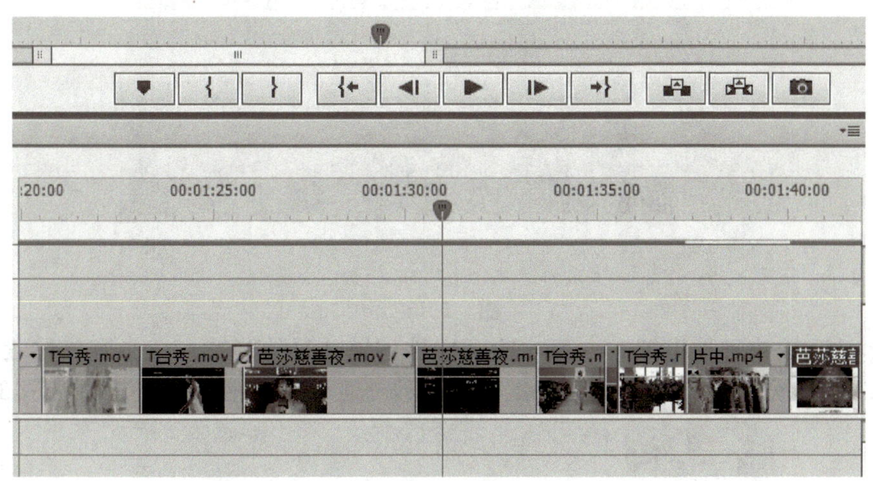

图 5-135

芭莎慈善夜（1秒02帧～2秒10帧）→芭莎慈善夜（4秒10帧～5秒19帧）→芭莎慈善夜（7秒17帧～9秒09帧）→芭莎慈善夜（14秒19帧～18秒19帧）→芭莎慈善夜（25秒16帧～31秒01帧）→芭莎慈善夜（35秒～35秒24帧）→芭莎慈善夜（40秒07帧～41秒16帧）→芭莎慈善夜（45秒05帧～47秒07帧），如图5-136所示。

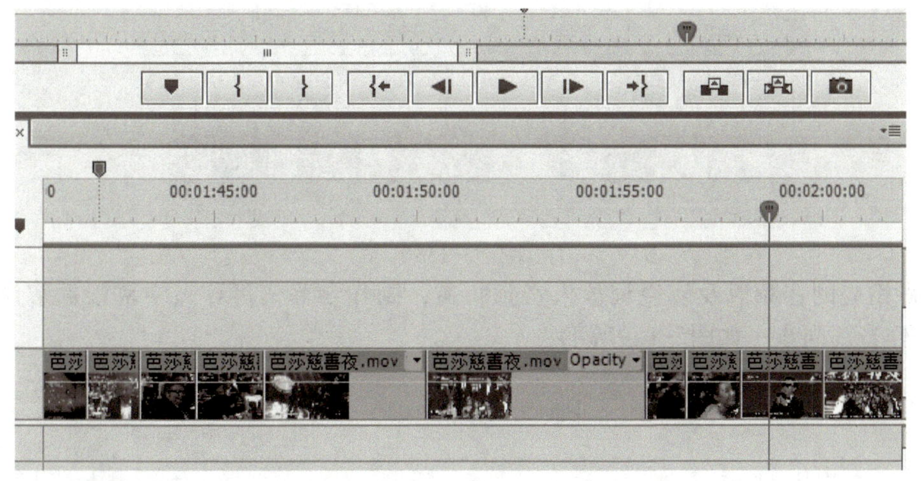

图 5-136

芭莎慈善夜（47秒05帧～49秒08帧）→芭莎慈善夜（50秒02帧～52秒14帧）→芭莎慈善夜（抖动叠化）（1分1秒15帧～1分2秒17帧）→郭富城（1分34秒23帧～1分36秒06帧）→郭富城（1分36秒08帧～1分37秒02帧）→郭富城（47秒05帧～47秒14帧）→郭富城（54秒17帧～55秒13帧）→郭富城（1分03秒14帧～1分04秒11帧）→郭富城（1分12秒11帧～1分13秒24帧）→（抖动叠化）范冰冰（18秒～18秒17帧）。如图5-137所示。

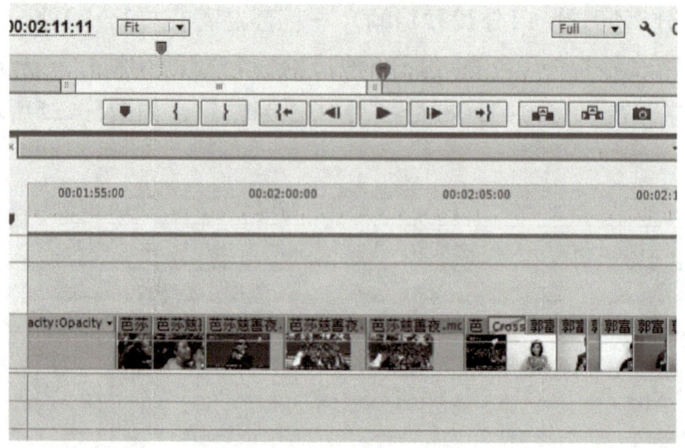

图 5-137

范冰冰（18秒～18秒17帧）→范冰冰（19秒19帧～21秒04帧）→（黑场过渡）范冰冰（1分31秒02帧～1分32秒10帧）→范冰冰（1分16秒03帧～1分17秒15帧），如图5-138所示。

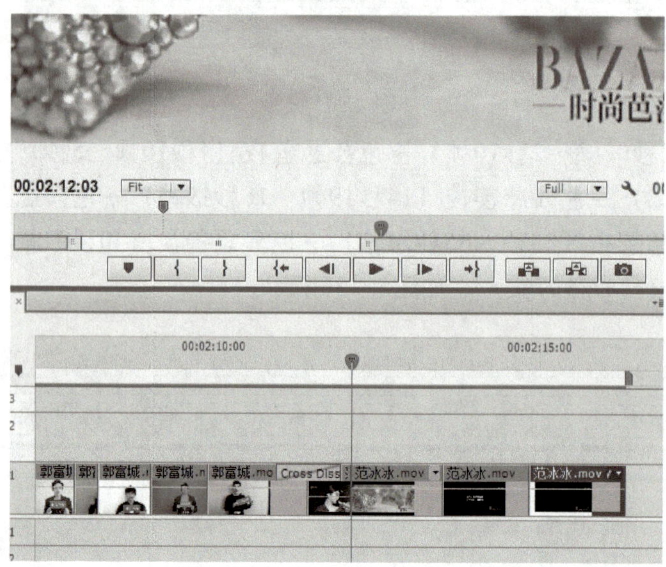

图 5-138

3）将相应的音频以及解说词放入音频轨道，制作字幕，再导入字幕根据解说词音频的速度制作音画同步，如图5-139所示。

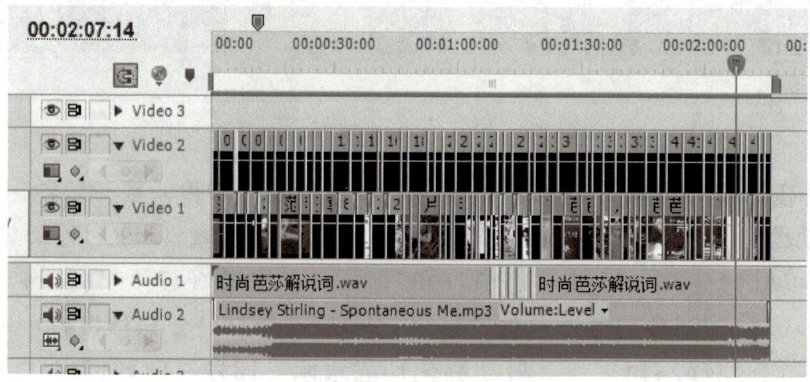

图 5-139

4）根据任务要求格式导出，如图5-140所示。

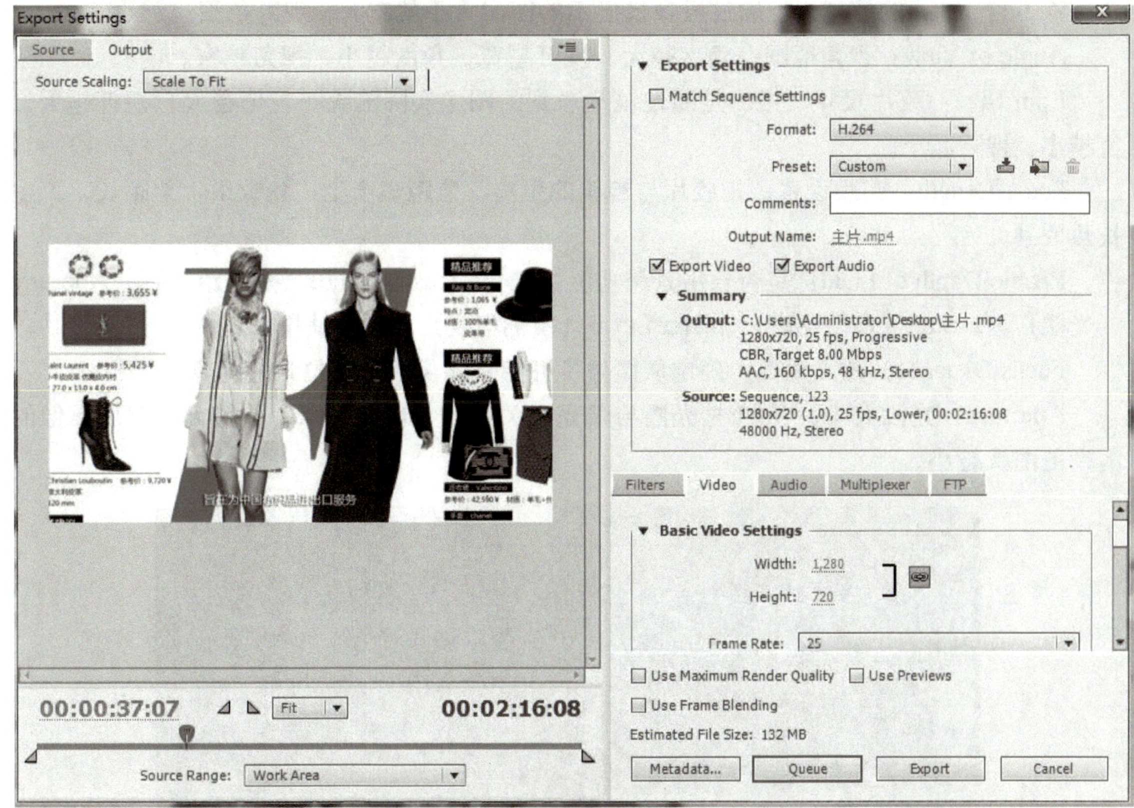

图　5-140

◆ 相关知识

1．父子级的层间关系

在AE中，利用父子关系可以实现分层控制。父子级的一个图层可以控制N个图层，具体来说父级的层在运动的时候它的子级也会随之运动。一般用于多个层做相同运动的时候，将其中一个设置为父级，其他设置为子级，如果在父级上增加了一些动作，所有的子级也会随着一起运动。

2．AE摄像机基础知识

在AE（After Effects）中，常常需要运用一个或多个摄像机来创造空间场景、观看合成空间，摄像机工具不仅可以模拟真实摄像机的光学特性，更能超越真实摄像机在三脚架、重力等条件下的制约，在空间中任意移动。

AE摄像机设置面板如图5-141所示，对应介绍如下：

Name：为摄像机命名。

Preset：摄像机预置，在这个下拉菜单里提供了9种常见的摄像机镜头，包括标准的35mm镜头、15mm广角镜头、200mm长焦镜头以及自定义镜头等。35mm标准镜头的视角类似于人眼；15mm广角镜头有极大的视野范围，类似于鹰眼观察空间，由于视野范围极大，看到的空间很广阔，但是会产生空间透视变形；200mm长镜头可以将远处的对象拉近，视野范围也随之减少，只能观察到较小的空间，但是几乎没有变形的情况。

Zoom：Zoom的值越大，通过摄像机显示的图层大小就越大，视野范围也越小。

Angle of View：视角范围，角度越大，视野越宽，角度越小，视角越窄。

Film Size：胶片尺寸，指的是通过镜头看到的图像实际的大小，值越大，视野越大，值越小，视野越小。

Focal Length：焦距设置，指胶片与镜头的距离，焦距短产生广角效果，焦距长，产生长焦效果。

Enable Depth of Field：是否启用景深功能，配合Focus Distance（焦点距离）、Aperture（光圈）、F-Stop（快门速度）和Blur Level（模糊程度）参数来使用。

Focus Distance：焦点距离，确定从摄像机开始到图像最清晰位置的距离。

Aperture：光圈大小，在AE里光圈与曝光没关系，仅影响景深，值越大，前后图像的清晰范围就越小。

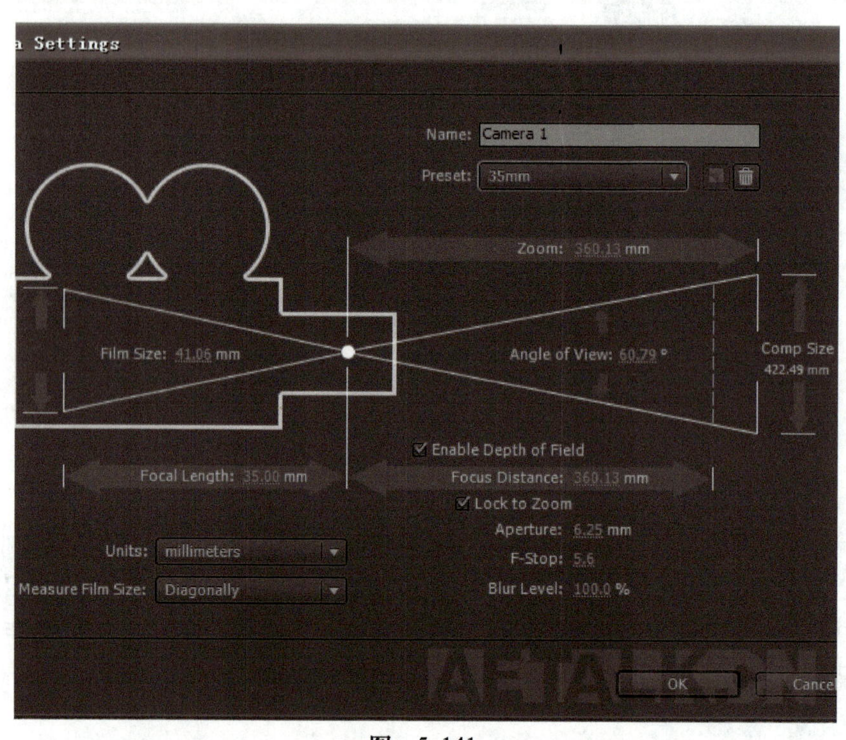

图 5-141

3. 空层与调节层

空层：空白对象，也就是Null Object，一般用来建立摄像机的父级，控制摄像机的移动和位置。空白对象的调整是调整摄像机的目标，而非直接调整摄像机，例如，要把某个对象向右上方移动，只需要拖动空白对象的x轴和y轴就可以，很直观，所见即所得。在工作的视图里通常是Active Camera，会发现并没有直观的摄像机对象，没有办法在视图里直接通过坐标轴对摄像机进行调整，除非切换视图到顶视图、侧视图等，才会看到摄像机对象。然而此时调整不能实时看到最终视图的效果。

调节层：调节层就是一个控制层，它可以控制下方的所有图层，用于调节颜色、控制特效，而对于它上方的图层没有任何影响。

◆ 经验分享

在本视频编辑的过程中，片尾中出现两个对象做相同的运动，这时，使用父子关系图层的原理，不但可以节省时间，还可以使制作的画面运动过程更加精准。

◆ 任务评价

评价指标	素材剪辑	转场特效	音画同步	整体效果
自我评价				
小组评价				
教师评价				

任务三《旅游宣传片》

◆ 任务情境

随着经济水平不断提高，人们对于美好生活的追求已经不仅仅停留在物质生活，“世界那么大，我想去看看”成为现实，各个旅游景点为了提高知名度、吸引更多的游客，竞相对当地的旅游资源进行宣传，本任务中，西藏的旅游管理部门要求某视频制作公司制作一部有关西藏旅游景点的宣传片。

◆ 任务分析

旅游宣传片是对旅游景地精要地展示和表现，通过视觉的传播路径，提高旅游景点的知名度和曝光率，以便更好地吸引投资和增加旅游。旅游宣传片可以彰显旅游景点的品质及个性，挖掘出景点特色的地域文化特征，增强景地吸引力，从而提高景点的竞争力，促进经济发展水平。为旅游景点建立独特的视觉识别效应，从而量身打造专属的影像视频。因此，本宣传片中要充分体现西藏旅游的优势，既要兼顾到各个重要景点，又要体现西藏的风土人情。

◆ 任务实施

一、片头制作

步骤1：

1）新建一个大小为（1280×720）px的合成组，命名为“tp01”，把图片放入并调好图片与画面一致，如图5-142所示。

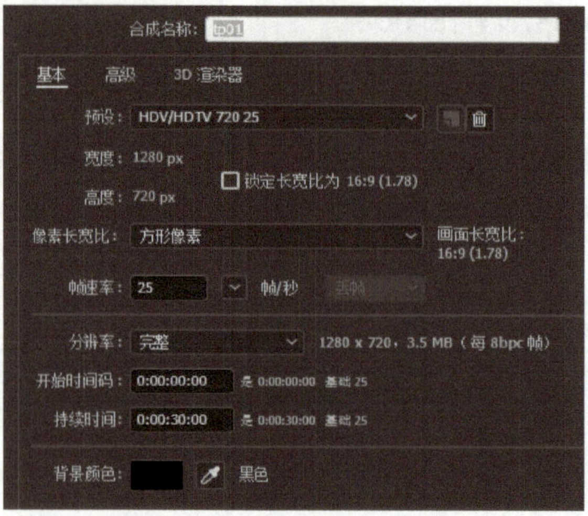

图 5-142

2）用圆角矩形遮罩框住图片，其他的图片同理，如图5-143所示。

图 5-143

步骤2：

新建一个大小为（1280×720）px的合成，命名为“合成1”。新建一个固态层，执行“特效”→“生成”→“渐变”命令。设置渐变的起点颜色为#FFFFFF，结束颜色为#BAD2E5，把图片合成放入，如图5-144和图5-145所示。

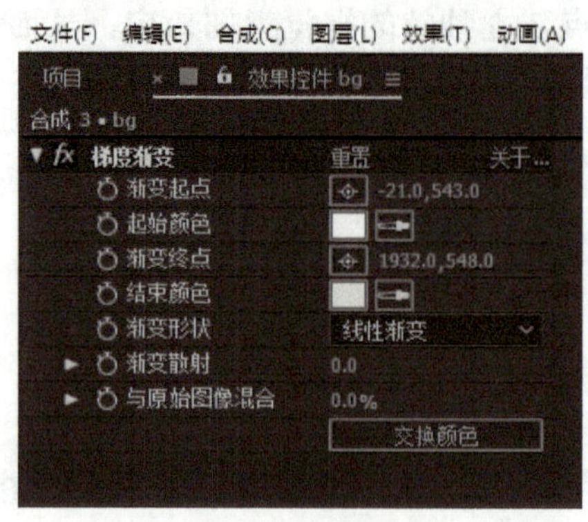

图 5-144

图 5-145

步骤3：

新建一个大小为（1280×150）px的合成，命名为“text01”，新建文字并输入文字“西藏的自然风光”，参数如图5-146所示。

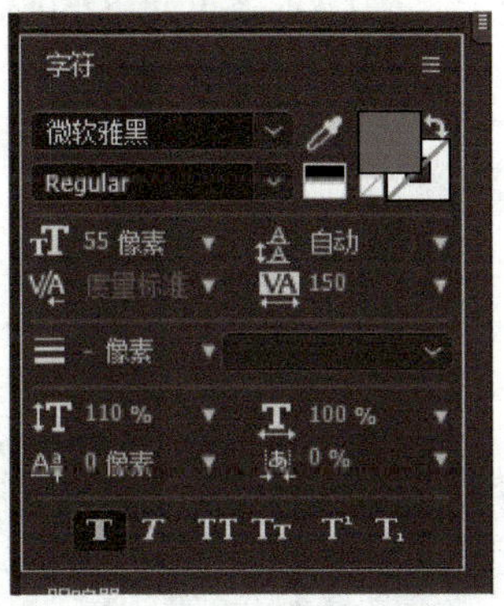

图 5-146

步骤4：

1）新建一个固态层，用钢笔工具画一个三角形。把文字层和三角形固态层设置成父子级，文字层为子级，三角形固态层为父级，如图5-147所示。

2）新建一个固态层，单击取消缩放的锁定（数值前），设置开始数值为80，1.0%，3个的位置数值如图5-147所示。

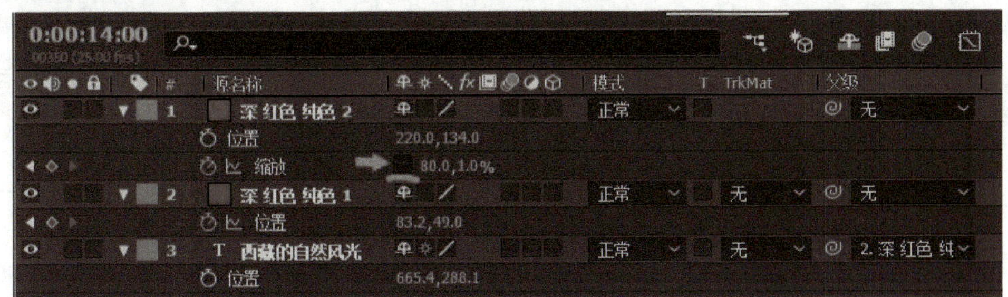

图 5-147

步骤5：

三角形固态层（即深红色纯色1）位置开始时间为00：00，数值为-468.8，49，结束帧为00：12，数值为83.2，49。

横线层开始时间为00:04，缩放数值为0.0，1.0%，结束时间为00：21，缩放数值为80，1.0%

同理制作“西藏的山”“西藏的湖”“西藏的江”，如图5-148所示。

图　5-148

步骤6：

新建摄像机和空层，新建一个黑色固态层（做阴影层），用椭圆遮罩工具画一个遮罩，数值为蒙版羽化62.0，62.0像素，蒙版不透明度为50%，复制3个这个固态层（即一共4个），如图5-149所示。

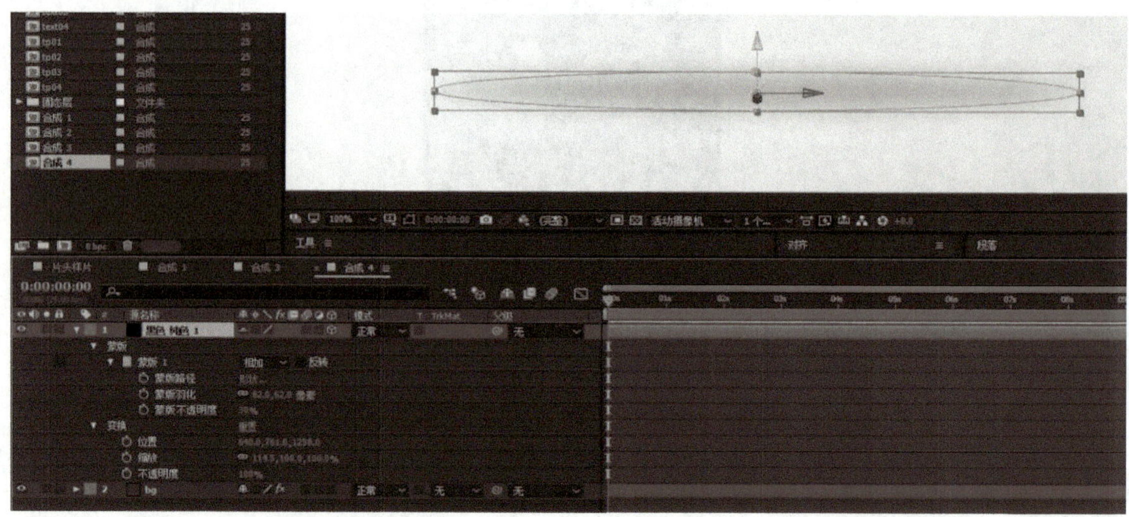

图　5-149

步骤7：

1）把文字层、图片层放入，设置阴影层01和text01为子级，tp01为父级。tp01与空层为父子级，tp01为子级，空层为父级，其他同理，如图5-150所示。

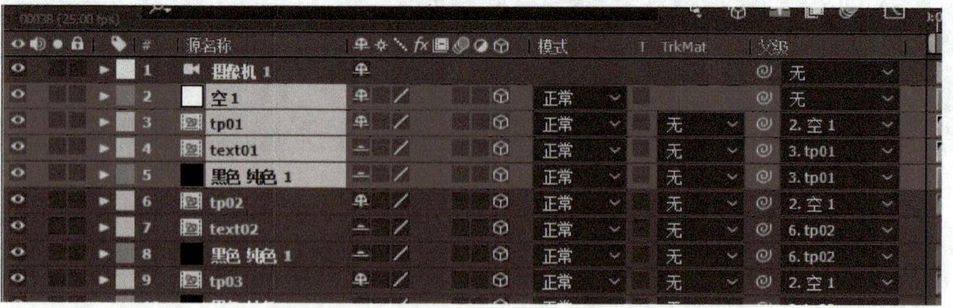

图　5-150

2）空层设置位置帧，开始帧为00:00，数值为640，341，1258；第2帧为00:09，数值为640，341，-140；第3帧为02:13，数值为640，341，-537；第4帧为02:22，数值为640，341，-1851；第5帧为04：22，数值为640，341，-2125；第6帧为05:05，数值为640，341，-3109；第7帧为07:08，数值为640，341，-3635；第8帧为07:16，数值为640，341，-4625；第9帧为09:18，数值为640，341，-5019；结束帧为10:01，数值为640，341，-6743；如图5-151所示。

图 5-151

步骤8：

调整摄像机的焦距和光圈，打开景深。开始帧为04:22，焦距为2600像素，光圈为175像素；结束帧为05:05，焦距为3129像素，光圈为830像素。复制这4个帧，粘贴在第8、9帧和第9、10帧，如图5-152所示。

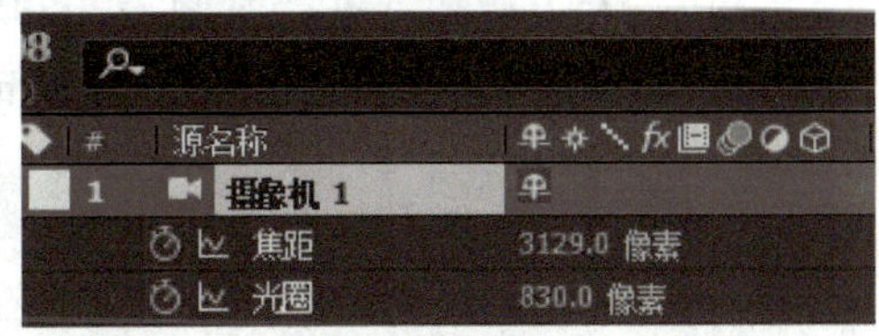

图 5-152

步骤9：

文字层的出现时间：文字层01为00:00，文字层02为02:22，文字层03为05:09，文字层04为07:12，如图5-153所示。

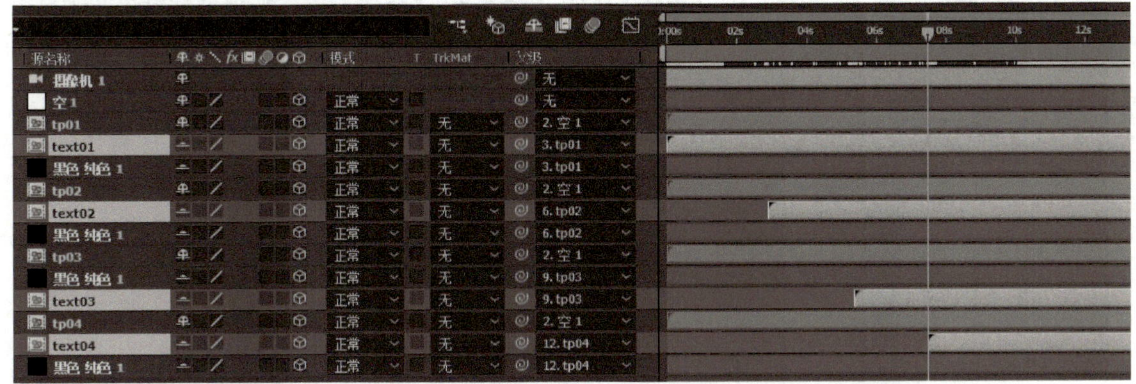

图 5-153

步骤10：

1）制作片头结束文字。新建大小为（1280×720）px的合成组，命名为“合成2”。

2）分别制作文字层“天上西藏”“雪域高原”“人间净土”“静待君来”文字，设置如图5-154所示。

步骤11：

1）文字特效设置为“动画预设”→“文字”→“3D文字”→“3D行盘旋入”。

2）将文本对象中的“Animator 1”的不透明度设置为0，如图5-155所示。

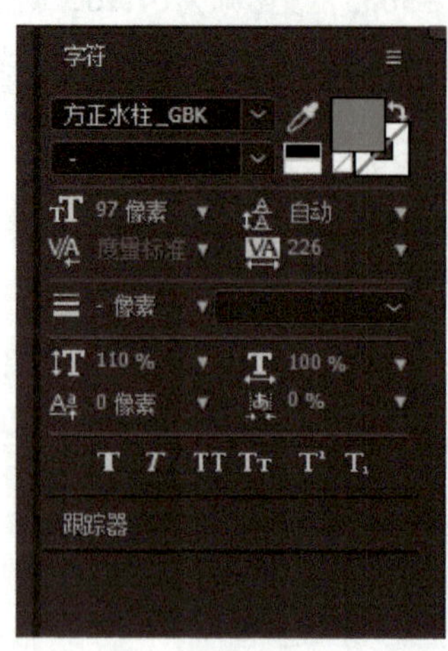

图 5-154

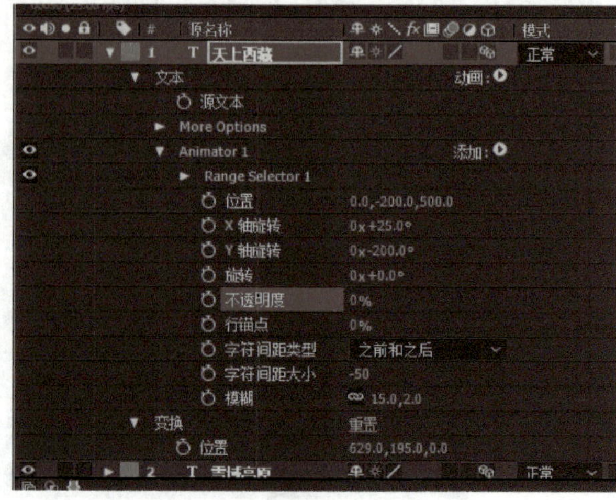

图 5-155

3）“天上西藏”开始时间为00:00，“雪域高原”开始时间为00:09，“人间净土”开始时间为00:17，“静待君来”开始时间为01:01，如图5-156所示。

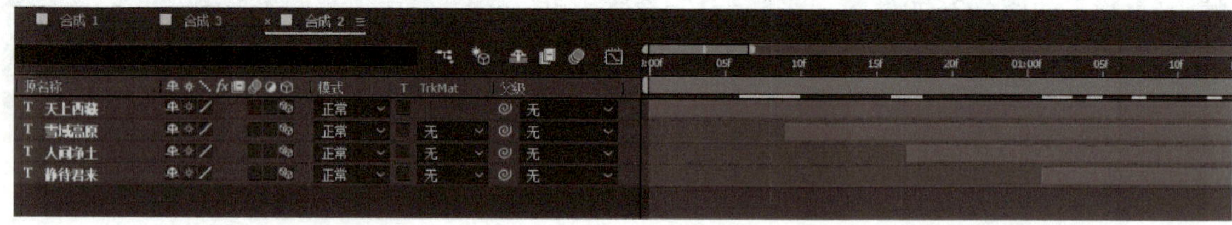

图 5-156

步骤12：

1）新建大小为（1280×720）px的合成组，命名为“合成3”，把背景粘贴在合成3，删除合成1和合成2的背景。

2）把合成1和合成2拖到合成3，合成2进入画面的时间为10:10。

3）新建颜色为#BAD2E5的固态层，遮罩为矩形，如图5-157所示。

图 5-157

步骤13：

设置关键帧，从左到右再到左，再复制一个背景层，设置特效为“过渡”→“线性擦除”，如图5-158所示。

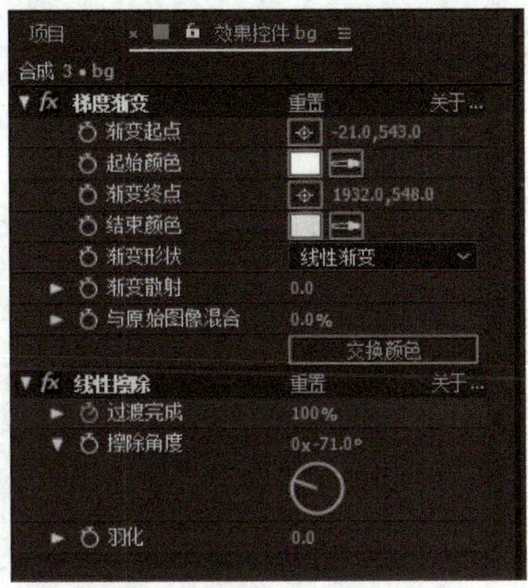

图 5-158

出现时间为10:01，结束时间为10:23。

二、片尾制作

步骤1：

1）新建一个大小为（500×500）px的合成，命名为“图片01”，把图片放入，并把图片移到合适的位置，如图5-159所示。

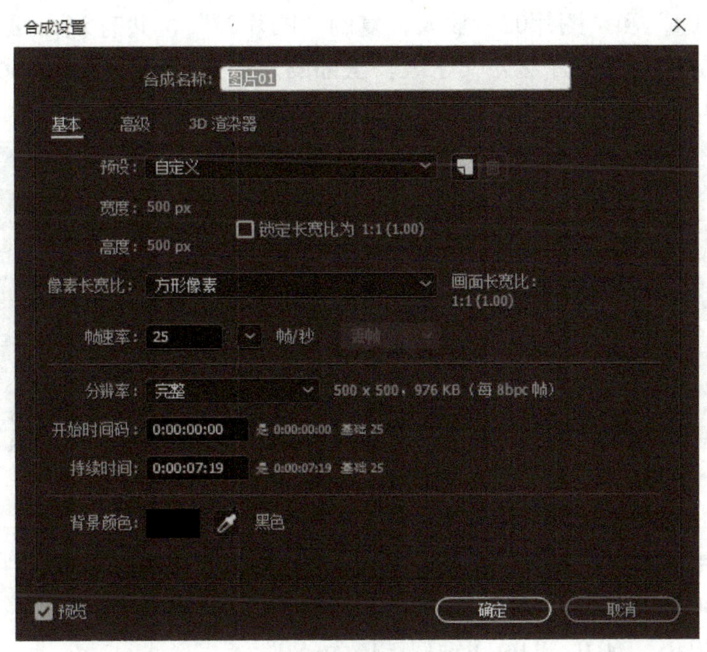

图 5-159

2）复制“图片01”为“图片02”，新建固态层#001582，不透明度为65%，如图5-160所示。

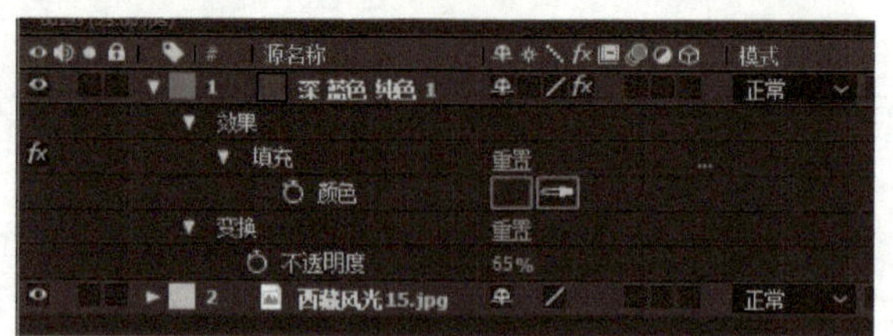

图　5-160

步骤2：

1）新建一个大小为（1280×720）px的合成，命名为“合成1”，如图5-161所示。

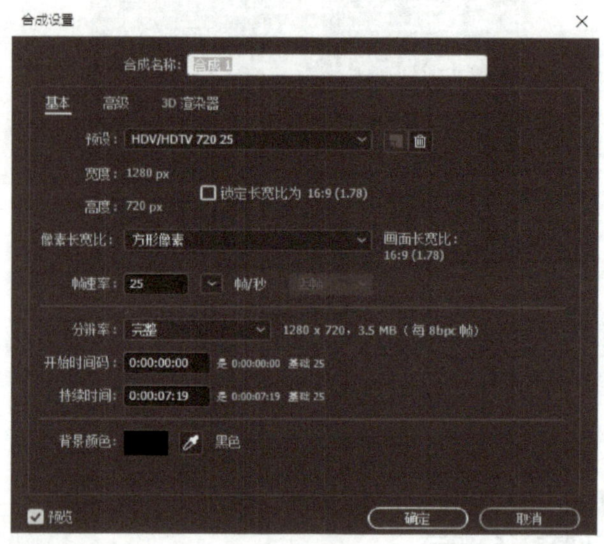

图　5-161

2）把“图片01”和“图片02”放入，复制“图片02”，共有5个“图片02”。新建一个空层，设置空层和全部图片层为父子级，全部图片层为子级，空层为父级，并全部打开三维，如图5-162所示。

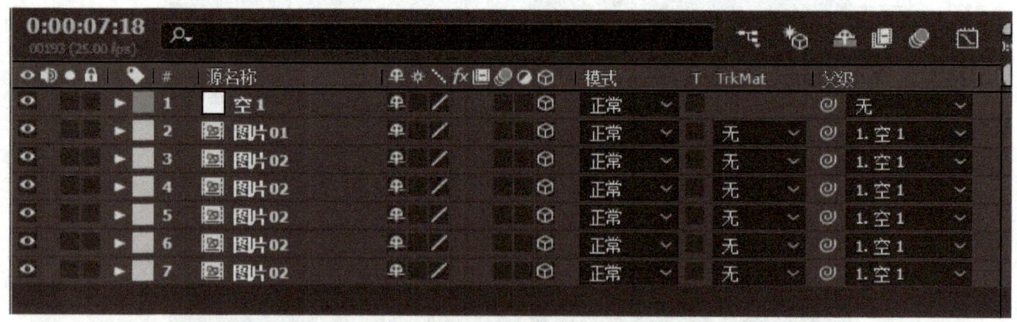

图　5-162

步骤3：

设置每个图片层的位置和旋转数值。

1的位置为640.0，360.0，−250.0。

2的位置为390.0，360.0，0.0；*Y*轴旋转值为−90°。

3的位置为890.0，360.0，0.0；*Y*轴旋转值为90°。

4的位置为640.0，110.0，0.0；*Y*轴旋转值为−90°。

5的位置为640.0，610.0，0.0；*Y*轴旋转值为-90°。

6的位置为640.0，360.0，250.0，参数如图5-163所示。

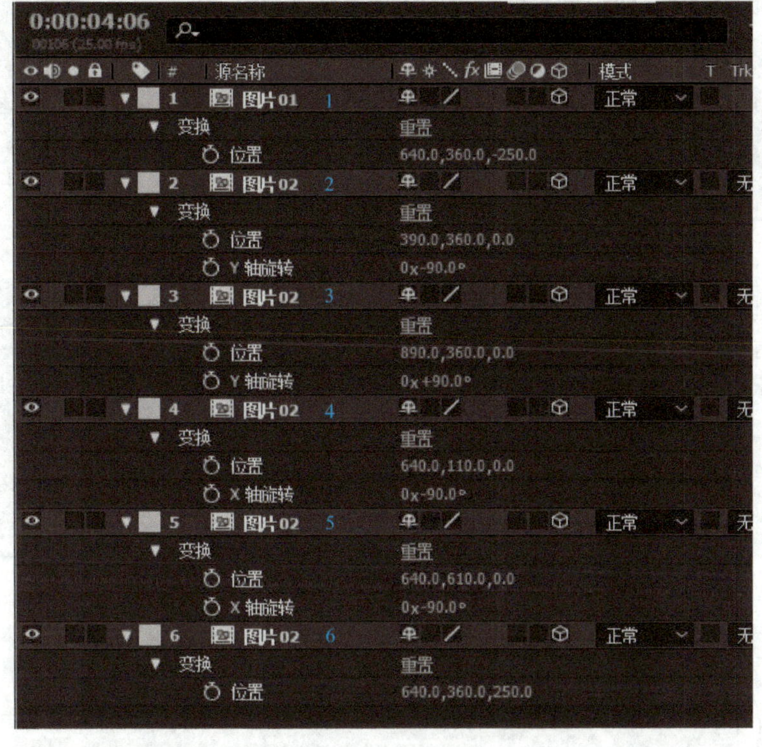

图 5-163

步骤4：

设置空层的位置、方向、*X*、*Y*、*Z*轴旋转的数值，如图5-164～图5-169所示。

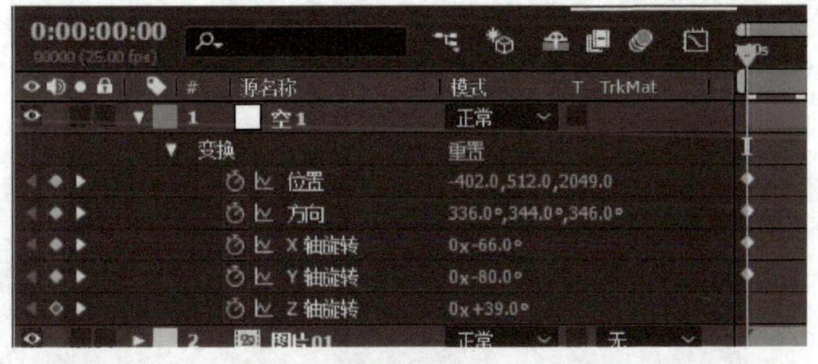

图 5-164

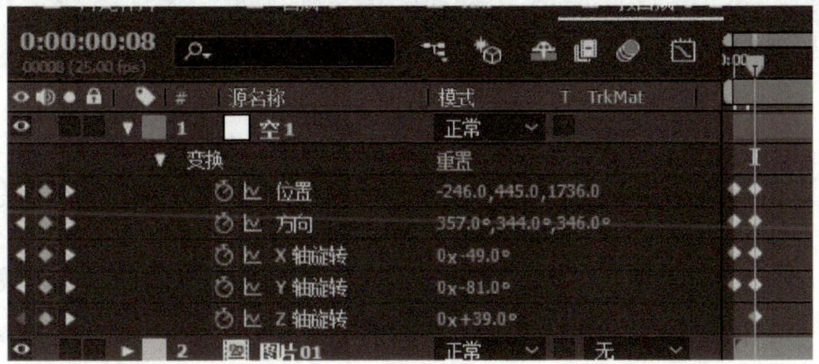

图 5-165

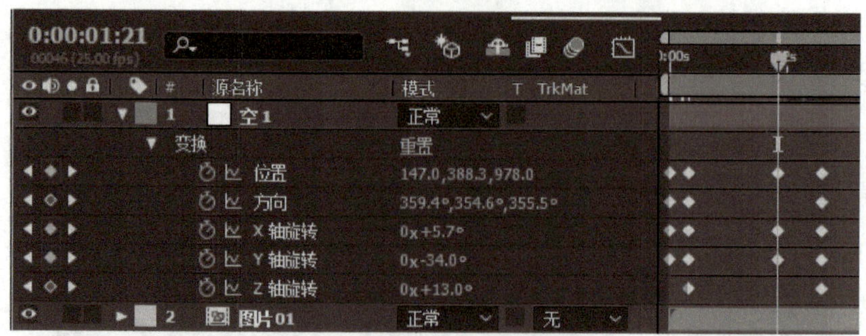

图 5-166

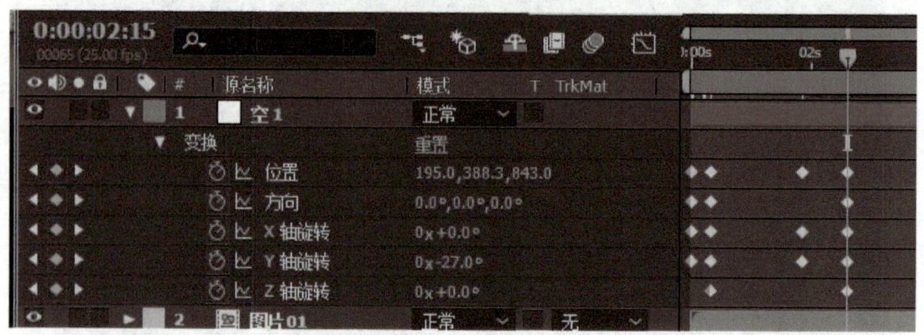

图 5-167

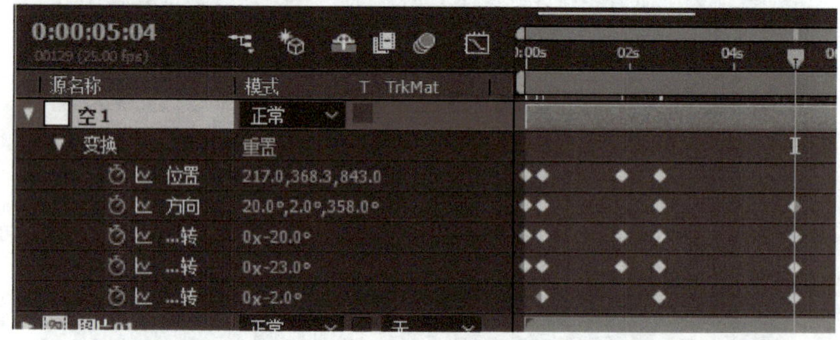

图 5-168

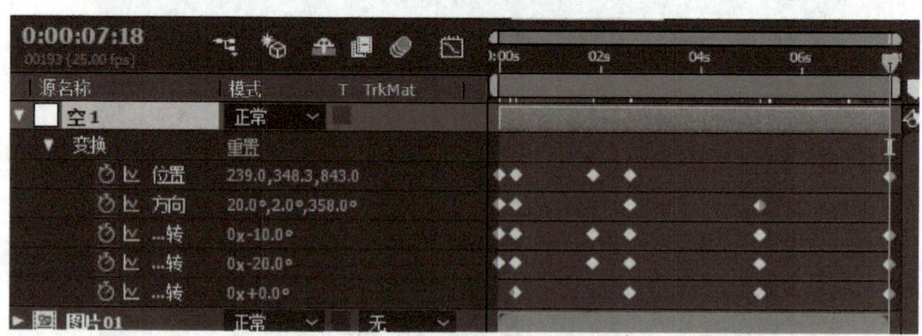

图 5-169

步骤5：

1）新建大小为（1920×1080）px的合成。新建文字“感谢观看”，颜色为#1C53B3，如图5-170所示。

2）新建文字“THANKS FOR WATCHING”，颜色为#414247，如图5-171所示。

3）新建文字“天山西藏，雪域高原，人间净土，静待君来！”，颜色为#262629，如图5-172所示。

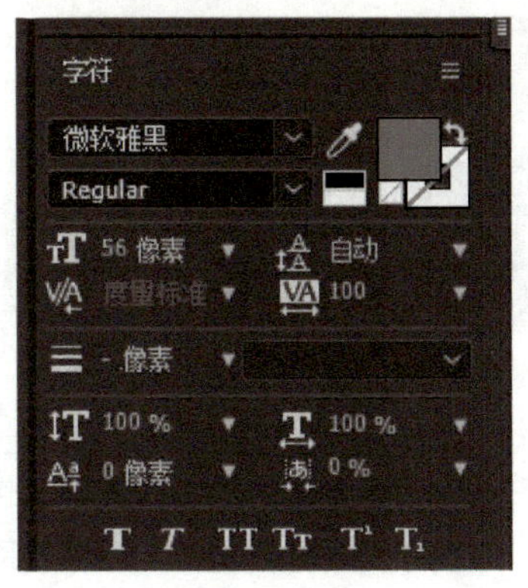

图 5-170

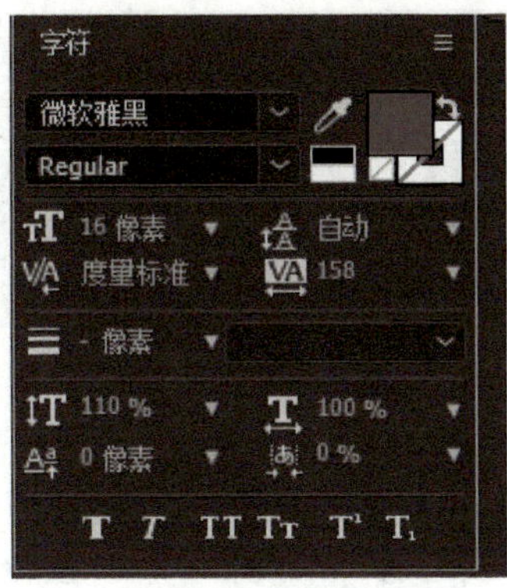

图 5-171

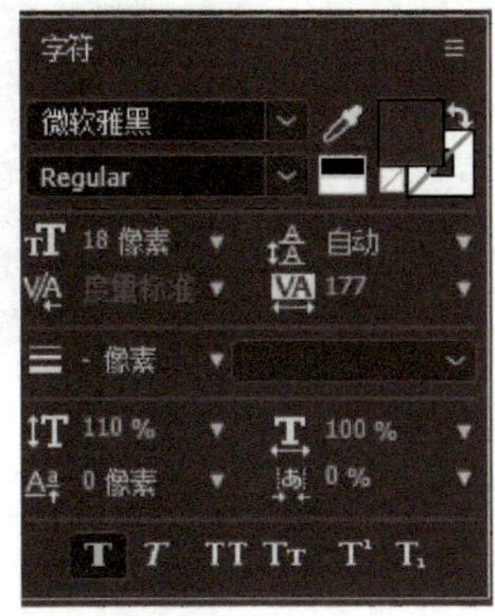

图 5-172

步骤6：

1）新建黑色固态层，缩放为28，0.5%，按<Y>键打开锚点工具，如图5-173所示，把锚点移植到线段的左侧。数值参考如图5-174所示。

图 5-173

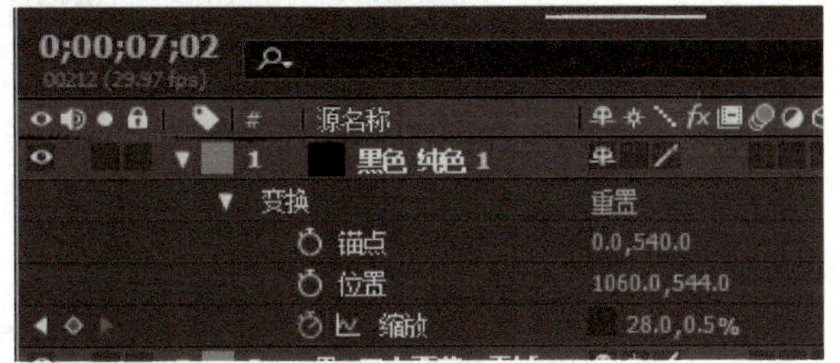

图 5-174

2）制作黑色固态层的缩放运动。开始时间为00:00，缩放数值为0，0.5%，结束时间为00:25，缩放数值为28，0.5%，如图5-175所示。

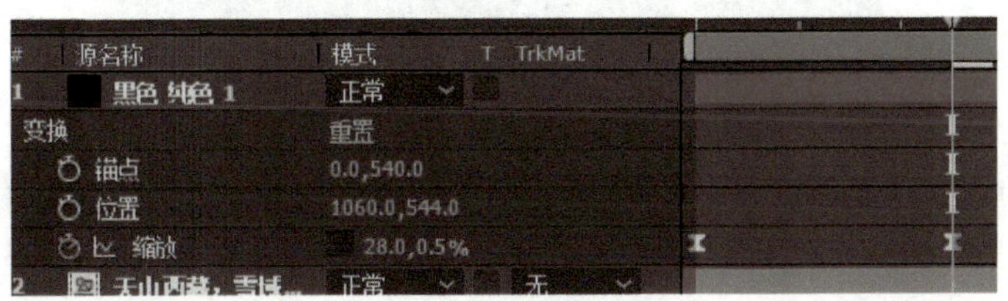

图 5-175

3）制作“感谢观看”的不透明度运动。开始时间为00:01，不透明度为“0%”；结束时间为00:15，不透明度为100%，如图5-176所示。

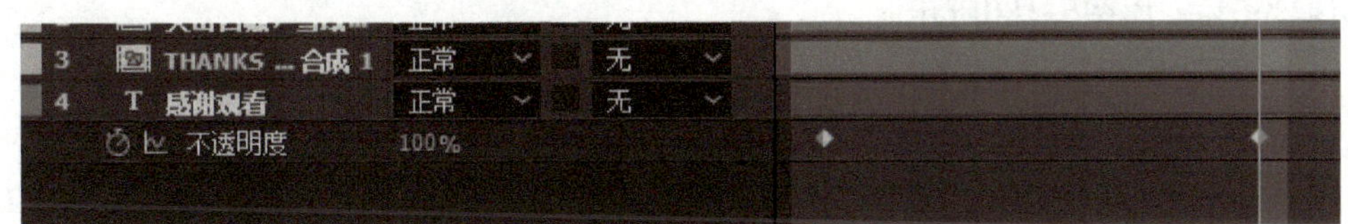

图 5-176

4）制作“THANKS FOR WATCHING”的位置运动。开始时间为01:00，位置为1063.5，569；结束时间为01:15，位置为1063.5，529，如图5-177所示。

图 5-177

步骤7：

对“感谢观看”和“THANKS FOR WATCHING”进行预合成。选择“感谢观看”层，按<Ctrl+Shift+C>组合键或选择“图层”→“预合成”命令。同理设置“THANKS FOR WATCHING”层，如图5-178所示。

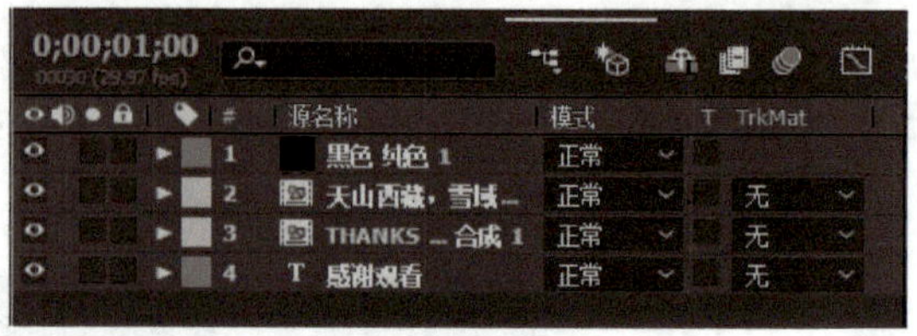

图 5-178

步骤8：

把空层和图片层一起预合成，即“预合成1”，把文字层整个开始时间设为00:16，如图5-179所示。

图 5-179

步骤9：

调整“预合成1”的不透明度值。开始时间为00:00，不透明度为0%；第2帧时间为00:20，不透明度为100%；第3帧时间为07:03，不透明度为100%；结束时间为07:18，不透明度为0%。

调整“text”文字层位置、缩放和不透明度数值。位置和缩放开始时间为00:13，位置数值为543，360，缩放数值为50，50%；结束时间为03：00，位置数值为638，360，缩放数值为66，66%。不透明度开始时间为07:03，不透明度数值为100%；结束时间为07:18，不透明度为0%，如图5-180所示。

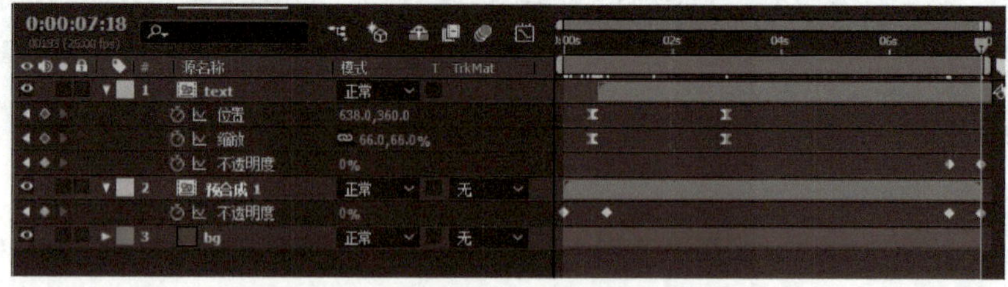

图 5-180

三、主片1制作

步骤1：

1）新建一个大小为（1280×720）px的合成，命名为“tp01”，如图5-181所示，把图片导入并移到合适的位置。

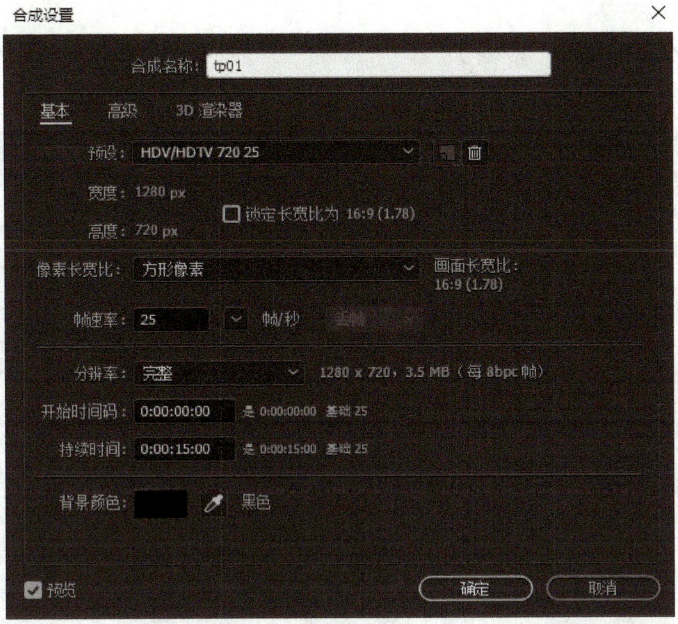

图 5-181

2）“tp01”导入第1张图“b念青唐古拉山01.jpg”。缩放数值为174，174%；设置位置关键帧，开始时间为00:00，位置数值为862，360；结束时间为05:00，位置数值为802，360。

“tp02”导入第2张图“b西藏风光13.jpg”。缩放数值为140，140%；执行“特效”→“颜色校正”→“色调”命令。

“tp03”导入第3张图“18.jpg”。执行“特效”→“颜色校正”→“色相/饱和度”命令，如图5-182所示。

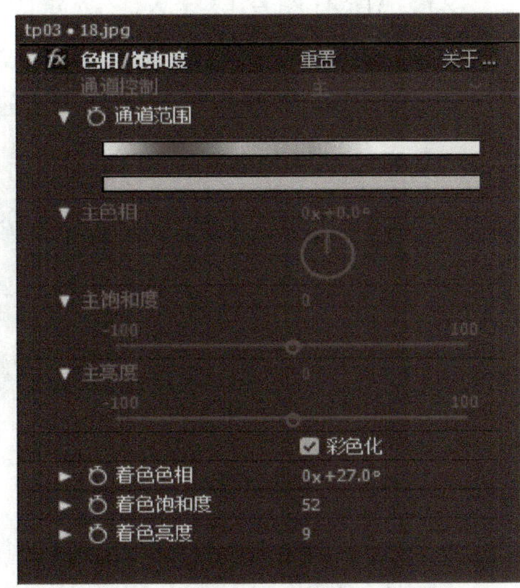

图 5-182

“tp04”导入第4张图“b西藏风光10.jpg”。执行“特效”→“颜色校正”→“色调”。设置位置关键帧，开始时间为05：00，位置数值为524，310；结束时间为10:00，位置数值为524，372。

“tp05”导入第5张图“b西藏风光11.jpg”。位置开始时间为05:00，位置数值为640，584；结束时间为10:00，位置数值为640，648。

“tp06”导入第6张图“22.jpg”缩放数值为400，400%；设置位置关键帧，开始时间为05：00，位置数值为94，902；结束时间为10:00，位置数值为94，958。

“tp07”导入第7张图“b西藏风光18.jpg”设置位置关键帧，开始时间为10：00，位置数值为898，388；结束时间为14：11，位置数值为898，434。

“tp08”导入第8张图“b西藏风光12.jpg”。设置位置关键帧，开始时间为10：02，位置数值为640，360；结束时间为14：24，位置数值为600，360。

步骤2：

1）新建一个大小为（1280×720）px的合成，命名为“合成1”，如图5-183所示。

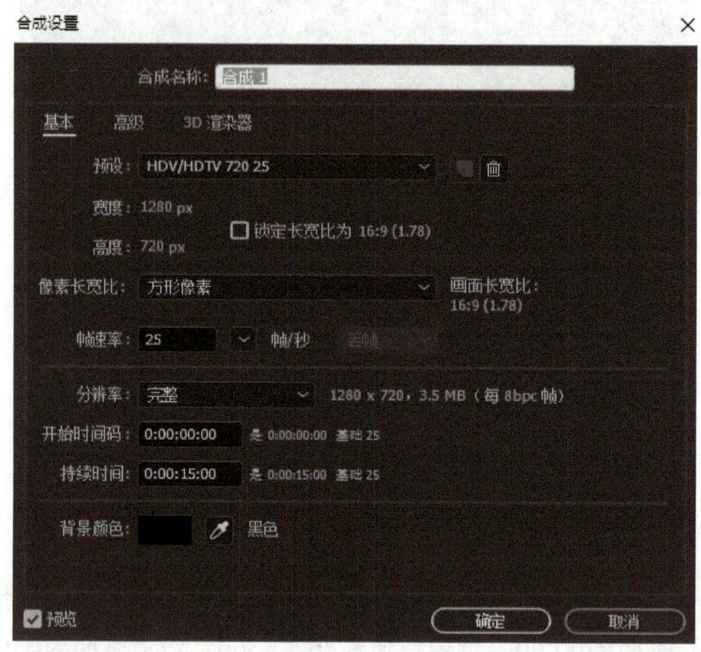

图 5-183

2）把所有图片层导入。新建固态层，执行“特效”→“生成”→“梯度渐变”命令。起始颜色为#DEDEE1，结束颜色为#A7A4C0，如图5-184所示。

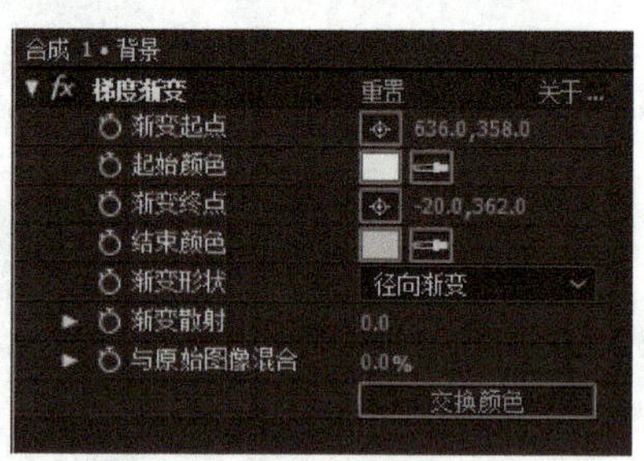

图 5-184

步骤3：

设置每个图片层的位置、特效和蒙版。

“tp01”的开始时间为00:02，位置为-644，360；第2帧时间为01:02，位置为-84，360；第3帧时间为04:03，位置为-84，360；结束时间为05:06，位置为-656，360。执行“特效”→“生成”→“描边和特效”→“透视”→“投影”命令，如图5-185所示。增加蒙版，可按<Ctrl+Shift+N>组合键，如图5-186所示。

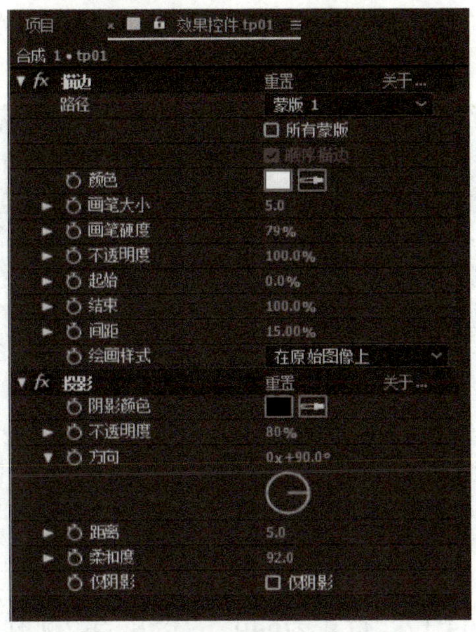

图 5-185

图 5-186

“tp02”的开始时间为00:23，位置为-212，360；第2帧时间为01:13，位置为296，360；第3帧时间为04:06，位置为296，360；结束时间为04:20，位置为-658，360。特效和蒙版同“tp01”，如图5-187所示。

“tp03”的开始时间为01:20，位置为258，360；第2帧时间为02:03，位置为654，360；第3帧时间为04:01，位置为654，360；结束时间为05:06，位置为-656，360。特效和蒙版同“tp01”，如图5-187所示。

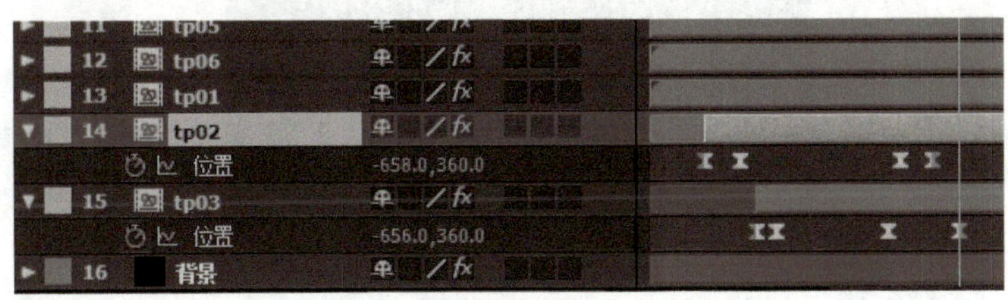

图 5-187

“tp04”的开始时间为04:19，位置为640，-380；第2帧时间为05:19，位置为640，

-22；第3帧时间为08:24，位置为640，-22；结束时间为09:19，位置为640，-380。特效同“tp01”，但投影的的方向为0，180°；蒙版，如图5-188所示。

图 5-188

“tp05”的开始时间为04:17，位置为640，-380；第2帧时间为05:17，位置为640，170；第3帧时间为08:21，位置为640，170；结束时间为09:21，位置为640，-380。特效和蒙版同“tp04”。

“tp06”的开始时间为04:14，位置为640，-380；第2帧时间为05:15，位置为640，368；第3帧时间为08:18，位置为640，368；结束时间为09:24，位置为640，-380。特效和蒙版同“tp04”。

“tp07”的开始时间为09:05，位置为-654，360；第2帧时间为10:02，位置为150，360；第3帧时间为13:00，位置为150，360；结束时间为14:00，位置为-654，360。特效和蒙版同“tp01”。

“tp08”的开始时间为09:03，位置为-654，360；第2帧时间为10:02，位置为1066，360；第3帧时间为12:24，位置为1066，360；结束时间为14:02，位置为-654，360。特效和蒙版同“tp01”。

步骤4：

新建黑色固态层，设置不透明度数值。开始时间为00:01，不透明度为100%；结束时间为00:17，不透明度为0%。

步骤5：

1）新建黑色固态层。增加蒙版，蒙版数值设置如图5-189所示。

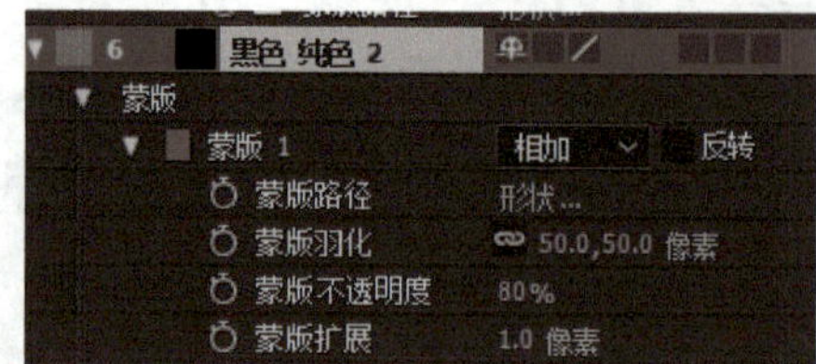

图 5-189

2）设置不透明度数值。开始时间为01:01，不透明度数值为0%；第2帧时间为01:19，不透明度数值为100%；第3帧时间为03:03，不透明度数值为100%；结束时间为03:17，不透明度数值为0%，如图5-190所示。

图 5-190

3）新建文字“白雪皑皑”，颜色为#FFFFFF，开始时间为01:19；第2帧时间为02:06；第3帧时间为02:21；结束时间为03:09，如图5-191所示。

图 5-191

4）新建文字“碧野千里”和“气势磅礴”。

“碧野千里”的固态层出现时间为05:19，文字层的出现时间为06:05。

“气势磅礴”的固态层出现时间为11:00，文字层的出现时间为11:09，如图5-192所示。

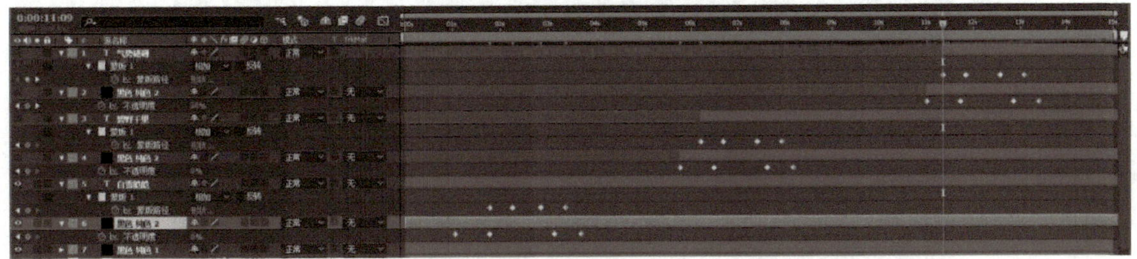

图 5-192

四、主片2制作

步骤1：

1）新建一个大小为（1280×720）px的合成，命名为“t01”，把图片导入并移到合适的位置，如图5-193所示。

2）新建白色固态层，新建蒙版，如图5-194所示。

新建文字“措那湖”，文字颜色为#F80234。

同理新建文字“玛旁雍错湖”“青海湖”“扎西南木错湖”“巨大的蓝宝石”“藏北草原”“赏心悦目”层。在“t02”“t04”“t06”中增加特效，执行“特效”→“颜色校正”→“色调”命令。

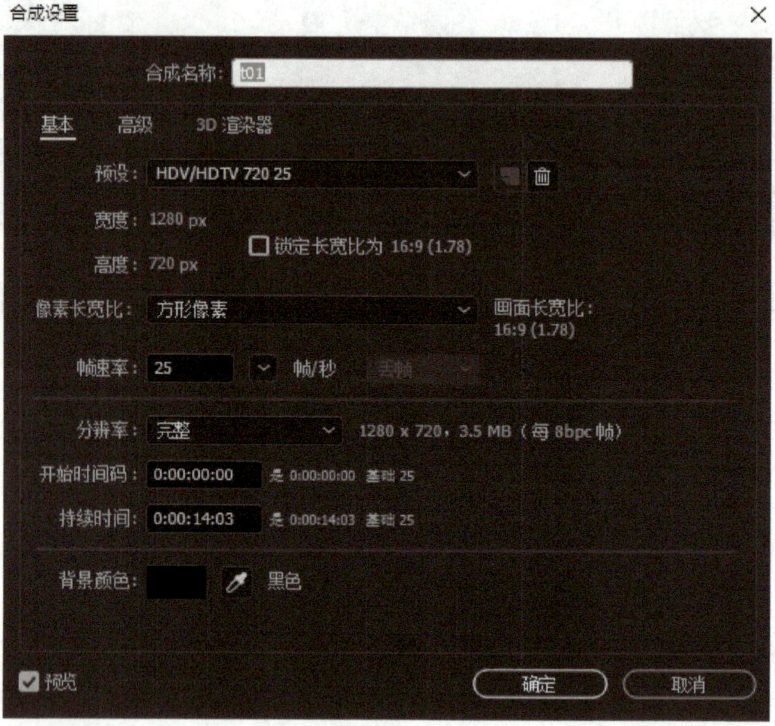

合成设置

合成名称：t01

基本　高级　3D 渲染器

预设：HDV/HDTV 720 25

宽度：1280 px

高度：720 px

锁定长宽比为 16:9 (1.78)

像素长宽比：方形像素

画面长宽比：16:9 (1.78)

帧速率：25　帧/秒

分辨率：完整　1280 x 720，3.5 MB（每 8bpc 帧）

开始时间码：0:00:00:00　是 0:00:00:00 基础 25

持续时间：0:00:14:03　是 0:00:14:03 基础 25

背景颜色：黑色

预览　确定　取消

图　5-193

图　5-194

步骤2：

1）新建一个大小为（1280×720）px的合成，命名为“合成 1”。

2）把所有图片层放入，新建固态层，执行“特效”→“生成”→“梯度渐变”命令。起始颜色为#9CABB6，结束颜色为#2D3742，如图5-195所示。

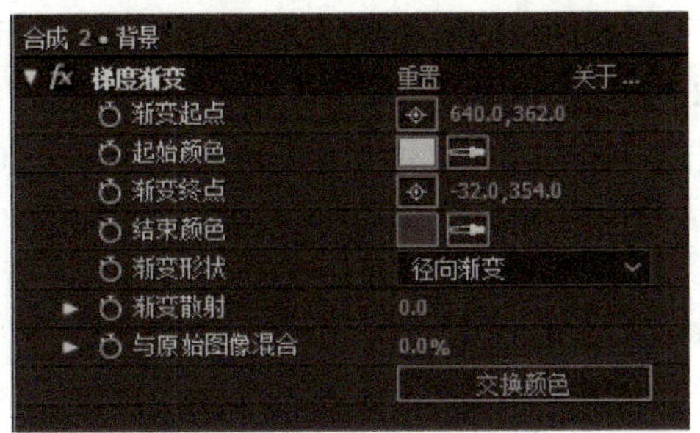

图 5-195

步骤3：

所有图片层以空层为父级，图片层和空层全部打开三维和动态模糊，如图5-196所示。

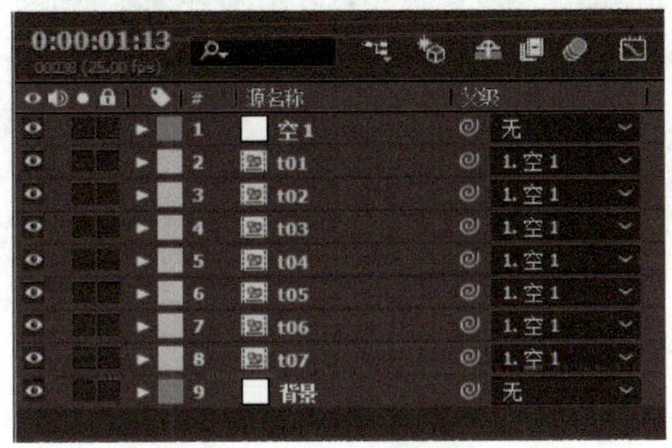

图 5-196

步骤4：

“t01”位置为0.0，0.0，0.0；“t02”位置为1580.0，0.0，0.0；“t03”位置为3148.0，0.0，0.0，“t04”位置为4716，0，0；“t05”位置为4716.0，900.0，0.0；“t06”位置为4716.0，1792.0，0.0；“t07”位置为4716.0，2656.0，0.0，如图5-197所示。

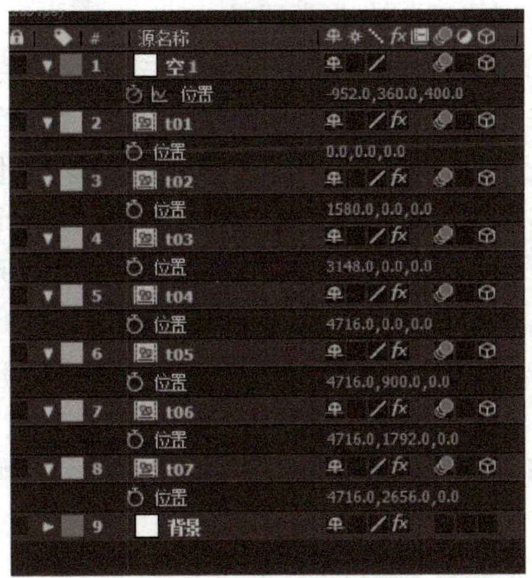

图 5-197

步骤5：

设置空层的位置数值。

第1帧时间为00:03，位置为640，1198，400；第2帧时间为00:16，位置为640，307，400；第3帧时间为00:23，位置为640，360，400；第4帧时间为01:24，位置为640，360，

400；第5帧时间为02:17，位置为-969，360，400；第6帧时间为03:04，位置为-935，360，400；第7帧时间为04:00，位置为-935，360，400；第8帧时间为04:17，位置为-2544，360，400；第9帧时间为04:24，位置为-2506，360，400；第10帧时间为05:20，位置为-2506，360，400；第11帧时间为06:11，位置为-4112，360，400；第12帧时间为06:18，位置为-4053，360，400；第13帧时间为07:17，位置为-4053，360，400；第14帧时间为08:09，位置为-4053，-582，400；第15帧时间为08:16，位置为-4053，-540，400；第16帧时间为09:17，位置为-4053，-540，400；第17帧时间为10:08，位置为-4053，-1474，400；第18帧时间为10:16，位置为-4053，-1419，400；第19帧时间为11:15，位置为-4053，-1419，400；第20帧时间为12:06，位置为-4053，-2344，400；第21帧时间为12:17，位置为-4053，-2294，400，如图5-198所示。

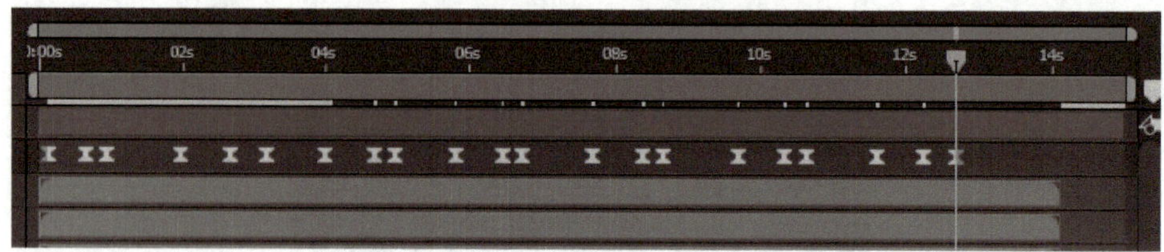

图 5-198

设置完成后渲染并输出视频。

◆ 相关知识

什么是色彩校正？在处理影像素材时，有时候为了达到特殊的艺术效果，往往需要对素材的颜色进行特殊的处理；此外，在实际拍摄时难免造成影像的曝光不足或曝光过渡，而且不同的影像在应用到同一项目中时色彩信息往往不统一，这时必须要对影片进行校色。校色是后期制作中非常重要的一个环节，就像画画一样，如果整幅画面色调不统一、颜色不和谐，那么这幅画很可能看起来非常混乱。

在After Effects软件中自带了许多种色彩校正方式，其中包括改变图像的色调、饱和度、亮度与对比度、色彩平衡等特效，还可以通过滤镜特效并配合层模式改变图像。基于计算机色彩理论的色彩校正可以将导入的素材进行颜色和其他信息上的调节，使其产生最受人欢迎的视觉效果。在本项目中用到了色彩平衡、亮度和对比度等颜色校正特效。

那么什么是色彩平衡呢？自然界的色彩刺激人的视觉器官产生色的感觉，是大脑中枢产生色彩的生理平衡需求，人的视觉器官对色彩具有协调舒适的要求，即色彩不尖锐刺激的，而能满足这种要求的色彩就是能达到生理平衡的色彩，人的视觉对色彩的这种需求，称之为色彩的平衡。

亮度与对比度滤镜特效用于调节图像的亮度和对比度，同时调整所有像素的高光、暗部和中间色。

旅游宣传片制作过程中需要注意的4个问题：

1）和客户深度沟通，明确企业需要提供什么材料，以便策划和后期剪辑使用。

2）根据客户要求确定宣传片制作的标准，影视广告片分为标清、高清、电视广播级别，不同的标准意味着制作成本不同。

3）宣传片的时间长度，时间越长，客户需要投入的成本就越高。

4）宣传片的制作目的，企业宣传片可分为企业形象宣传片和企业产品专题片。

经验分享

失效素材和激活素材：在制作过程中，如果出现因为Premiere的文件过大而导致操作和预览速度非常慢时，可以将总分素材暂时设置为失效状态，而最终需要渲染时，重新将失效的素材激活即可。

任务评价

评价指标	素材剪辑	转场特效	音画同步	整体效果
自我评价				
小组评价				
教师评价				

项目六

定格动画

知识要点

- 定格动画
- 定格拍摄
- 动画剪辑

学习目标

1．掌握定格动画的定义

2．掌握定格动画的创作方法及技巧

3．掌握Premiere软件的初级使用

4．能团队合作完成定格动画的创作

知识加油站

定格动画的概念以及发展

定格动画是通过逐格地拍摄对象然后使之连续放映，从而产生动画效果。通常所指的定格动画一般都是由黏土偶、木偶或混合材料的角色来演出的，如图6-1所示。这种动画形式的历史和传统意义上的手绘动画历史一样长，甚至可能更古老。

图 6-1

定格动画具备相当的优势，其最显著的优势便是制作人员门槛低，另外就是投资成本相对而言低廉。

从人才方面来说，中小型定格动画制作团队（50人以内）的制作人员总共可以分为3部分。首先是前期的编剧、设计、分镜头绘制等，这部分工作需要专业的相关人员从事。然后是制作部分，可以分为制偶、制景、模型翻制、着色4个组，其中每个组只需要有1～2个成手进行把关，便可以运作起来。最后是拍摄部分，拍摄部分的动作师可以说是如今三大主流动画形式（平面、3D、定格）中培养速度最快、成长最为迅速的，一般培养半年左右便可以胜任大部分中低难度的镜头，2～3年便可以成长为合格的定格动画的动作师。

从制作材料方面来说，定格动画的制作材料几乎可以全部来自于生活，如图6-2和图6-3所示。工具如螺钉、扳手、钳子、刀子等，材料如泡沫塑料、铝丝、医用橡皮膏、各种布料等，甚至可以是外出郊游采集来的花草、生活当中的垃圾、二手市场中淘来的小玩意儿等。这些东西的成本普遍都很低廉，并且随手可得。

图 6-2

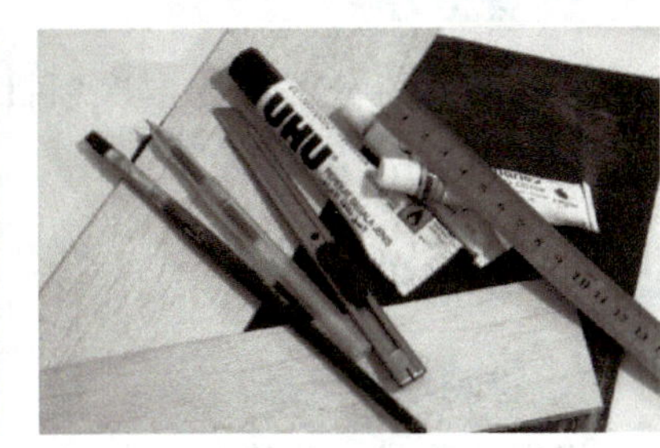

图 6-3

从拍摄方面，定格动画需要的只有相机架、相机、计算机以及连接计算机的数据线。当然大制作如《圣诞夜惊魂》《僵尸新娘》《卡洛琳》等，会用到相机移动轨及专业的灯光，会提高一些成本，不过这些成本却是和其他的影视制作投入相同，并不会高于其他影视形式。定格动画拍摄场景如图6-4所示。

图 6-4

任务一　拍摄前期准备

任务情境

中山电视台近期预推出一档少儿儿歌栏目“每日一歌”，该栏目主要以少儿儿歌为主题，制作一档符合学前儿童的节目，在每期节目中需要加入一段儿歌的动画视频，电视台王制片向中山广播影视传媒制作公司的何导演提出了制作动画视频的合作意向。

何导根据制片的要求写了相关的文案，建议以定格动画（纸质）的表现形式，卡通形象为主，精选儿歌100首，每一首时长1min以内，根据“每日一歌”儿童节目在中山电视台午间时段4点播出、周一至周五每天播出1首的进度，签订6个月的合约。由中山广播影视传媒制作公司制作，交由何导初审，最后交由中山电视台编辑部终审。

何导将此工作项目指派给公司3个部门，动画组、摄制组和影视后期组，以每周3首的量交付。先由动画组完成定格动画创作，需要绘制相关的人物角色及制作相应的定格动画，由摄制组拍摄逐格的JPG格式的序列文件；再由影视后期组负责背景素材、音乐素材和动画素材的整理，并剪辑合成动画视频。

◆ 任务分析

以儿歌《一分钱》为本次项目的主题，动画组绘制场景和人物，为后面的摄制组和影视后期组做好前期准备。

◆ 任务实施

1．绘制动画分镜

根据儿歌《一分钱》绘制动画分镜。分镜效果如图6-5所示。

图 6-5

2．人物设计

定格动画往往首先需要一个鲜明的角色形象，可以是一个人、一个动物、一件东西，当然也可以是一个臆想出来的角色，但是如果打算制作一个角色，选择合适的工具和材料是保证制作和拍摄顺利的关键。黏土、橡胶、硅胶、软陶、石膏、树脂黏土等都可以作为制作角色的主要材料。铝线、丙烯、模型漆、雕塑刀等工具也是制作角色过程中的常用材料。

此次儿歌《一分钱》定格动画，采用比较容易实现的纸片人来完成。

1）根据儿歌《一分钱》的故事设计两个人物角色，小朋友和交警叔叔。角色参考如图6-6所示。

2）因定格动画拍摄过程中，需要摆动人物四肢以及头部。所以在平面软件中分离角色四肢和头部，为实际拍摄做准备，如图6-7所示。

图 6-6　　图 6-7

3. 场景设计

场景1为交警值日厅，场景2为延伸的路边街景，如图6-8所示。

图 6-8

4. 打印输出

1）本次儿歌的定格动画方式为纸质图片动画。需要将已经绘制好的背景及人物角色等进行打印输出，如图6-9所示。

2）使用胶带把打印出来的背景图进行合成，如图6-10所示。

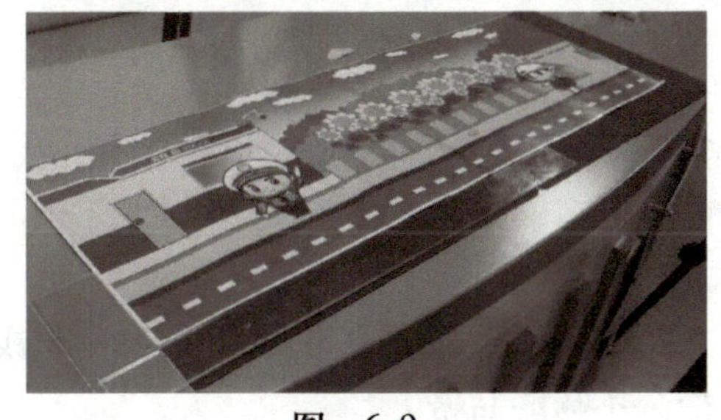

图 6-9

图 6-10

走进数字媒体

5. 角色关节绑定

绑定的基础方法是进行关节绑定，把角色裁剪后，使用针线等方式进行关节绑定，如图6-11所示。

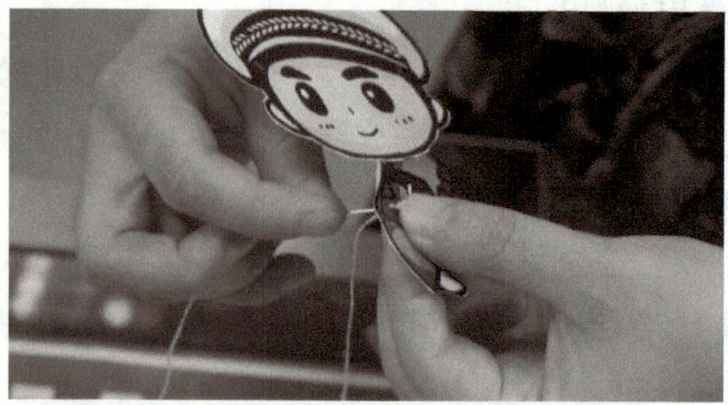

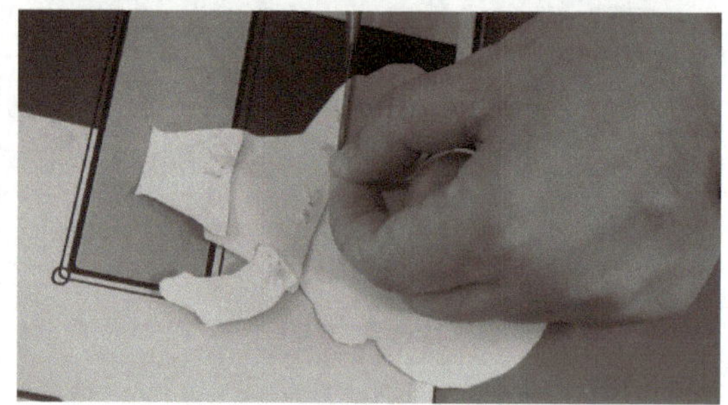

图 6-11

◆ 相关知识

项目的前期设定分角色设计和场景设计。通常一个项目开始前需分别画出多个角色和场景的概念设计稿，导演选定合适的风格之后进行细化，选定完成后就可以正式进入制作。

进入制作之前，需要特别注意的是角色设定。例如，角色的造型审美、角色制作的成本、角色的头身比、角色定位孔设计等。

分镜头是文字脚本以画面的形式通过镜头表达来阐述整个剧情的一个环节。除了把故事和镜头表达到位之外，画面的精细度也很重要，因为它能够避免后期不必要的失误。通常拿到分镜后，导演会讲解一遍，把拍摄意图先表达清楚。

◆ 知识链接

《一分钱》儿歌

我在马路边，捡到一分钱。
把它交给警察叔叔手里边，
叔叔拿着钱，对我把头点，
我高兴地说了声："叔叔再见!"

【助读】《一分钱》是由潘振声作词作曲的一首儿童歌曲。描述了小朋友捡到一分钱后交给警察叔叔的故事（见图6-12），培养小朋友拾金不昧的品格。

图 6-12

经验分享

定格动画的制作原理并不复杂，作为一名合格的定格动画师需具备：对定格动画有足够的热情；要有耐心，要把这件事认认真真地做好；需要有一定的基础，手艺和理解力都要跟得上。

任务评价

评价指标	角色与场景设计	定格拍摄	素材整理	定格剪辑
自我评价				
小组评价				
教师评价				

任务二　定格拍摄

任务情境

何导将此工作项目指派给公司3个部门，动画组、摄制组和影视后期组。动画组完成了定格动画创作，再由摄制组拍摄逐格的JPG格式的序列文件。

任务分析

以儿歌《一分钱》为本次项目的主题，动画组绘制好场景和人物之后，摄制组负责定格拍摄。

任务实施

1．定位

1）场景、角色定位。可使用长尺或者丁字尺等对场景进行位置的定位，摆放好初始位置和角色定位，如图6-13所示。

2）摆放机位。在整个拍摄过程中，只能按下相机快门，不能移动，不能调整距离，如图6-14所示。

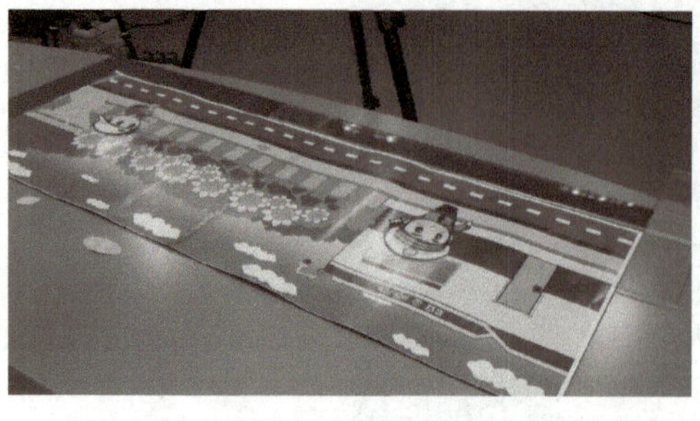

图 6-13

图 6-14

3）调整相机参数。对相机的感光度、曝光度等参数进行微调。此处选择的相机类型是Canon，如图6-15所示。

图 6-15

2. 拍摄

1）了解人物基本走路原理。走路最基本形态的第一步是交叉分腿，第二步是屈膝合腿，第三步是换腿交叉。如图6-16所示。

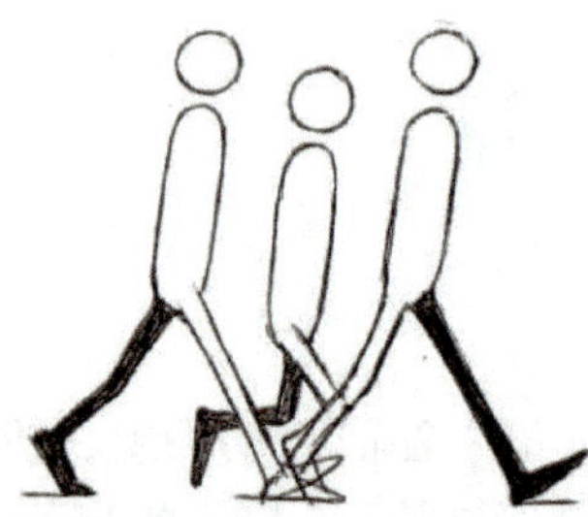

图 6-16

2）按下相机快门，拍摄的第1张静帧图片如图6-17所示。

图 6-17

3）根据人物走路原理，对角色进行单个动画的调整，每调整一步就拍摄一张图片，拍摄效果如图6-18所示。

图 6-18

4）为了产生人物向前走动的效果，保持角色一直在画面中心，采用背景移动的方式。需要一个人固定角色位置，另外一个人轻轻往后拉动背景，如图6-19所示。拉动的同时注意背景位置的偏移等问题。

5）微调一次场景后，再对人物角色进行走路动作的微调。角色位置不变，除了手和脚的动画，可适当加入头部的运动，使动画效果更加丰富，如图6-20所示。

图 6-19

图 6-20

6）静帧拍摄效果如图6-21所示。

图 6-21

◆ 相关知识

在使用镜头焦段方面，本任务中使用的是Canon EF 24-105 mm f/4L IS USM的普通镜头。焦距一般设在50左右，然而也没有固定的通常使用的焦段，因为事实上需要根据场景大小来定。拍摄迷你小场景的话则要用微距来拍。

相机的光圈、快门可根据拍摄情况来调整。这两项的可更改性很高，通常为了前后镜头保持景深一致，光圈和快门都会有所调动。一般情况下取中景，快门是1/8，光圈在5.6～8之间。

◆ 知识链接

数字特效普及前，很多电影的特技镜头都是使用逐格方式拍摄制作的，也有很多动画片是定格动画。例如《曹冲称象》《阿凡提》《神笔马良》，如图6-22所示。由于传统定格动画多用胶片摄影机逐格拍摄，成本和制作难度对普通人来说难以想象。如今数字技术的发展使得家用DC或DV也能拍摄出画面质量相当好的定格动画作品，因此越来越多的人开始自己制作定格动画作品。

图 6-22

◆ 经验分享

在整个制作流程上把分镜准备好，有一定的场景调度就足够了。但是在拍摄具体某一个镜头的时候，需要有一个相对简单的动作预演，这时候的帧数会比较少，通过拍摄关键帧来确定动作的极限以及相应的时间点。

◆ 任务评价

评价指标	角色与场景设计	定格拍摄	素材整理	定格剪辑
自我评价				
小组评价				
教师评价				

任务三　动画剪辑

任务情境

何导将此工作项目指派给公司3个部门，动画组、摄制组和影视后期组。动画组完成了定格动画创作，摄制组完成了定格拍摄，最后由影视后期组负责背景素材、音乐素材和动画素材的整理，并剪辑合成动画视频。

任务分析

以儿歌《一分钱》为本次项目的主题，动画组绘制完场景和人物，摄制组完成定格拍摄。影视后期组进行背景素材、音乐素材以及动画组提供的动画素材的整理。何导要求视频剪辑符合儿童栏目的特色，剪辑主线为表达儿歌《一分钱》的动画意境，时长在25s左右，时序以儿歌的片头标题、歌词内容和片尾语3部分为剪辑顺序。影视后期组根据何导的要求进行《一分钱》的定格动画视频创作。

任务实施

1. 新建项目序列

1）打开Premiere软件，单击“新建项目”按钮，新建文件。

2）在新建项目对话框中，单击“浏览”按钮更改文件存储路径，在“名称”文本框中修改为“一分钱”，单击“确定”按钮，如图6-23所示。

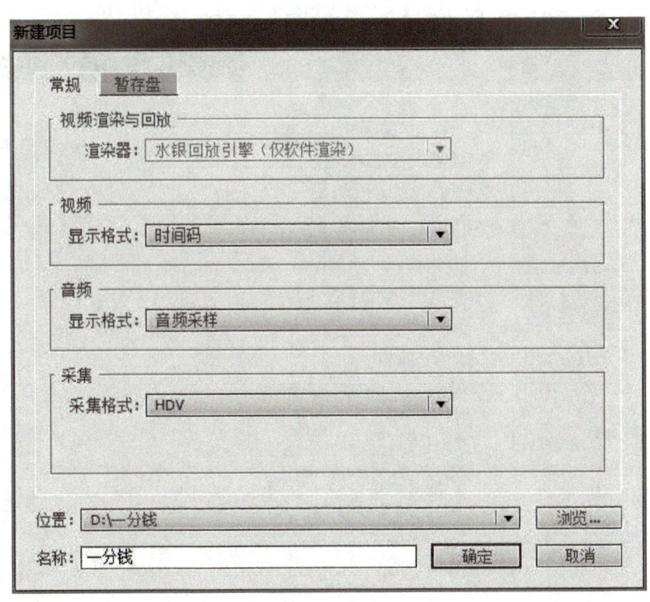

图　6-23

3）在“新的序列”对话框中，选择“DV/PAL/宽银幕48kHz”，在“序列”文本框中修改为“定格动画”，单击“确定”按钮，进入工作界面，如图6-24所示。

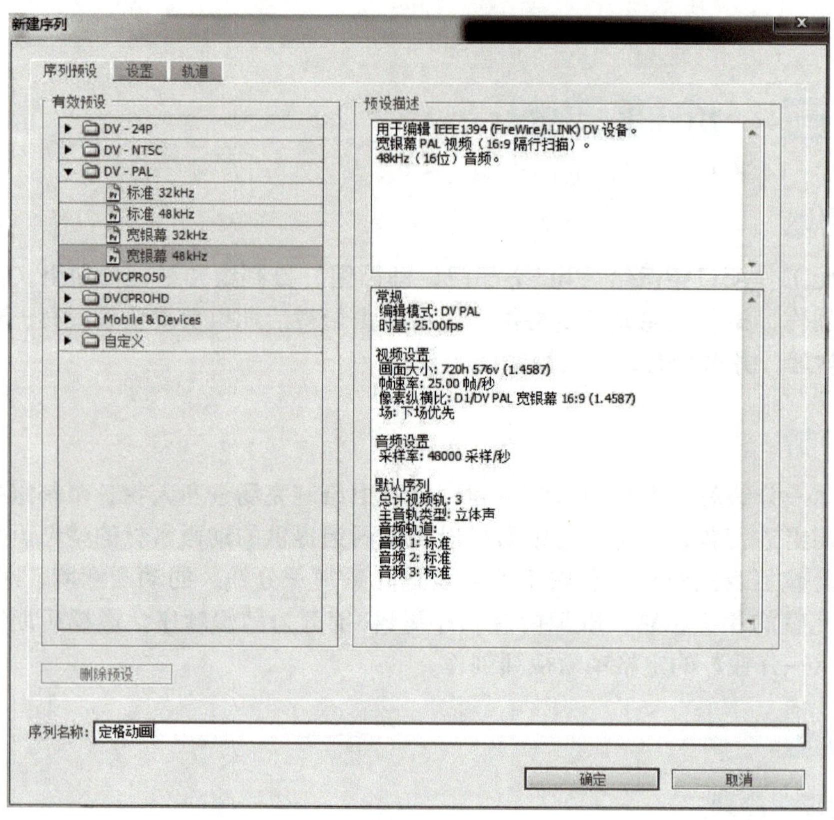

图 6-24

2. 导入素材

1）设置图片时间。选择“编辑”→“首选项”→“常规”命令，打开首选项对话框，修改静帧图像默认持续时间为“7帧”，如图6-25所示。

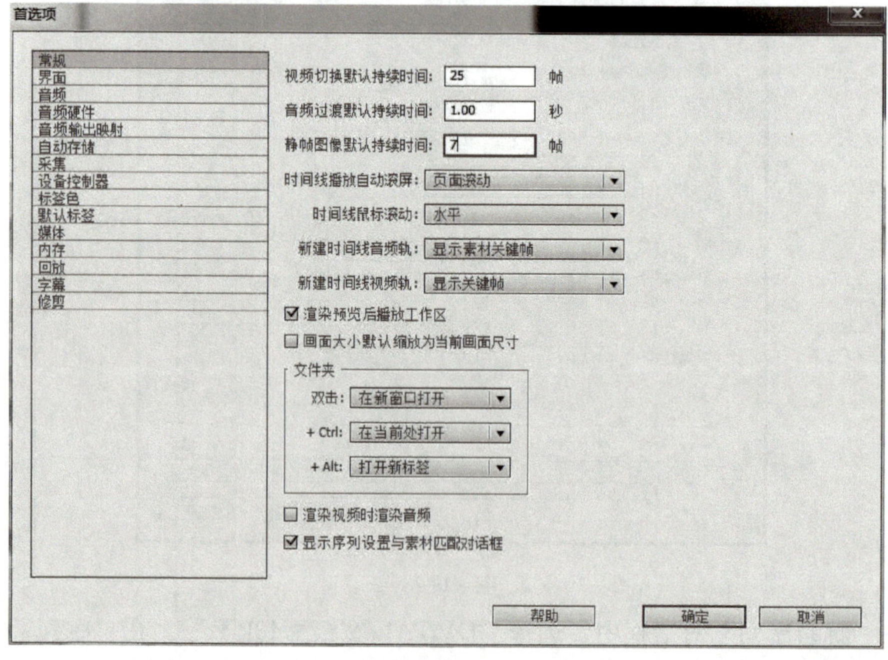

图 6-25

2）选择菜单栏中的"文件"→"导入"命令，选择"Chap7.3动画剪辑\定格图片素材\1K8A4073.jpg"等多个图片，如图6-26所示。导入到项目面板后的效果如图6-27所示。

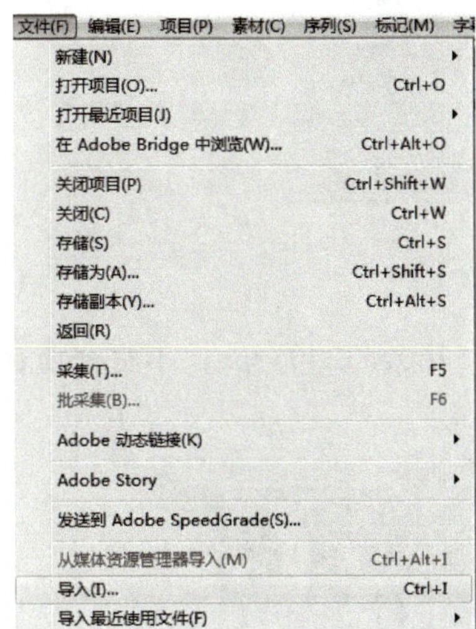

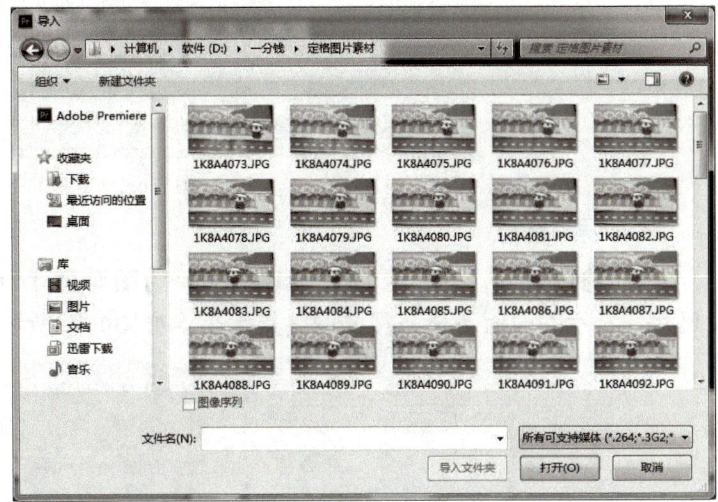

图 6-26

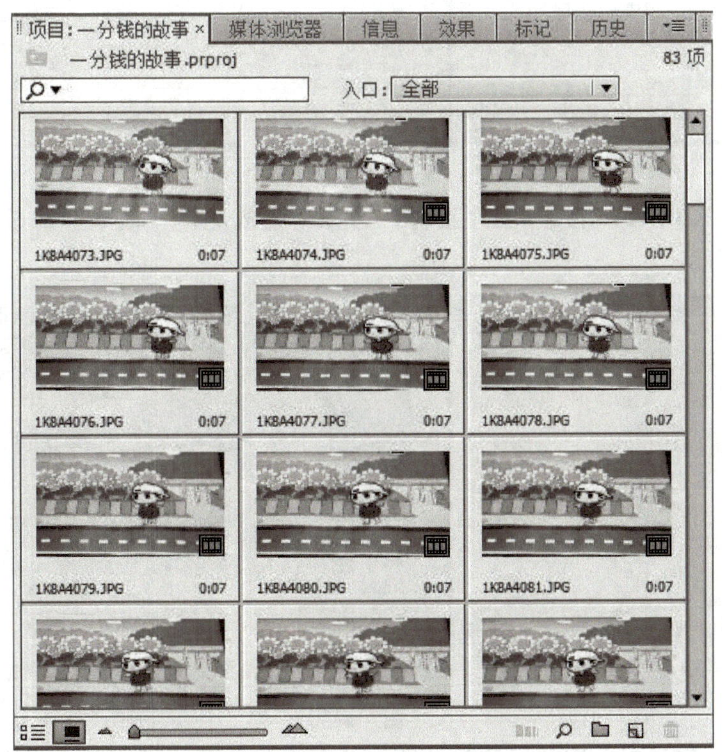

图 6-27

3）拖放素材。将"1K8A4073.jpg"等多个图片素材拖至"一分钱"序列视频轨道1，可缩放轨道查看素材文件，如图6-28所示。

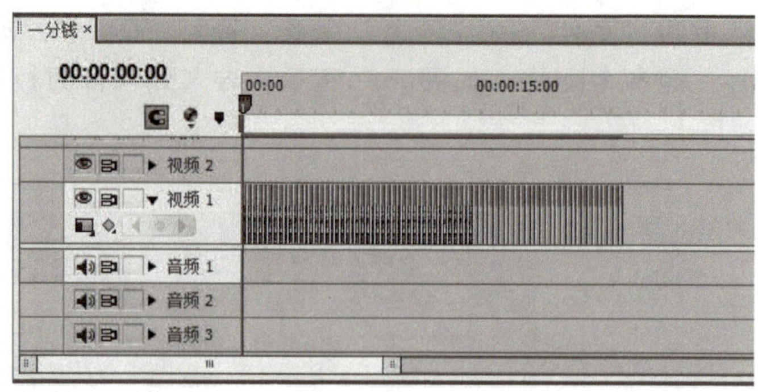

图 6-28

3．调整素材

1）修改尺寸。由于“1K8A4074.jpg”的图像尺寸为（5760×3240）px，不符合项目尺寸，显示的画面不全，需要调整其大小，如图6-29所示。

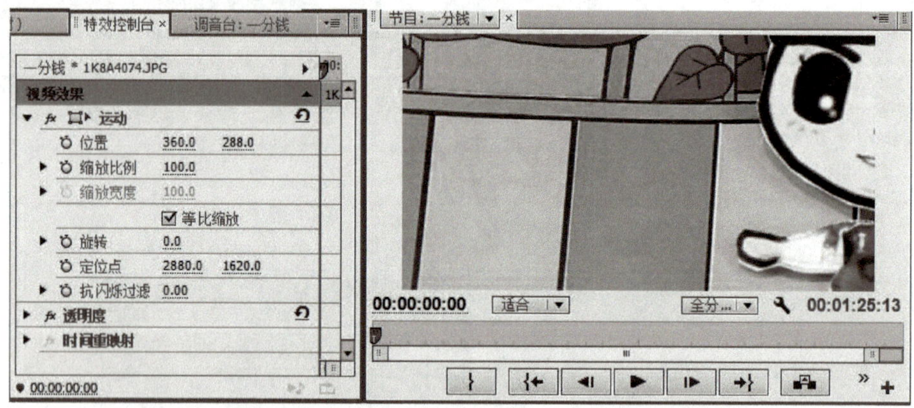

图 6-29

2）单击“1K8A4074.jpg”图片素材，选择“缩放比例”效果，修改参数值为20，调整后如图6-30所示。

图 6-30

3）复制缩放效果。此次拍摄的静帧图片共有83张，无法进行单个图片调整。此时可选用复制粘贴运动效果对后面的所有图片进行一次性调整。单击“1K8A4075.jpg”图片素材，选择运动面板“视频效果”，按<Ctrl+C>组合键，复制缩放比例效果。框选后面的所有图片，按<Ctrl+V>组合键，粘贴缩放比例效果。进行快捷复制运动效果，如图6-31所示。

图 6-31

4）序列嵌套。对所有定格静帧图片进行序列嵌套，方便进行整体调色。框选所有静帧图片，右击选择“嵌套”命令，如图6-32所示。嵌套后效果如图6-33所示。

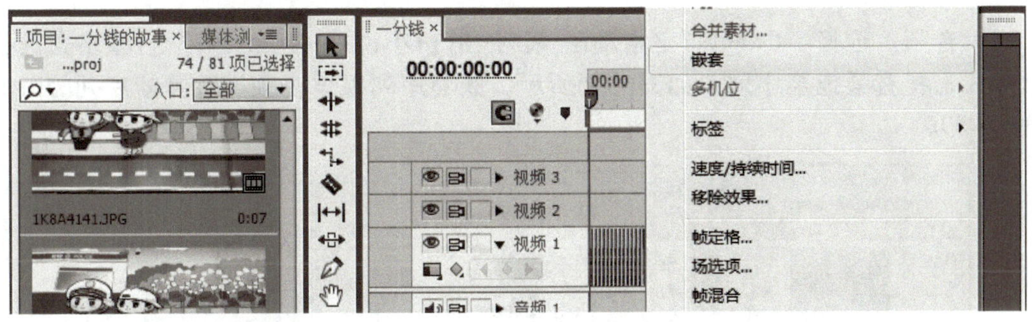

图 6-32

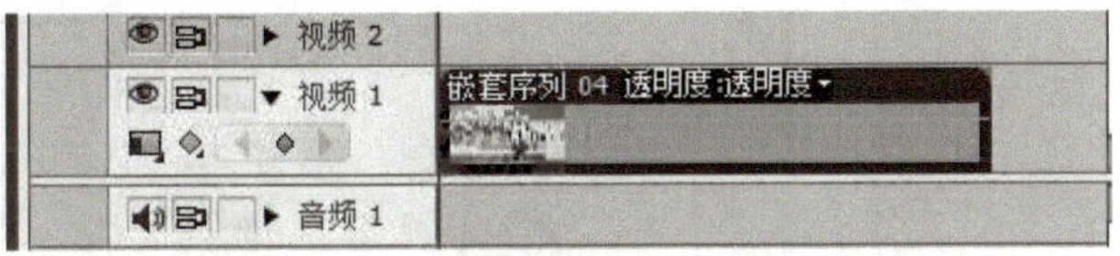

图 6-33

5）画面调色。因画面在拍摄过程中还是无法避免少量的曝光，颜色偏淡，如图6-34所示。选择“效果”→“视频特效”→“色彩校正”→“RGB曲线”命令，对图片进行色彩调整，调整后画面效果如图6-35所示。

图 6-34

图 6-35

4. 导入音频素材

插入音频。选择“Chap7.3定格动画\素材\ 有声小说.一分钱.mp3”音频格式的视频素材导入，将音频拖至序列，如图6-36所示。嵌套序列根据音频调整静帧序列的时间到00:00:04:00。

图 6-36

5. 制作片头

1）制作片头字幕。新建片头字幕“片头”，如图6-37所示。

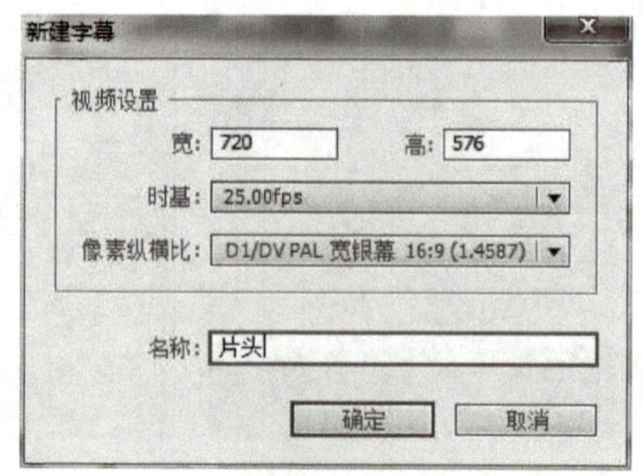

图 6-37

2）设置字体。字体为STXingwei，字号为100，字体填充颜色为白色，文字位置调整为居中，如图6-38所示。

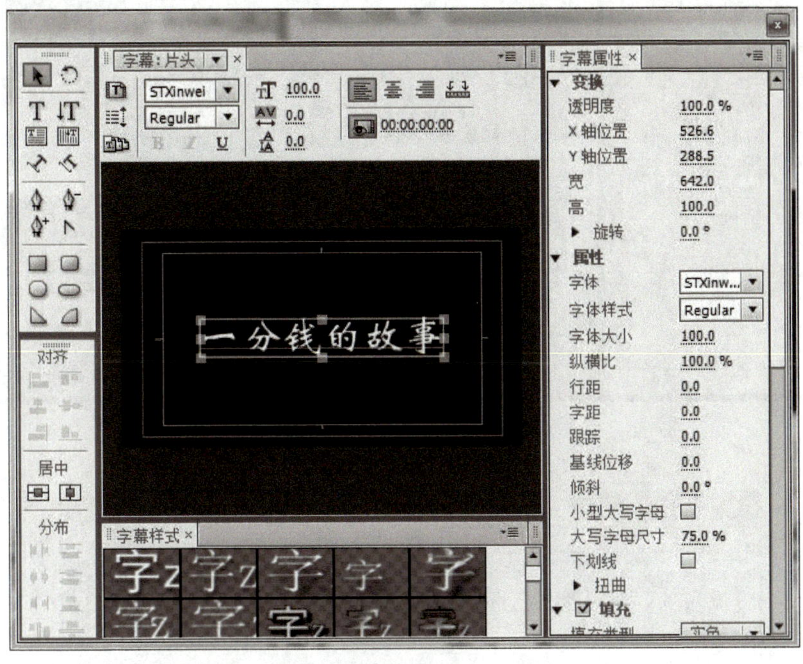

图 6-38

3）将片头文字拉至视频2轨道中，如图6-39所示。

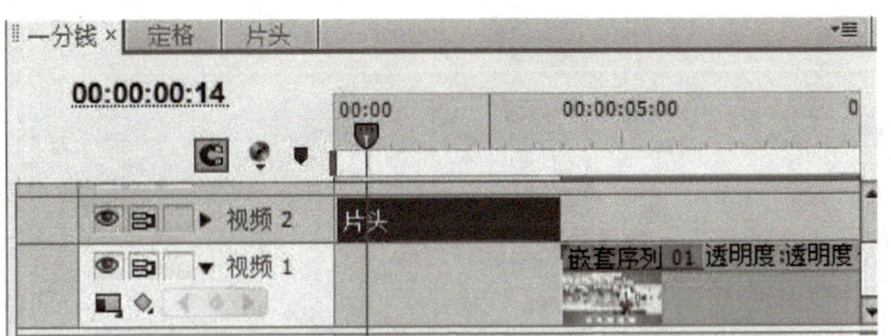

图 6-39

4）将静帧图片的“1K8A4074.jpg”作为片头背景导入视频轨道1中，如图6-40所示。调整图片缩放比例为20，如图6-41所示。

5）为图片添加视频特效。选择“视频特效”→“模糊与锐化”→“快速模糊”命令，如图6-42所示。按住鼠标左键不放，拖拉至轨道1“1K8A4074.jpg”，使背景图片变模糊，效果如图6-43所示。

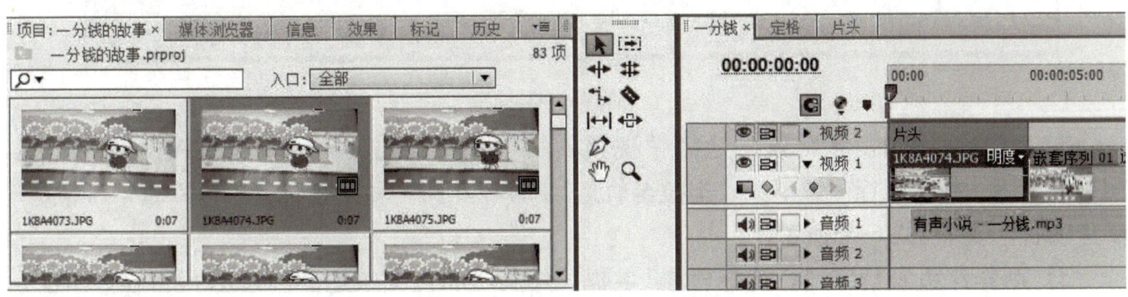

图 6-40

图 6-41

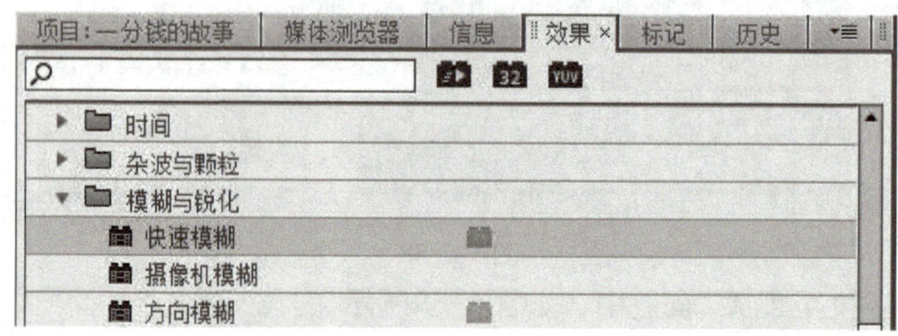

图 6-42

图 6-43

6）为图片添加视频特效。选择“视频转场”→“叠化”→“黑场过渡”命令，如图6-44所示。按住鼠标左键不放，拖拉至轨道1字幕“片头”和视频轨道2“1K8A4074.jpg”图片素材，效果如图6-45所示。

7）制作片头嵌套序列。选择轨道1字幕“片头”和视频轨道2“1K8A4074.jpg”图片素材，右击选择“嵌套”命令，效果如图6-46所示。

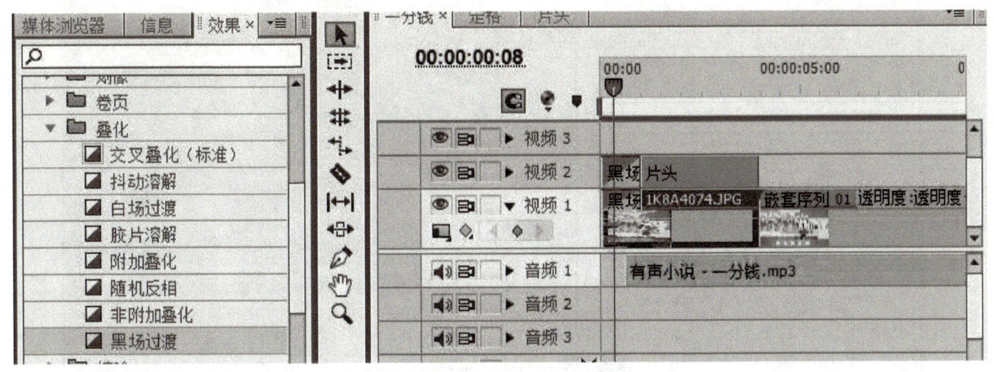

图 6-44

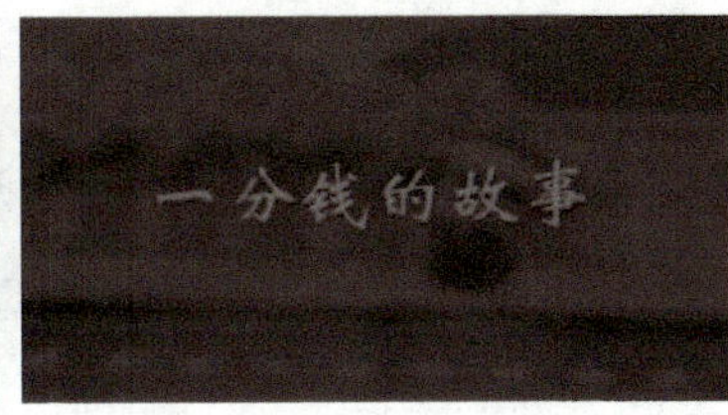

图 6-45

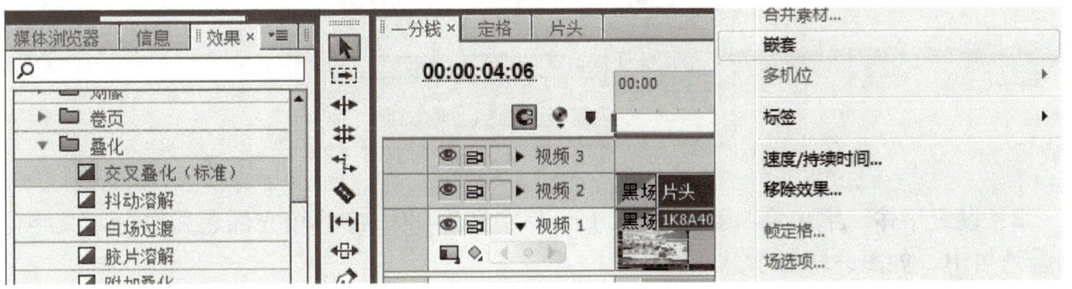

图 6-46

8）为片头嵌套序列添加视频特效。选择“视频转场”→“叠化”→“交叉叠化（标准）”命令。按住鼠标左键不放，拖拉至轨道1嵌套序列06，效果如图6-47所示。

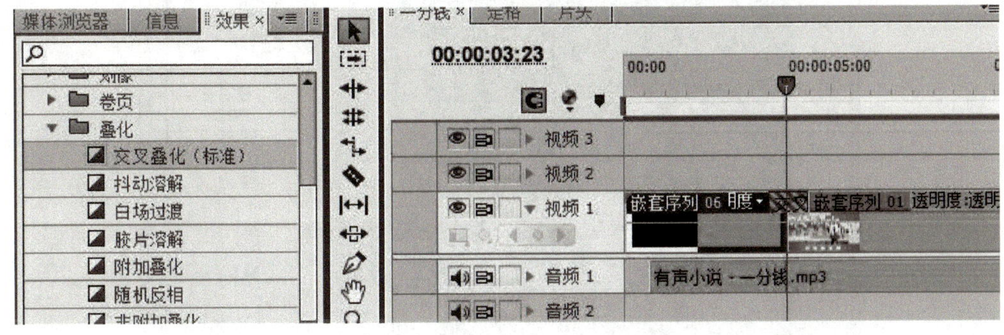

图 6-47

9）设置视频特效时间。选择“视频转场”→“叠化”→“交叉叠化（标准）”命令。按住鼠标左键不放，拖拉至轨道1嵌套序列06，效果如图6-48所示。

图 6-48

6. 制作片尾

1）制作片尾字幕。新建片头字幕“片尾”，如图6-49所示。

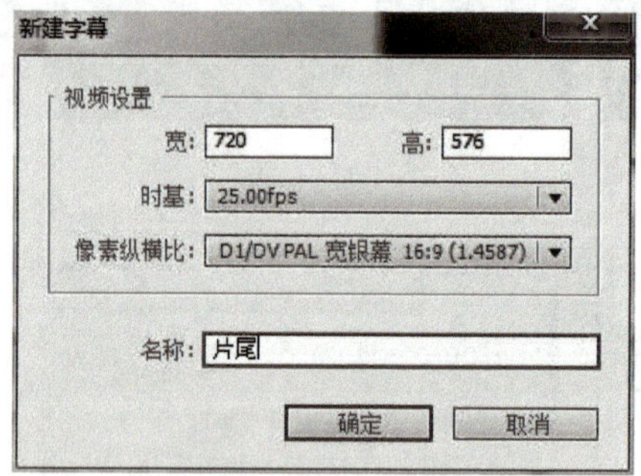

图 6-49

2）设置字体。字体为Adobe STXingkai，字号为180，字体填充颜色为白色，文字位置调整为居中，如图6-50所示。

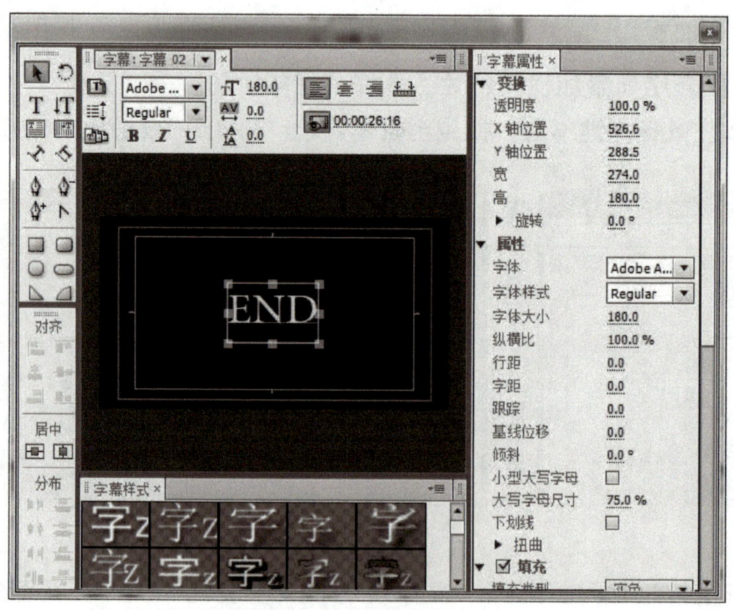

图 6-50

3）将片尾文字拉至视频1轨道中，如图6-51所示。

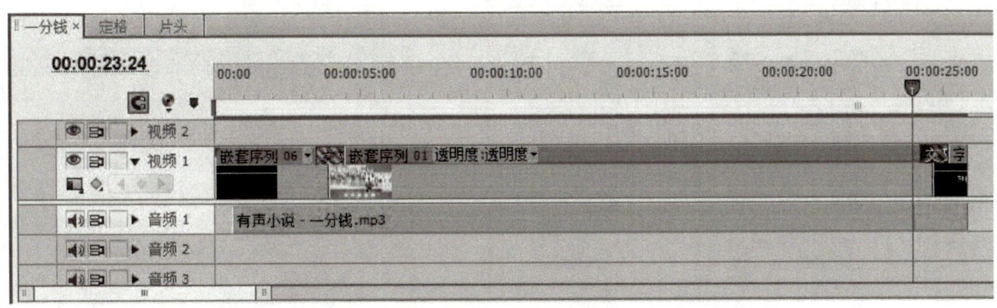

图　6-51

4）为片尾添加视频转场特效。选择“视频转场”→“叠化”→“交叉叠化（标准）”命令，如图6-52所示。

图　6-52

7. 渲染输出

1）为音频添加音频特效。选择“音频过渡”→“交叉渐隐”→“指数型淡入淡出”命令，如图6-53所示。

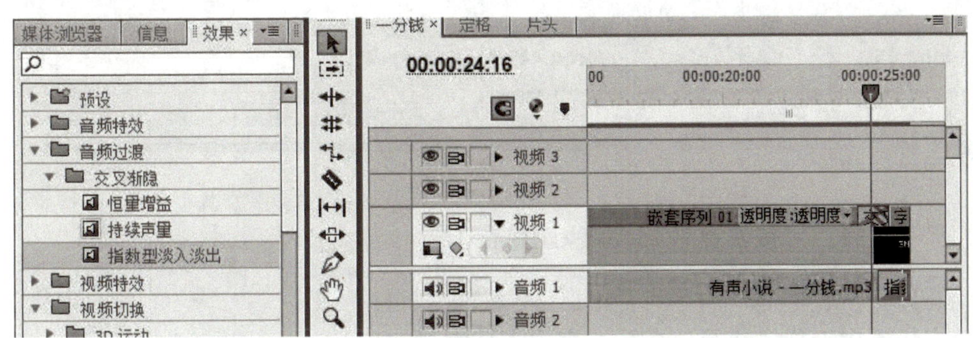

图　6-53

2）渲染工作区域。选择菜单栏“序列”→“渲染完成工作区域”命令，跳转到“正在渲染”对话框，进行实时渲染以便导出前预览视频，如图6-54所示。

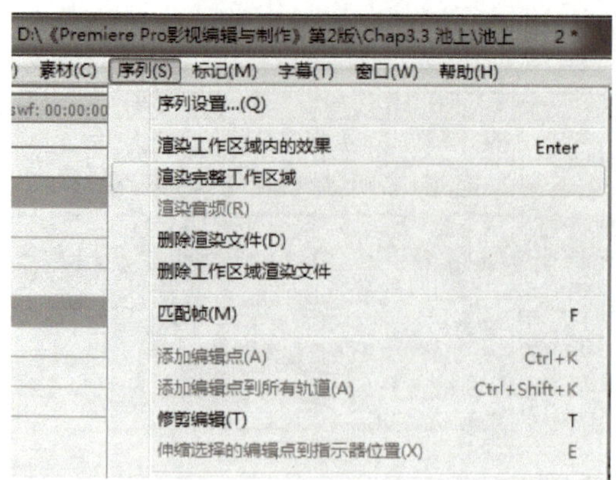

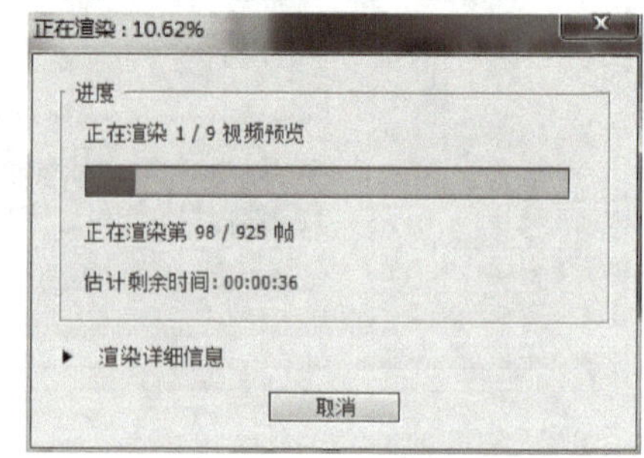

图 6-54

3）导出设置。选择菜单栏“文件”→“导出”→“媒体”命令，或者按< Ctrl+M>组合键，跳转到“导出设置”对话框，一般可以选择默认的状态输出。格式为AVI，预设为“PAL DV宽银幕”，输出名称“一分钱.avi”，如图6-55所示。

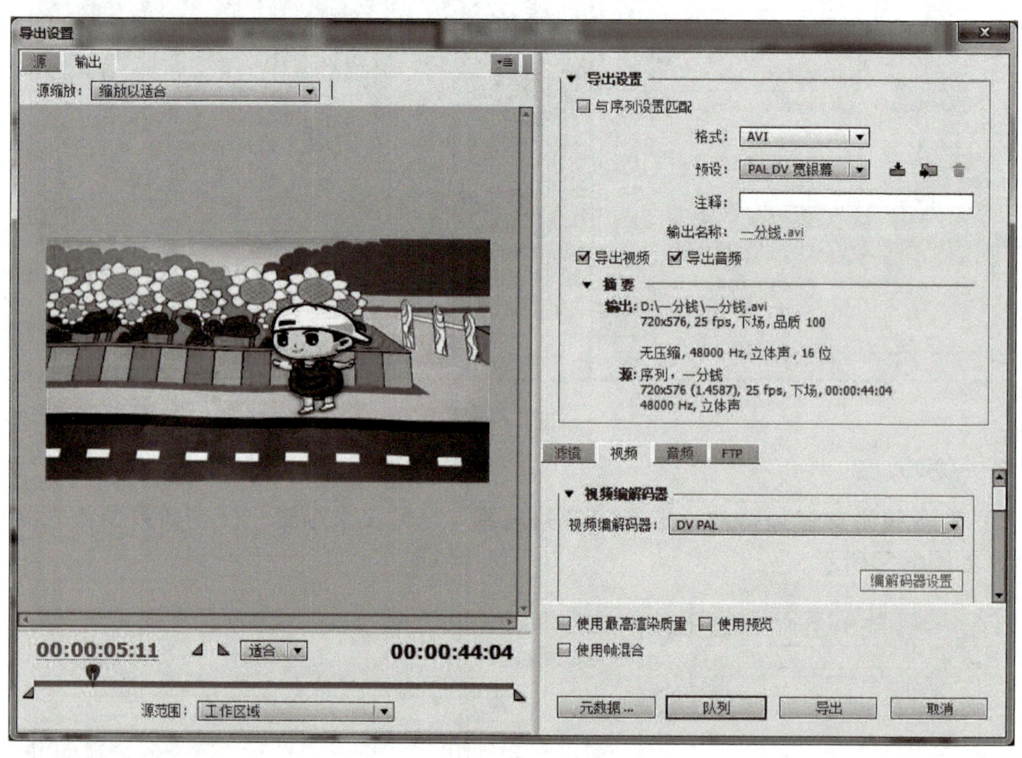

图 6-55

4）保存项目。可按快捷<Ctrl+S>快速保存。

8. 项目审核和交接

1）本任务由工作室成员完成后，交由工作室导演审核。

2）经过导演审核后，需修改的部分进行首次修改。

3）再由导演交付电视台制片审核，根据客户的意见，工作室成员进行二次修改。

4）一般经过2～3次修改后，完成最终项目的审核和交接。

相关知识

定格动画的后期与传统动画完全一样：把拍摄好的序列导入计算机，在软件内合并成视频片段，然后在时间线上调整速度。定格动画一般是一拍2，即12格/s；或者1拍3，即8格/s。在各镜头单独调整完毕后，将所有镜头统一导入后期软件进行最后的剪辑。特效合成部分完全在计算机内完成，常用的方法有蓝幕抠像、动作模糊、手工绘制特技和擦除支撑物等。

知识链接

在制作本项目之前，需具备以下知识：在Premiere中新建项目序列、导入图片、音乐、动画素材的方法，以及人物走动和移动相关的动画运动规律。

经验分享

抠像合成是非常传统的特技，就是先拍一个在纯色（一般是蓝色或绿色）中的对象。再拍摄需要的背景，然后将两个画面叠在一起，将纯色背景清除掉，最后得到合成画面，也被称为色键技术。如今的个人计算机都能完成此项工作，常用的视频编辑软件如Premiere等都有此功能。

任务评价

评价指标	角色与场景设计	定格拍摄	素材整理	定格剪辑
自我评价				
小组评价				
教师评价				

项目小结

一个吸引人的故事是一部动画片的基础。由于定格动画在制作上比较烦琐，往往不适合情节复杂的内容。短小的故事很可能不用把一切交代得面面俱到就可以抓住观众，只要有一个好主意就够了。前期策划的阶段尽可能地长一些，没有想好就实施的话很快就会发现自己陷入进退两难的尴尬境地。分镜头脚本决定了每个镜头的机位、时间、景别变化和人物动作，甚至还标注着音效和对话，是每个动画师必备的重要工具。